Martina Eberl
Michael Görlich
Götz Volkenandt

Management strategischer Initiativen und Projekte

Strategieumsetzung im Spannungsfeld von Strukturen und Transformation

know ledge
& trends

K&T Knowledge & Trends
Berlin

K&T Knowledge&Trends
1. Auflage 2012

www.knowledgeandtrends.de

ISBN 978-3-943727-00-5

Vorwort

Das vorliegende Werk behandelt das weite Feld der „Strategien“, der „strategischen Planung“ und des „Projektmanagements“ aus einer neuen Perspektive: Es gibt dem Leser keine Rezepte an die Hand, sondern versucht einen spannenden Wechsel zwischen wissenschaftlichen Erörterungen und praxisgerechter Diskussion. Es verschafft dem Leser Einblicke und erläutert Hintergründe, warum Projekte und Strategien bisweilen scheitern – oder erfolgreich beendet werden. Damit zwingen die Autoren den Leser, sich mit dem Thema eingehend zu beschäftigen, und alleine dadurch erhält der Leser einen Mehrwert.

Einfache Rezepte à la „Wenn Sie diese 10 Regeln befolgen, wird Ihr Projekt erfolgreich sein“ sind in der heutigen komplexen Welt aus meiner Sicht auch wenig hilfreich. Strategien und Projekte sind immer singuläre Vorhaben, die von vielen Einflussgrößen bestimmt werden. Deshalb sind die Projektarbeit und die Verantwortung einer Strategie auch so vielschichtig. Diese Vielfalt transportiert das Buch erfolgreich zum Leser, und das heißt eben auch, dass der Leser Ursachen und Wirkungen von Maßnahmen und Erfolgen kennen lernen soll.

Die Autoren widmen sich einem entscheidenden Aspekt, der in der Literatur relativ wenig diskutiert wird, aber gerade in der heutigen volatilen Zeit von großer Bedeutung ist: Strategische Zielsetzungen und deren Umsetzung werden in hohem Maße von der Umwelt beeinflusst – also z. B. von den Wettbewerbern, von politischen Rahmenbedingungen, von Rechtsnormen oder vom Konsumentenverhalten –, und damit handelt es sich um typische Entscheidungen unter Unsicherheit oder gar Ungewissheit. Die Strategiefindung und anschließende Projektumsetzung sollten deshalb im kybernetischen Sinne als „Regelkreis“ verstanden werden, bei dem die Zielsetzung fortlaufend mit den Umwelteinflüssen abgeglichen wird. Falls notwendig, werden dann die Stellgrößen – also das Projektmanagement – neu adjustiert. Die Autoren sprechen von einem „Prozess der Strategiekonformität".

Jeder Verantwortliche muss sich bereits bei der Entscheidung für eine bestimmte Idee, Vision oder geschäftliche Neuausrichtung bewusst sein, dass die Einflüsse von außerhalb bedeutend sein können, vor allem bei langen Projektlaufzeiten und bei Märkten, die nur geringe Eintrittsbarrieren für Drittanbieter aufweisen, oder, wenn Kunden rasch neuen Trends folgen bzw. diese schnell wieder aufgeben. Während einer Strategieumsetzung können sich Einflüsse ergeben, die es sinnvoll machen, ein Strategieziel zu modifizieren, die Projektorganisation anzupassen oder gar extreme Entscheidungen zu treffen, beispielsweise ein Projekt oder eine Strategie vollständig und rechtzeitig abzubrechen. Ein Abbruch kann dann eine bessere Alternative als ein „Weiter so" sein, wenn sich Märkte, Kosten oder andere Randbedingungen deutlich anders entwickeln als ursprünglich angenommen. Die Autoren prägen hierfür die Begriffe „Abbruchkompetenz" und „Projektcompliance".

Die Autoren erläutern ihr Konzept der „Kompetenzen" ausführlich. Damit meinen sie zurecht, dass nicht nur die Mitarbeiter eines Projektes ausreichend kompetent, sondern, dass auch Unternehmen kompetent sein müssen, um ein Projekt erfolgreich zu Ende zu bringen. Diese Diskussion ist für mich eines der zentralen Anliegen des Buches.

Das Wort „Kompetenzen" ist im weiteren Sinne zu verstehen: Für eine Strategieumsetzung müssen die verschiedensten Fähigkeiten kombiniert werden. Der Projektleiter – um nur einige Aspekte zu nennen – ist nicht nur Führungspersönlichkeit, sondern muss auch zuhören, kritische Stimmen würdigen, mit der obersten Geschäftsführung verhandeln können, belastbar sein usw. Viele dieser Eigenschaften treffen dann auch auf die Projektmitarbeiter zu, wenn auch mit unterschiedlicher Gewichtung.

Zusätzlich – und hierauf liegt die Betonung – muss aber auch das Unternehmen bereit sein – d. h. kompetent sein –, das Projekt umzusetzen: Finanzielle und personelle Ressourcen müssen bereit gestellt werden, je nach Projektgröße müssen sehr gute – kompetente – Mitarbeiter Vollzeit dem Projekt zur Verfügung stehen, und es muss der unbedingte Wille vorherrschen, das Projekt zu Ende zu bringen.

Der Wille ist aus meiner Erfahrung für den Erfolg sehr bedeutend: Geschäftsleitung, Projektleitung und Mitarbeiter müssen gemeinsam wollen und dafür kämpfen, dass der Erfolg kommt. Die Vorgesetzten müssen bereit sein, sich intensiv mit dem Projekt auseinanderzusetzen und die Aufgabe nicht zu delegieren nach dem Motto „Macht mal ...". Der Erfolg tritt nur ein, wenn der Auftraggeber des Projektes akzeptiert, sich persönlich – hierauf liegt die Betonung – um den Erfolg zu kümmern.

Kommunikation ist aus meiner Sicht eine weitere Schlüsselkompetenz, die das Buch adressiert. Alle Verantwortlichen sollten in jeder Phase des Projektes transparent über Schwierigkeiten und Probleme berichten. Damit schlagen Sie „mehrere Fliegen mit einer Klappe": Bei Verzögerungen, Kostenüberschreitungen oder Pannen gibt es keine gravierenden Überraschungen, und – für mich noch wichtiger – in den meisten Fällen kann noch rechtzeitig gegengesteuert werden, um das Schlimmste zu verhindern. Denn meine eigene Erfahrung lehrt, dass sich Probleme, Verzögerungen oder Schwierigkeiten langsam anbahnen und nicht „über Nacht" auftreten. Je frühzeitiger die Kommunikation einsetzt, umso eher können Maßnahmen ergriffen werden, die zudem noch kostengünstiger ausfallen, als wenn das Kind schon in den Brunnen gefallen ist.

Jeder Projektleiter ist auch gut beraten, den „Bedenkenträgern" in seinem Team Gehör zu schenken, denn gerade diese Kompetenz, Risiken zu erkennen, ist rar gesät und – zugegebenermaßen – lästig im Projektalltag. Die Kompetenz, eine Aufgabe kritisch zu durchdenken, ist nicht bei jeder Person vorhanden, und umso empfehlenswerter ist es, diese „kritischen Geister" rechtzeitig einzubinden. Damit meine ich nicht, dass Kritik oder Bedenken ein Projekt regieren sollen (dann würde man nie ein Projekt starten können!), aber die Kritiker liefern wichtige Denkanstöße.

Dieses Gedankengut gilt es fortlaufend zu würdigen, damit ein Projektleiter über den wahren Zustand eines Projektes – soweit es einen solchen gibt – informiert ist und entsprechende Maßnahmen einleiten kann, sollte dies notwendig sein. Dies ist eine entscheidende Kompetenz, die das Buch adressiert.

Das Buch ist eine empfehlenswerte Lektüre für einen großen Leserkreis, der sowohl Entscheidungsträger bei ihrer Strategiefindung als auch Projektmanager umfasst, die für die Umsetzung der Strategien und Projekte verantwortlich zeigen. Die Autoren schaffen es, Hintergründe zu erhellen, die der Leser dann nutzen kann, um sich ein eigenes Bild zu machen, um die Hürden in einem Projektalltag erfolgreich zu überspringen. Das Buch liefert keine Rezepte, sondern „zwingt" den Leser, sich mit der Materie zu beschäftigen – und dadurch erreicht es sein Ziel.

Dr. Christian Burmester, Aachen im September 2012

Geleitwort

Vorliegendes Buch widmet sich dem wichtigen und vielleicht sogar entscheidendsten Thema im Management von Strategien: deren erfolgreicher Umsetzung.

Bei dem Werk handelt es sich um eine sehr gelungene und gleichsam seltene wie dringend gebotene Kooperation von Praktikern und Wissenschaftlern, die langjährige Erfahrung im Bereich des strategischen Managements aufweisen. Aber nicht nur dadurch hebt sich dieses Werk von der Vielzahl von Publikationen zur Strategiegestaltung deutlich ab; es verweigert sich auch nachdrücklich zu einfachen Lösungsvorschlägen im Sinne von „Die zehn goldenen Regeln", sondern bearbeitet das Thema mit der gebotenen Komplexität, ohne dabei jedoch zu abstrakt zu werden. Besonders die Ehrlichkeit der Autoren in der Schilderung der Probleme schafft eine eindrückliche Grundlage, das Thema der Umsetzung von Strategien neu zu diskutieren.

Die Verknüpfung von organisatorischen Kompetenzen und deren strategischer Überwachung mit dem Problem der Steuerung von Strategieimplementation ist äußerst originell. Erfolgreiche Strategieumsetzung umfasst immer auch eine kontinuierliche Bearbeitung tief verwurzelter organisatorischer Kompetenzen, weshalb Planung und Umsetzung von Strategien konzeptionell nicht zu trennen sind.

Ich empfehle das Buch daher nachdrücklich für all jene, die sich einen handlungsorientierten aber gleichwohl fundierten, neuen und notwendigen Blick auf Strategieumsetzung erarbeiten wollen. Das Buch wird zwar Strategien nach wie vor nicht vor dem Scheitern bewahren, schließlich ist - wie die Autoren gut herausarbeiten – Scheitern und Irrtum immanenter Bestandteil jedweder Strategie, aber es verwahrt entschieden davor, das Problem der Strategieumsetzung als trivial wegzudelegieren.

Univ.-Prof. Dr. Daniel Geiger, Kaiserslautern im September 2012

Inhaltsübersicht

Nur etwa 10% der Unternehmen geben an, die selbst gesteckten strategischen Ziele zu erreichen.[1]

Einleitung

„Wenn Du es Dir vorstellen kannst, kannst Du es auch machen“ (Walt Disney)

Strategien umzusetzen, bedeutet, mit hoher Motivation und viel Energie die richtigen Ideen mit den richtigen Mitteln in die Tat umzusetzen: Kein schneller Erfolg eines Einzelkämpfers, sondern ein mehrfach zu absolvierender Marathonlauf für eine Mannschaft.

Dieses Bild macht deutlich, warum es Unternehmen so schwer fällt, Gesagtes zu realisieren. Hochglanz-Präsentationen vermitteln den Eignern, dass das Management genau weiß, was es tut. Und doch erfüllen nach einer Untersuchung[1] nur ungefähr 10% die eigenen Ansprüche und realisieren die niedergeschriebenen Strategien bis zum geplanten Erfolgseintritt.

Ein klassisches Beispiel dazu: Ein Automobilkonzern wollte eine Zeit lang zu einem Technologiekonzern avancieren. Später dann – als das nicht erfolgreich war – wurde die Globalisierung zur wichtigsten Strategie ausgerufen. Doch auch diese Aktivitäten führten zu Verlusten, die zwar vom angestammten Geschäft kompensiert werden konnten, die Strategie musste jedoch wiederum gewechselt werden. In der gleichen Zeit hat es ein anderer Automobilkonzern geschafft, mit Akquisitionen und dem Ausbau der neuen Marken seine Strategie der Globalisierung sehr erfolgreich umzusetzen. Beide Unternehmen hätten ihre jeweilige Strategie erfolgreich umsetzen können,

---

1 Siehe Deloitte Consulting GmbH: Strategieumsetzung – Haben Sie das Thema im Griff?, Frankfurt, München, Mai 2010

nur eines der Unternehmen hat das geschafft. Die oben zitierte Untersuchung wie auch unsere praktische Erfahrung zeigen, dass dies nicht an einer falschen Strategieentscheidung liegt, es liegt an den falschen Prioritäten in der Umsetzung.

Als weiteres Beispiel möge ein großer europäischer Telekomkonzern dienen, der aufgrund der sinkenden Umsätze im klassischen Festnetzgeschäft neue Geschäftsfelder entwickeln musste und weiterhin muss. Um diese Entwicklungen zu finanzieren, sollte eine bestehende ausländische Landesgesellschaft verkauft werden. Der Verkauf ist gescheitert, eine Alternative zu den Verkaufsaktivitäten entwickelte sich sehr langsam. Wir können hier nur spekulieren, ob es tatsächlich keinen „Plan B" gab oder nur die Umsetzung der Verkaufsaktivitäten falsch eingeschätzt wurde. Die Strategie ist jedoch nicht aufgegangen, obwohl der strategische Ansatz sicher nicht falsch war.

Die Autoren dieses Buches haben sich auf die Suche nach den Ursachen der unbefriedigenden Resultate der Strategieumsetzungen gemacht und vermitteln Ansätze zur Behebung der weit verbreiteten Missstände. Das Ergebnis dieser Suche ist, dass es *die* einfache Methode nicht gibt, dafür aber eine große Menge an Denkanstößen. Diese leiten sich sowohl von praktischen Erfahrungen wie auch von theoretischen Überlegungen ab und zeigen einmal mehr, wie sich Wissenschaft und Praxis gemeinsam bei der Suche nach Problemlösungen bereichern können.

Weshalb dieses Buch?

Es sind die einfachen Fragen, die uns zum Verfassen dieses Buches angetrieben haben:

Wieso schaffen es Unternehmen auch nach Jahrzehnten Existenz (und mindestens einem halben Jahrhundert der Strategie- und Managementforschung) immer noch nicht, ihre eigenen strategischen Ziele zu erreichen, indem sie den selbst beschriebenen Weg in Form der beschlossenen Strategie gehen?

Neben dem kurzfristigen Misserfolg für das Unternehmen und damit für die Eigentümer geht es um mehr; es geht um die Zukunft des Unternehmens: Auf dem Weg finden sich Tausende frustrierter und demotivierter Mitarbeiter, die Angst vor den Veränderungen haben. Es gibt Mitarbeiter, die bessere Ideen als ihre Manager haben, nur leider kein Gehör finden. Die Demotivation begrenzt nicht nur den aktuellen, sondern auch den zukünftigen Erfolg. Und ebenso gibt es frustrierte Manager, die ihren Elan verlieren und damit ebenfalls wenig zum Unternehmenserfolg beitragen.

Dabei liegt die Antwort auf die Frage nach den Ursachen für den Misserfolg im Prinzip so nah: Achten Sie bitte einmal darauf, wie häufig in Unternehmen die Redewendungen „ich will, dass ... passiert" oder „ich möchte nicht hören, dass ... passiert ist" verwendet werden[2]. Eine der häufigsten Ursachen für den Misserfolg von Strategien liegt nach unseren Erfahrungen darin begründet, dass ein Großteil der Beteiligten meint, mit der Strategieentwicklung sei bereits ein großer Schritt getan. Hinzu kommt ein durchaus verbreiteter Management-Stil, der die Umsetzung nicht mehr in der eigenen Verantwortung sieht. Das wesentliche Mittel der Strategieumsetzung besteht dann hauptsächlich darin, möglichst hohen Druck auf die Ausführen-

---

2 Diese Verhaltensweisen können auch sehr schön in TV-Serien (meist amerikanischen Ursprungs) beobachtet werden. Untersuchungen haben ergeben, dass die gesehenen Verhaltensweisen häufig im „realen Leben" imitiert werden. Siehe dazu auch Steve Dunphy, David Meyer, Sara Linton: The top 10 greatest screen legends and what their definitive roles demonstrate about management and organizational behaviour, in: Behaviour & Information Technology, Vol. 27, 2008, S. 183-188

den auszuüben. Natürlich nur, weil man ja selbst unter entsprechend hohem Druck steht: Das müssen schließlich alle Beteiligten aushalten. Allerdings: Das Ergebnis kann sich *nicht* sehen lassen!

Nach in Summe mehr als vierzig Jahren Erfahrung in dem Thema der Strategieumsetzung haben wir uns deshalb entschlossen, den Ursachen für dieses unbefriedigende Ergebnis systematisch auf den Grund zu gehen, zumal sich der Großteil der Fachliteratur mit der Strategieentwicklung beschäftigt und nur wenig Ansätze für die Umsetzung dokumentiert und publiziert sind. Aus der Praxis kommen viele Ratgeber, die einzelne Methoden beschreiben, aus der Wissenschaft kommt erstaunlich wenig zum Thema der Strategieumsetzung. Gleichzeitig reichen die Praxiserfahrungen nicht aus, um die Ursachen der gemachten Beobachtungen vollständig zu erklären. Hier wiederum leistet die Wissenschaft ihren wertvollen Beitrag.

Ohne in diesem Buch den Anspruch auf Vollständigkeit erheben zu wollen, sind wir uns aber sicher, dass wir einen Großteil der für die Strategieumsetzung wichtigen Aspekte mindestens ansprechen.

Das Buch dient in erster Linie der Sensibilisierung hinsichtlich der Herausforderungen der Strategieumsetzung. Ein einfaches und generell anwendbares Rezept für "Jedermann" gibt es nicht. Die Maßnahmen zur Verbesserung der Strategieumsetzung müssen individuell ausgestaltet werden.

Unser Ziel ist erreicht, wenn Sie aus diesem Buch einige Anregungen mitnehmen und mindestens eine Anregung in Ihrem Unternehmensumfeld auch umsetzen.

Sie können dieses Buch sequenziell lesen, Sie können aber auch direkt in das für Sie interessanteste Kapitel einsteigen. Wir haben zu diesem Zwecke jedem Kapitel eine kurze Zusammenfassung vorangestellt und schließen die Kapitel mit den jeweiligen Kernbotschaften. Innerhalb der Kapitel empfehlen wir kein Springen.

Inhalt des Buches in Kurzform

Wir haben dieses Buch entsprechend der zeitlichen und logischen Abfolge von Strategieentwicklung und -umsetzung gegliedert.

Den Beginn macht ein Blick auf die Strategieentwicklung und darauf, welchen Einfluss diese bereits auf die Umsetzung haben kann (Kapitel 1). Bevor eine Umsetzung begonnen werden kann (eigentlich schon während der Strategieentwicklung) taucht die Frage auf, ob die notwendigen Kompetenzen für eine Veränderung im Unternehmen vorhanden sind. Wir zeigen, wie zentral das stimmige und umsetzungsorientierte Zusammenspiel von organisationalen Kompetenzen und Projektmanagement-Kompetenz für die erfolgreiche Umsetzung strategischer Projekte und Initiativen ist (Kapitel 2).

Ausgehend von diesem zentralen Basisverständnis steigen wir im Anschluss in die konkrete Praxiswelt der Strategieumsetzung ein. Wie starten mit dem zeitlich und logisch ersten erfolgskritischen Problemkreis: Nach der initialen Organisation der Umsetzung entwickelt sich eine Beziehung zwischen „Entscheider" und „Umsetzer", die wir mit der typischen Beziehung zwischen Auftraggeber und Auftragnehmer vergleichen (Kapitel 3). In der Strategieumsetzung sind Besonderheiten dieser Beziehung zu beachten. Wir weisen auf die umsetzungskritischen Problembereiche hin und geben Anregungen zur aktiven Gestaltung.

Zu Beginn der Umsetzung sind zudem eine Reihe weitreichender Entscheidungen zu treffen. Einige kommen in der Praxis zu kurz, andere werden unter falschen Voraussetzungen getroffen. Wir haben die wichtigsten Entscheidungsbereiche analysiert und geben Hinweise für eine rationalere Handlungsweise (Kapitel 4).

Während der Umsetzung kann es neben den klassischen Problemen in Projektstrukturen und mit Projektmanagement-Themen zu außerordentlich weitreichenden Misserfolgen kommen, wenn einige wichtige Grundregeln missachtet werden (Kapitel 5).

Haben wir uns in den Kapitel 3 bis 5 hauptsächlich auf das Bild der Umsetzung in Form von Projekten konzentriert, die der intensiven Steuerung bedürfen, so wechseln wir in Kapitel 6 die Perspektive. Wären die Kompetenzen von Mitarbeitern und Organisation idealtypisch entwickelt, so bedürfte es keiner intensiven Steuerung;

stattdessen würde ein Monitoring die Weiterentwicklung der strategisch und für die Umsetzung notwendigen Kompetenzen überwachen und diese beeinflussen. Dieses Kapitel dient in erster Linie der Anregung, über die Fristigkeit und Nachhaltigkeit (im Sinne des Unternehmenserfolges) von Maßnahmen nachzudenken und die Weichen auch für zukünftige Strategieumsetzungen zu stellen. Schließlich ist mit Veränderungen im Unternehmen zwar viel erreicht, doch stellt sich ein wirtschaftlicher Erfolg häufig nur ein, wenn alle Beteiligten an einem Strang ziehen. Es ist Aufgabe des Change Management, dies zielgerichtet zu beeinflussen (Kapitel 7).

Aufgrund der vielen und durchaus komplexen Themen in diesem Buch haben wir einen Appell an unsere Leser: Suchen Sie nach dem Sinn und nicht nach dem Verständnis jedes einzelnen Wortes. Es ging uns beim Verfassen dieses Buches nicht darum, die Komplexität zu vereinfachen, denn das führt gerade nicht zum Ziel einer erfolgreichen Strategieumsetzung. Deshalb sind die aus der Praxiserfahrung geprägten Kapitel 3, 4 und 5 sicher einfacher für den Praktiker zu lesen als z.B. die Kapitel 2 und 6, dem Wissenschaftler geht es vermutlich genau umgekehrt. Um trotzdem ein Grundverständnis zu fördern, haben wir die Kernthesen der Kapitel jeweils zusammengefasst.

Doch beginnen wir nun zunächst mit der Diskussion dessen, was uns am Ende eines Strategieentwicklungsprozesses erwartet: ein Stück Papier oder eine Präsentation einer Strategie mit vielen Ideen.

„(Strategie-)Papier ist geduldig", die Autoren

Oder: Warum eine Strategie oft das Papier nicht wert ist, auf dem sie aufgeschrieben wurde.

Zusammenfassung Kapitel 1

In der Strategieentwicklung wird oft versucht, möglichst innovative Ideen zu Tage zu fördern, um schließlich eine Auswahl unter einer Bandbreite möglicher Strategien treffen zu können. Eine Strategie des „weiter so" (auch mit leichten Modifikationen des aktuellen Unternehmenszustandes) betrachten wir hier nicht, da die Umsetzung selten eine Herausforderung darstellt. In den anderen Fällen wird methodisch oder verfahrenstechnisch versucht, kreative Lösungen durch Aufhebung gedanklicher Beschränkungen zu erreichen. Zu den Beschränkungen gehören z.B. Finanzierbarkeit, vorhandene Ressourcen etc. Diese Aufhebung von Beschränkungen hat zur Folge, dass Aspekte der Umsetzbarkeit erst zu einem späteren Zeitpunkt bewertet werden können.

Investoren antizipieren die Strategieumsetzung bereits, wenn eine Strategie glaubwürdig verkündet wird (genau das kann man an den Börsen beobachten). So verwundert es nicht, dass der Strategieprozess für das Top-Management häufig mit der Entscheidung für eine Strategie und deren Präsentation als weitgehend abgeschlossen angesehen wird. Die Kommunikation der Strategie steigert faktisch den Unternehmenswert, die Strategieumsetzung spielt nur noch eine untergeordnete Rolle. Genau so wird das Top-Management von den Marktteilnehmern und Investoren konditioniert. Die begrenzte Verweildauer von Top-Managern in ihren Funktionen tut ein Übriges.

Am Beispiel einer im Geschäftsbericht eines deutschen Großkonzerns erklärten Strategie eines einzelnen Geschäftsbereiches lässt sich nachvollziehen, wie augenscheinlich naiv mit Unsicherheiten und Wahrscheinlichkeiten in der Realität umgegangen wird. Damit wird so getan, als wäre Umsetzung nur noch zu exekutieren; auch die Formulierung „it is just about execution" dürfte vielen Praktikern aus internationalen Großkonzernen in den Ohren klingen. Gerade im Rahmen der Unsicherheiten, die die Strategieentwicklung vielfach noch nicht auflösen kann, sind Detaillierungen und Verbesserungen am Plan notwendig und natürlich auch wünschenswert. Mit Macht etwas Unsinniges umzusetzen ist in diesem Zusammenhang nicht sinnvoll.

Unser Ziel ist es, in Kapitel 1 zu erklären, was es bedeuten kann, umsetzungsorientiert Strategien zu entwickeln und der Umsetzungsorganisation zu übergeben. Wir schließen dieses Kapitel mit praktisch anwendbaren Kriterien zur Beurteilung von Strategien hinsichtlich ihrer Umsetzbarkeit und zur Beurteilung der Dokumentation einer Strategie hinsichtlich ihrer Tauglichkeit für den weiteren Umsetzungsprozess.

1. Umsetzungsorientierte Strategieentwicklung

Am Ende des Strategieentwicklungsprozesses steht üblicherweise ein Dokument, der strategische Plan. Dieses Dokument enthält sowohl die Zielsetzungen des Unternehmens (oder der Organisation) als auch den Weg zur Zielerreichung. Eigentlich ist es selbstverständlich, dass in jedem Planungsprozess auch über die Umsetzung nachgedacht wird. Das gilt auch für die Strategieentwicklung, denn die potenzielle Umsetzung stellt *die* wesentliche Rahmenbedingung der Strategie dar.

Dieser Aspekt kommt trotzdem häufig zu kurz, denn Strategieentwicklung ist ein kreativer Prozess, der gerade nicht durch die vermeintlichen Restriktionen der Umsetzung beschränkt werden soll. Der Widerspruch lässt sich nicht vollständig auflösen. Schließlich soll eine Strategie gerade die bisher bestehenden Grenzen auflösen, die es dem Tagesgeschäft unmöglich machten, die entsprechende Richtung von sich aus einzuschlagen, und sie soll damit zusätzliche Erfolge erzielen. Auf der anderen Seite sollen Strategien auch die vorhandenen Restriktionen, Grenzen und Fähigkeiten berücksichtigen, schließlich soll eine Umsetzung sinnvoll machbar sein.

In der Management-Lehre finden sich dann auch in den verschiedensten Ansätzen Hinweise darauf, wie die Umsetzung in der Strategieentwicklung zu berücksichtigen sei. Tom Wheelen und J. David Hunger[3] beispielsweise sehen in einem Standard-Werk der Management-Lehre das Budget eindeutig in dem Bereich der Umsetzungsplanung und damit dem Strategieentwicklungsprozess nachgelagert. Liegt aber die Budgetplanung außerhalb der Strategieentwicklung, so lassen sich kaum Aussagen zur Wirtschaftlichkeit

---

3 J. David Hunger, Tom Wheelen: Essentials of Strategic Management, Prentice Hall, India, Delhi, 2006

und Umsetzbarkeit unter beschränkten Budgets machen. Ein derartiger Strategieentwicklungsprozess ist wenig umsetzungsorientiert.

Häufig hilft man sich in der wissenschaftlichen Betrachtungsweise mit der Forderung nach iterativer Bearbeitung[4]. Wie wir aber aus der Praxis wissen, werden die Ergebnisse in „Bearbeitungsschleifen" nicht immer nur besser. Die Gründe dafür sind vielschichtig, negative Einflüsse wie das Taktieren Einzelner haben mehr Raum, ihren Einfluss geltend zu machen. Das bedeutet, dass sich Unternehmen bewusst oder unbewusst für oder gegen eine Umsetzungsorientierung bereits in der Strategieentwicklung entscheiden (und entscheiden müssen).

Die Fragen danach, wie der kreative Prozess der Strategieentwicklung üblicherweise aussieht, welche Spielräume er lässt, welchen Restriktionen er ausgesetzt ist und welche Ergebnisse aus diesem Prozess in die Umsetzung überführt werden, stehen deshalb am Anfang unserer Überlegungen.

1.1 Strategieentwicklung und Struktur

Bevor wir uns hier die verschiedenen Arten der Strategieentwicklung von eher theoretischer Seite anschauen und die Art der geforderten und geförderten Kreativitätsleistung beleuchten, wollen wir einen Blick auf die Unternehmenspraxis werfen. Es gibt dort verschiedene „Auslöser" eines Prozesses zur Entwicklung einer Strategie:

- Den Beginn einer neuen Planungsperiode im Rahmen eines bereits etablierten Prozesses und eines Planungskalenders als alljährliche „Übung",
- eine kritische oder zumindest deutlich unbefriedigende geschäftliche Situation bzw. ein entsprechend kritischer Ausblick,
- eine neue Unternehmensleitung,
- ein neuer Aufsichtsrat,

---

[4] Siehe z.B. Richard Hammer: Planung und Führung, 8. Auflage, München 2011, S. 97

- eine neue Eigentümerstruktur (oder aus anderen Gründen die Forderung durch die Eigentümer) sowie möglicherweise
- absehbare Veränderungen externer (Markt-) Faktoren.

Darüber hinaus gibt es natürlich auch die kontinuierliche Strategieentwicklungsarbeit der verschiedenen Management-Ebenen unterhalb des Top-Managements (Entwicklung von Bereichsstrategien). Diese folgen selten einem methodisch durchgängigen Ansatz und entsprechen in der Regel auch nicht einem vorher (verbindlich) festgelegten Dokumentationsstandard. Stattdessen werden auf diesen Unternehmensebenen aus außerordentlichen Situationen Adhoc-Aufträge abgeleitet. Auch die Umsetzung der so entstehenden Bereichsstrategien werden wir noch beleuchten; der mögliche Einfluss der Strategieentwicklung auf die Umsetzung jedoch bleibt uns hier verschlossen, weil wir den Entwicklungsprozess in den verschiedenen Bereichen der Unternehmen nicht kennen - häufig kann dieser nicht einmal von den Verantwortlichen beschrieben werden, er folgt eher Erfahrungswerten als Regeln.

In Abbildung 1-1 haben wir die Konsequenzen des Einflusses von Kreativität auf der einen Seite und der Methodenorientierung auf der anderen Seite kategorisiert. Diese Abbildung gilt nicht für zwangsweise eingeschränkte Strategieentwicklungsprozesse wie sie z.B. im Zusammenhang mit einer drohenden Insolvenz auftreten können (sofern man dann überhaupt von „Strategieentwicklung" sprechen kann).

„Ideal" (aber sehr selten anzutreffen) wäre natürlich ein methodisch gründlich vorbereitetes Strategieentwicklungsvorgehen, das gleichzeitig ein Maximum an inhaltlichem Freiraum bietet und damit auch kreative Strategien zu Tage fördert. Dieses Ideal ist so aber kaum erreichbar. Entweder läuft das Verfahren der Strategieentwicklung in sehr geordneten Bahnen, lässt dafür aber weniger Spielraum für die Entwicklung wirklich revolutionär kreativer Strategien („ordentlich"), oder das Unternehmen sucht bewusst die herausragende, gegebenenfalls auch umwälzende Strategie, ist dafür aber auch bereit, sich von festgelegten Vorgehensweisen zu lösen („außerordentlich"). Fatal ist natürlich das immer noch häufig in der Praxis erlebbare „unkreative Chaos", in dem sich nur der Stärkste durchsetzt, völlig losgelöst von den Interessen der Eigentümer und anderen Stakeholdern des Unternehmens („unordentlich"). Im Umfeld sehr egozentrisch veranlagter Manager kann man dieses Chaos häufiger beobachten. Aber auch durch die Vorgehensweise versuchen einige ihre Position durchzusetzen. Ein echter Diskurs ist in solchen Umgebungen nicht möglich. Dieses inakzeptable Feld möchten wir bewusst nicht näher beschreiben, da es keinerlei konstruktive Ansätze bietet.

Doch nun zu den verschiedenen Typen von Strategieentwicklungsprozessen. Wir beginnen in Abbildung 1-1 rechts unten, in einem *methodisch strukturierten Umfeld*.

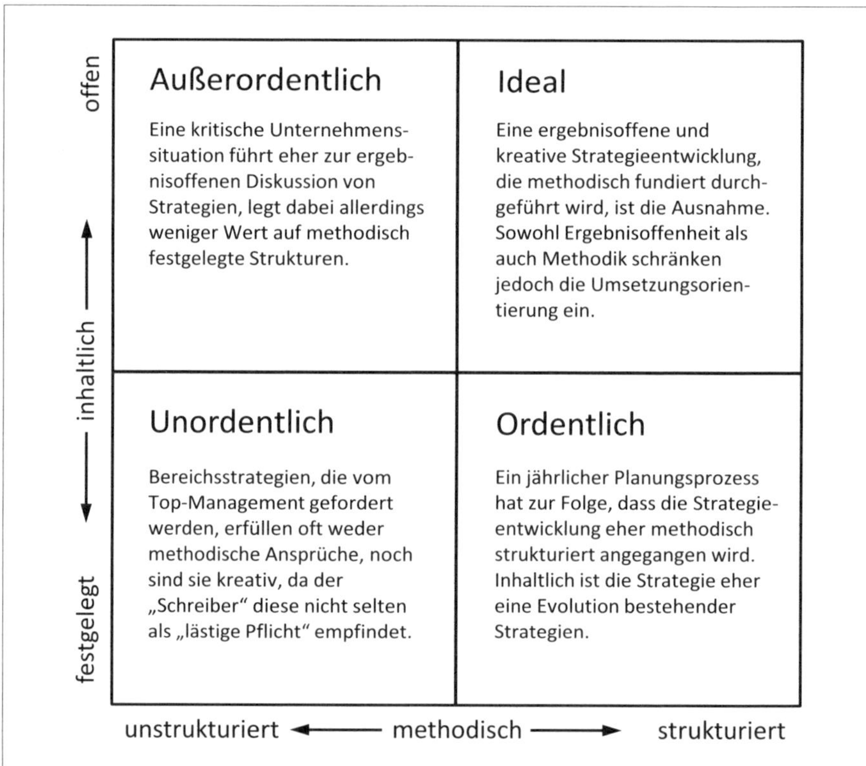

Abbildung 1-1: Strategieentwicklung als Teil des Planungsprozesses

In einem etablierten Planungsprozess (Auslöser ist in diesem Fall der alljährliche Planungskalender) wird meist ein bestehendes Instrumentarium „abgearbeitet" und selten werden „Wunder" als Ergebnis eines derartigen Prozesses erwartet. Auch dann, wenn das Vorhaben durch externe Berater unterstützt wird, läuft alles in bereits erprobten Bahnen. Neues ist bereits im letzten Jahr erdacht worden, die Meinungen und die Durchsetzbarkeit sind bekannt und erprobt. Das heißt nicht, dass aus einem wiederkehrenden Prozess keine gute Strategie geboren werden kann. Doch der Fokus der Überlegungen wird naturgemäß auf äußeren Veränderungen und deren Auswirkungen auf das Geschäft liegen; die Strategie des letzten Jahres wird „weiterentwickelt". Umwälzende Denkanstöße kommen so seltener zustande. Dafür werden implizit die Machbarkeit, das Vorliegen von Voraussetzungen für Veränderungen sowie möglicherweise ein notwendiges Umdenken in einem viel höheren Maße in die Überlegungen einfließen. Was aber im letzten Jahr „nicht ging", geht auch in diesem Jahr mit hoher Wahrscheinlichkeit nicht; die Meinungen und Machtpositionen sind berechenbar und daher auch weitgehend das Ergebnis.

Die Abbildung 1-2 zeigt, woraus der Planungskalender eines derartigen Prozesses bestehen wird. Da sich Ziele und Vision in der Regel nur schrittweise verändern (bzw. entwickeln), werden sich die Ergebnisse des Strategieentwicklungsprozesses bis hin zum daraus abgeleiteten Budget in aller Regel auch „nur weiterentwickeln".

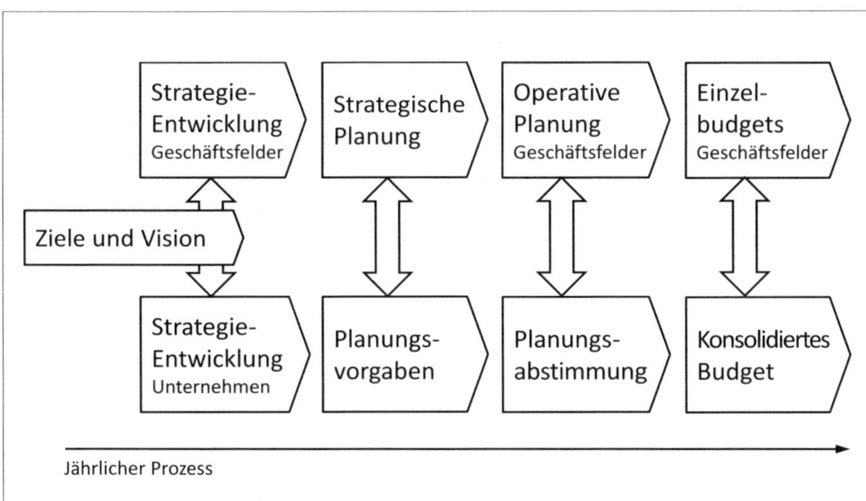

Abbildung 1-2: Strategieentwicklung im jährlichen Planungskalender

Wie diese Abbildung zeigt, erfordert ein jährlicher Planungskalender üblicherweise eine Abstimmung zwischen verschiedenen Bereichen und verschiedenen Ebenen. Diese Abstimmungen sind ein weiterer Mechanismus zur Einschränkung von Lösungswegen. Je mehr Abstimmungen vorgesehen werden, desto kleiner wird der Lösungsraum; nur ganz selten werden im Rahmen von Abstimmungsrunden neue Lösungswege beschritten.

Im Falle eines *adhoc aufgesetzten Strategieentwicklungsprozesses* (wir befinden uns in Abbildung 1-1 links oben) aufgrund einer besonderen Situation oder eines besonderen Auslösers (schlechtes Jahresergebnis, Führungswechsel etc.) wird versucht werden, alle Barrieren zunächst „über Bord zu werfen", um möglichst viele attraktive Ideen zu erhalten und beleuchten zu können und damit das spezifische Problem zu lösen. Entsprechend stehen diejenigen Fakten und Voraussetzungen zur *Umsetzung* einer Strategie, denen vielleicht tatsächlich eine große Bedeutung zukommt, nicht so im Vordergrund, wie sie vielleicht stehen sollten. Daher führen die außerplanmäßigen Aktivitäten zur Entwicklung einer Strategie zu kreativeren und häufig umwälzenden Strategien, deren Umsetzbarkeit nicht immer in aller Gründlichkeit vor dem Beginn der Umsetzung überprüft wird.

Als Beispiel mag hier die Situation eines großen Automobilkonzerns dienen, der sich zu einem Technologiekonzern entwickeln wollte, diese Strategie jedoch nicht erfolgreich umsetzen konnte. Daher war es notwendig, eine gänzlich neue Strategie zu finden, die den Erfolg sichern sollte. In diesem Beispiel ging der Technologiekonzern den Weg hin zu einem global integrierten Automobilkonzern, ein Weg den dieses Unternehmen ebenfalls abgebrochen hat, da sich der Erfolg nicht wie geplant einstellen wollte. Derartige Anstöße fordern immer ein komplettes Umdenken und erfordern daher kreativere (Strategie-) Lösungen. Leider sind diese kreativeren Lösungen häufig mit einer geringeren Umsetzungsorientierung verbunden, was in diesem Beispielfall dramatischerweise bereits häufiger zu einem Misserfolg der Strategien geführt hat.

Zwischen diesen beiden extremen Varianten („ordentlich" – „außerordentlich") liegt in der Praxis die Wahrheit. Oft wird ein jährlicher Planungsprozess davon überschattet, dass ein (Teil-) Ergebnis (z.B. Umsatzwachstum oder Profitabilität) eines Bereiches nicht optimal ist. Insofern wird zumindest für die betroffenen Teilbereiche die vollständige und uneingeschränkte Kreativität gefordert werden, die Ergebnisse fließen dann in den jährlichen Planungsprozess des Gesamtunternehmens ein. Sollte eine eher kritische Situation im Kontext des Gesamtunternehmens eingetreten sein, so werden die vorhandenen „Procedures" zwar aus der Schublade gezogen oder der bewährte Berater zu Rate gezogen, doch die Methode spielt eine untergeordnete Bedeutung. Der externe Berater wird naturgemäß nicht mit einem komplett neuen „Methodenbündel" aufwarten, sondern üblicherweise an Bekanntem anknüpfen. Aber auch der Berater unterliegt dem Zwang, eine Lösung für die missliche Unternehmenslage zu finden, unabhängig von der Methode.

Warum ist nun der Grad an eingesetzter Kreativität überhaupt von Bedeutung für die Strategieumsetzung? Besonders umwälzende Ideen entstehen dann, wenn die Kreativität im Prozess gefördert wird und beschränkende Rahmenbedingungen eine untergeordnete Rolle spielen[5]. Die Bedeutung der Kreativität leitet sich daraus ab, dass jede Strategie, die umwälzende Ideen umsetzen möchte, besonders umfangreiche Transformationsvorhaben mit einer deutlich höheren Komplexität nach sich zieht.

„Fortschreibende Strategien", die eine schrittweise Verbesserung auf angestammtem Terrain zum Inhalt haben, werden dagegen geringere Umsetzungsvoraussetzungen aufweisen wie auch geringere Umsetzungskonsequenzen nach sich ziehen. Die Umsetzung scheint somit leichter, weil Erfahrungen mit der schrittweisen Veränderung aus den Vorjahren ja bereits vorliegen.

1.2 Ansätze zur Strategieentwicklung

Neben dem Auslöser des Strategieentwicklungsprozesses können auch die Vorgehensweise und die gewählten Methoden an sich einen Einfluss auf den Grad der genutzten Kreativität einerseits und damit die Berücksichtigung von umsetzungsrelevanten Kriterien andererseits haben.

5 Teresa M. Amabile: Motivating Creativity in Organizations, In: California Management Review 40, No. 1, Berkeley, California, 1997

In der Management-Forschung ist insbesondere Henry Mintzberg[6] dafür bekannt geworden, ein Verfechter der sogenannten Konfigurationsschule zu sein, in der die Strategieentwicklung als Transformationsprozess angesehen wird. Das betrachtete Unternehmen kann demnach über längere Zeiträume eine stabile *Konfiguration* darstellen, die lediglich in gewissen Abständen von stufenweisen Veränderungen, den sogenannten Transformationen, unterbrochen wird. Dieses Bild entspricht auch den praktischen Erfahrungen vieler Unternehmen; wir können diese Sichtweise aus unserer praktischen Erfahrung bestätigen. Ziel ist eine gewisse Robustheit des Geschäftsmodells, dass zwar kontinuierlich Anpassungen zur Optimierung erfährt („Konfigurationen"), jedoch aufgrund seines Erfolges nicht ständig die Anstrengungen einer „Transformation" notwendig macht.

Diesem Bild liegt auch zugrunde, ein Geschäftsmodell dann als vorteilhaft anzusehen, wenn dieses nicht ständig einer umfangreichen Modifikation (hier Transformation genannt) unterzogen werden muss, um erfolgreich zu sein. Stattdessen werden die Transformationen in größeren Abständen nötig, um dann eine entsprechend umfangreichere Anpassung zu planen. In diesen größeren Abständen sind entsprechend unserer obigen Ausführungen größere Anstrengungen zur Kreativitätsförderung zu unternehmen, während in der stabileren Phase des Geschäftsmodells die Strategieentwicklung im Rahmen des Planungskalenders abgewickelt werden kann.

Es gibt neben der Konfigurationsschule eine ganze Reihe an sogenannten Strategieschulen, die unterschiedliche Herangehensweisen als Grundlage propagieren, und es stellt sich die Frage, inwieweit diese Schulen die Umsetzung bereits in der Strategieentwicklung berücksichtigen. Auch hier hilft uns Mintzberg mit seiner Kategorisierung der Strategieschulen[7] (siehe Abbildung 1-3).

---

6 Henry Mintzberg ist einer der etabliertesten Forscher und Universitätsprofessoren, die sich dem Thema „Management" gewidmet haben. Seit er 1968 seine Promotion am M.I.T. abgeschlossen hat, ist er als Autor vieler kontroverser Management-Fachpublikationen bekannt geworden.

7 Henry Mintzberg, Joseph Lampel, Bruce Ahlstrand: Strategy Safari – A Guided Tour through the Wilds of Strategic Management, Free Press, New York, 2005

Strategieschule	Kurzbeschreibung	Umsetzungsorientierung
„Design Schule“	Strategieentwicklung als Konzeption einer zukünftigen Ausprägung.	**Design und Konzeption beziehen sich bereits auf die Umsetzung der Strategie**
„Planungsschule“	Strategieentwicklung folgt rigiden Planungsschritten (ohne Ausnahme).	**Die Umsetzung orientiert sich an den Planungsschritten, Iterationen sind notwendig.**
„Positionierungsschule“	Die Analyse führt zur Strategie mit dem Ziel der Verbesserung der Positionierung.	**Die Analyse der Positionierung enthält keinen Umsetzungsaspekt.**
„Unternehmerschule“	Die Entwicklung einer Vision ist der Kern der Strategieentwicklung.	**Die Umsetzung wird als Teil der Vision intuitiv berücksichtigt, jedoch selten vollständig.**
„Erkenntnisschule“	Erkenntnisprozesse der Strategieverantwortlichen sind entscheidend für die Strategie.	**Die Umsetzungsorientierung hängt an den Erkenntnissen der Strategieverantwortlichen.**

Abbildung 1-3: Strategieschulen und ihre Umsetzungsorientierung (Teil 1)

Strategieschule	Kurzbeschreibung	Umsetzungsorientierung
„Lernende Schule“	Der Lernprozess führt sukzessive zu verbesserten Strategien.	**Auch die Umsetzungsorientierung profitiert von dem Lernprozess.**
„Machtschule“	Die Strategieentwicklung erfolgt als Abstimmung zwischen Machtinhabern.	**Die Umsetzungsorientierung ist bestenfalls als eine Machtposition vertreten.**
„Kultur-Schule“	Die Strategieentwicklung spiegelt in erster Linie die Unternehmenskultur wider.	**Ein kollektiver Prozess garantiert keinerlei Berücksichtigung der Umsetzung.**
„Umwelt-Schule“	Die Strategieentwicklung ist eine Reaktion auf die Veränderungen der Umwelt.	**Die Reaktionen ergeben sich aus bekannten (nicht umsetzungsorientierten) Verhaltensmustern.**
„Konfigurationsschule“	Von Zeit zu Zeit muss die Strategie Transformationen enthalten.	**Fokussierung der Umsetzungsaspekte auf die Transformationen ist möglich.**

Abbildung 1-3: Strategieschulen und ihre Umsetzungsorientierung (Teil 2)

Unabhängig von der Schule, der ein Unternehmen folgt (in der Praxis erfolgt meist keine Methodenwahl in „Reinkultur" - es handelt sich also meist um eine Mischform), wird es Strategieelemente geben, die bereits Umsetzungsrestriktionen und -rahmenbedingungen berücksichtigen, und andere, die dies nicht tun. Je stärker der methodische Ansatz entweder auf Kreativität oder auf die Unvermeidlichkeit einer bestimmten strategischen Richtung ausgelegt ist, desto geringer ist die Chance, dass bereits Umsetzungsaspekte eine Rolle spielen. Je stärker das Augenmerk der Methode dagegen auf der Ausgangssituation und den vorhandenen Ressourcen liegt, desto eher wird der Strategieentwicklungsprozesses an einer potenziellen Umsetzung ausgerichtet. Letzteres führt gegebenenfalls zu einer zu starken Einschränkung der Strategieentwicklung.

Das klingt nach der „Wahl zwischen Pest und Cholera" - und um offen zu sein: Das ist es in der Praxis auch, wobei ein Hang der beteiligten Personen zu verzeichnen ist, nicht allzu kreativ zu werden, solange es nicht unbedingt als notwendig angesehen wird. Deshalb gibt es in der Praxis eine echte Kreativitätsentfaltung meist nur in der Krise.

Doch was ist eigentlich so negativ an einer Strategie, die besonders kreative Ideen in sich vereinigt? Diese Frage interessiert insbesondere dann, wenn doch eine reine Strategiefortschreibung der vergangenen Jahre in der Zukunft kaum zu gänzlich neuen Wettbewerbsvorteilen führen wird.

Jede Strategie wird Veränderungen nach sich ziehen (es sei denn, die Strategie lautet, nichts zu verändern, was wohl nicht so häufig der Fall sein dürfte). Die Veränderungen müssen für die Umsetzung geplant und anschließend vollzogen werden. In der Regel wird die Umsetzung als Projekt organisiert, für welches Ressourcen benötigt werden: Zeit, Geld, Personal mit bestimmten Fähigkeiten etc. Sind die Ressourcen nicht verfügbar oder vorhanden, so lassen sich die meisten vielleicht beschaffen, jedoch in der Regel nicht alle. Vielleicht reicht die Zeit auch nicht, um den gewünschten Effekt am Markt zu erzielen (und damit die Strategie umzusetzen) oder das Vorhaben erfüllt, nachdem es einmal gründlich geplant wurde, nicht mehr die Anforderungen der Wirtschaftlichkeit.

Es gibt also eine Reihe von Gründen, die dafür sprechen, die Kriterien der sinnvollen Umsetzbarkeit bereits im Strategieentwicklungsprozess zu berücksichtigen. Die Kunst liegt ferner darin, nicht die Kreativität durch Begrenzungen zu ersticken.

Folgen wir dem Bild der oben zitierten Konfigurationsschule (nach Mintzberg), so ist *es in größeren zeitlichen Abständen* notwendig, die Kreativität in den Vordergrund zu stellen und die Umsetzbarkeit erst zum Ende eines Strategieentwicklungsprozesses zu berücksichtigen. In einer folgenden Iteration werden nicht machbare und gegebenenfalls nicht wirtschaftliche Strategien wieder aussortiert. Eine Transformation erfordert das Höchstmaß an Kreativität und sollte daher beschränkende Gedanken im ersten Schritt der Strategieentwicklung ausblenden.

Der *regelmäßige jährliche Planungsprozess* sollte dagegen die Kriterien der Umsetzung bereits während der Strategieentwicklung berücksichtigen: Eine „Konfiguration" des Unternehmens erfordert in hohem Maße die Berücksichtigung der Kriterien einer sinnvollen Umsetzung. Wie wir später (Kapitel 6 und 7) noch sehen werden, können mit einer unnötigen „Störung" (siehe insbesondere Kapitel 7.2.1) die Leistung der Mitarbeiter und damit der Organisation nachhaltig beschädigt werden.

Eine besondere Herausforderung stellt im Rahmen der Strategieentwicklung die Berücksichtigung der Wirtschaftlichkeit sowie deren Fristigkeit dar. Während der Strategieentwicklung werden in der Praxis sukzessive Schätzungen der wirtschaftlichen Auswirkungen vorgenommen. Im besten Fall werden diese auch in ihren verschiedenen Ausprägungen (Cash Flow, Ergebnis- und Bilanzwirksamkeit, Kostenrechnungen) dargestellt. Die Schätzungen entwickeln in der Praxis häufig einen normativen Charakter (erste Budgetannahmen können selten um Größenordnungen geändert werden), der dann Rückwirkungen auf die Strategie an sich hat. Das ist schädlich und sollte im Sinne der Objektivität vermieden werden.

In der Theorie taucht in diesem Zusammenhang auch die „strategische Kontrolle" [8] auf; diese „... hat die Aufgabe, die Konformität

[8] Georg Schreyögg, Horst Steinmann: Strategische Kontrolle - Empirische Ergebnisse und theoretische Konzeption, Band 25 von Diskussionsbeiträge,

von Strategie und Unternehmensumwelt permanent zu überwachen" [9], indem Prämissenkontrolle, Durchführungskontrolle und strategische Überwachung eingeführt werden. Aus der zitierten empirischen Studie geht jedoch hervor, dass „der Begriff oder Modelle der strategischen Kontrolle ... Managern nicht bekannt" sind. „Die ereignisabhängige, unterjährige strategische Kontrolle wird vom Management durch eine implizit-intuitive Vorgehensweise, dem ‚gesunden Menschenverstand' folgend, erfüllt". Tatsächlich bezweifeln wir, dass dieses sinnvolle Konzept der strategischen Kontrolle überhaupt in der Praxis zur Anwendung kommt, gleich unter welcher Bezeichnung. Nur so ist zu erklären, warum Unternehmen nicht aus dem unzureichenden Erfolg der Strategieumsetzungen lernen. Da auch keine Verbesserung dieses Zustandes in Sicht scheint, empfehlen wir dringend, eine strategische Kontrolle einzuführen. Der Aufgabenträger könnte die in Kapitel 5.3 eingeführte „neutrale Instanz" sein. Gibt es eine solche Instanz nicht im Unternehmen, so ist die Unternehmensführung für diese Aufgabe verantwortlich. Da sich jedoch selbst Unternehmensleitungen häufig wenig Zeit für eine derartig langfristig angelegte Aufgabe nehmen, ist in letzter Instanz der Aufsichtsrat verantwortlich, die strategische Kontrolle mindestens einzufordern, ggf. sogar selbst auszuführen.

Zur Fristigkeit der Wirtschaftlichkeit lässt sich anführen, dass diese über die Kapitalwertmethode und die üblichen (vergleichsweise hohen) erwarteten Abzinsungen eine nicht so große Rolle spielt. Üblicherweise reicht somit eine Betrachtungsweise der Wirkungen einer Strategie über fünf bis zehn Jahre aus. Die Werte (Zahlungsflüsse) späterer Jahre haben meist durch die Abzinsung einen geringen Einfluss auf das Ergebnis.

In Kapitel 6 werden wir noch zeigen, dass die Aufgabe der Steuerung eines der Situation angepassten Strategieentwicklungsprozesses unter Berücksichtigung der Umsetzungsaspekte von einer Monito-

---

Lehrstuhl für Allgemeine Betriebswirtschaftslehre und Unternehmensführung der Universität Erlagen-Nürnberg, 1984

9 Wolfgang Becker, Marc Piser: Strategische Kontrolle – Ergebnisse einer empirischen Untersuchung, Bamberger Betriebswirtschaftliche Beiträge Nr. 131, Otto-Friedrich-Universität Bamberg, 2003

ring-Instanz wahrgenommen werden kann, deren Fokus u.a. auf der Weiterentwicklung der Kompetenzen liegt.

1.3 Typische Ergebnisse der Strategieentwicklung

Unabhängig vom gewählten Prozess der Strategieentwicklung gibt es typische Ergebnisse, die sich meist aus den primären Problem- oder Chancenbereichen ergeben. Deshalb verwundert es auch nicht, wenn es kaum wirklich einmalige Strategien gibt. Die meisten Manager folgen typischen Mustern des Marktes sowie eigenen Erfahrungen, die bereits an anderer Stelle erprobt wurden. Die typischen Muster sind in den folgenden Abschnitten kurz beschrieben.

Im Falle von Kostenproblemen sind die typischen Reflexe von Unternehmen

- entweder Kostenreduktionen in der Produktion oder dem Gemeinkostenbereich (je nach Ursache oder verwendeter Benchmarks),
- Kostenreduktion durch günstigeren Einkauf oder
- die Konzentration auf höherwertige Kunden bzw. Produktsortimente.

Auch die Ansätze zur Kostensenkung sind sich in vielen Unternehmen sehr ähnlich; entweder geprägt von den Ideen von Beratern, Dienstleistern, Softwareherstellern oder von dem Blick auf Mitbewerber (z.B. im Rahmen eines Benchmarkings).

Haben sich die Umsätze nicht befriedigend entwickelt, so stehen zum Beispiel

- Produktentwicklung,
- neue Märkte oder
- eine umfangreichere und fokussierte Kundenbetreuung

im Vordergrund der Überlegungen. Auch hier gibt es den Herdentrieb, der durch die Kapitalmärkte und dort insbesondere die Analystenkommentare noch verstärkt wird. Es muss das getan werden, was der Markt erwartet und der Markt erwartet das, was dort die anderen gut positionierten Unternehmen gerade machen oder gemacht haben. Also führt der Markt selbst zu einer Uniformisierung des Marktes.

Sind Wachstum und Dynamik nicht ausreichend, so wird in der Regel der Ruf nach Akquisitionen laut. Ab einer gewissen Unternehmensgröße werden dann die Schaffung von monopolartigen Strukturen und mögliche Globalisierungseffekte durchdacht.

Unternehmen in einer Finanzierungskrise werden Desinvestments und „Gesundschrumpfungen" in Maßnahmenbündel gießen und die entsprechenden Finanz-Kennzahlen im Blick haben.

Diese plakative Darstellung von strategischen Ansätzen[10] soll nicht darüber hinwegtäuschen, dass es sich bei jedem dieser Ansätze auch tatsächlich um den besten und vielleicht richtigen Ansatz handeln *kann*. Natürlich gibt es jenseits der genannten „ausgetretenen Pfade" auch wahrlich neue, ja fast revolutionäre Strategien; doch diese sind sehr rar. Obwohl es sich beim Strategieentwicklungsprozess also um einen höchst kreativen Prozess handelt, so sind doch die meist von Unternehmen entwickelten Strategien äußerst beschränkt.

Das Beispiel 1-1 zeigt, wie über die strategischen Entscheidungen von Unternehmen in der Presse berichtet wird. Diese fiktiven Beispiele sind jeweils realen Artikeln nachempfunden – derartige Berichte finden sich zu Hunderten. Sie zeigen (zugegeben auf einer hohen Abstraktionsebene), dass der Reflex, ein „Standard-Rezept" zu nutzen, doch recht häufig greift[11]. In der Konsequenz stehen den Unternehmen meist nur eine sehr begrenzte Anzahl an möglichen Strategien zur Verfügung. Unter dieser Annahme ist es besonders schwierig, Umsetzungsaspekte bereits in der Strategieentwicklung (zumindest als Auswahlkriterium) zu berücksichtigen. Bleiben beispielsweise nur die Kostensenkung und dort nur wenige Varianten, so kann der Umsetzungsaspekt lediglich zur Entscheidung für eine

---

10 Henry Mintzberg, James A. Waters: Of Strategies, Deliberate and Emergent, Strategic Management Journal, Vol. 6, Wiley, 1985

11 Denken Sie bitte kurz an die letzten Strategien in Ihrem Unternehmen oder an in der Presse veröffentlichte Strategien anderer Unternehmen und überlegen Sie, ob und inwiefern hier wirklich neue Wege (im Vergleich zu vergleichbaren Unternehmen oder Unternehmen in vergleichbarer Situation) beschritten wurden.

der Varianten herangezogen werden, eine wirklich umsetzungsorientierte *Entwicklung* der Strategie erfolgt in diesen Fällen nicht mehr.

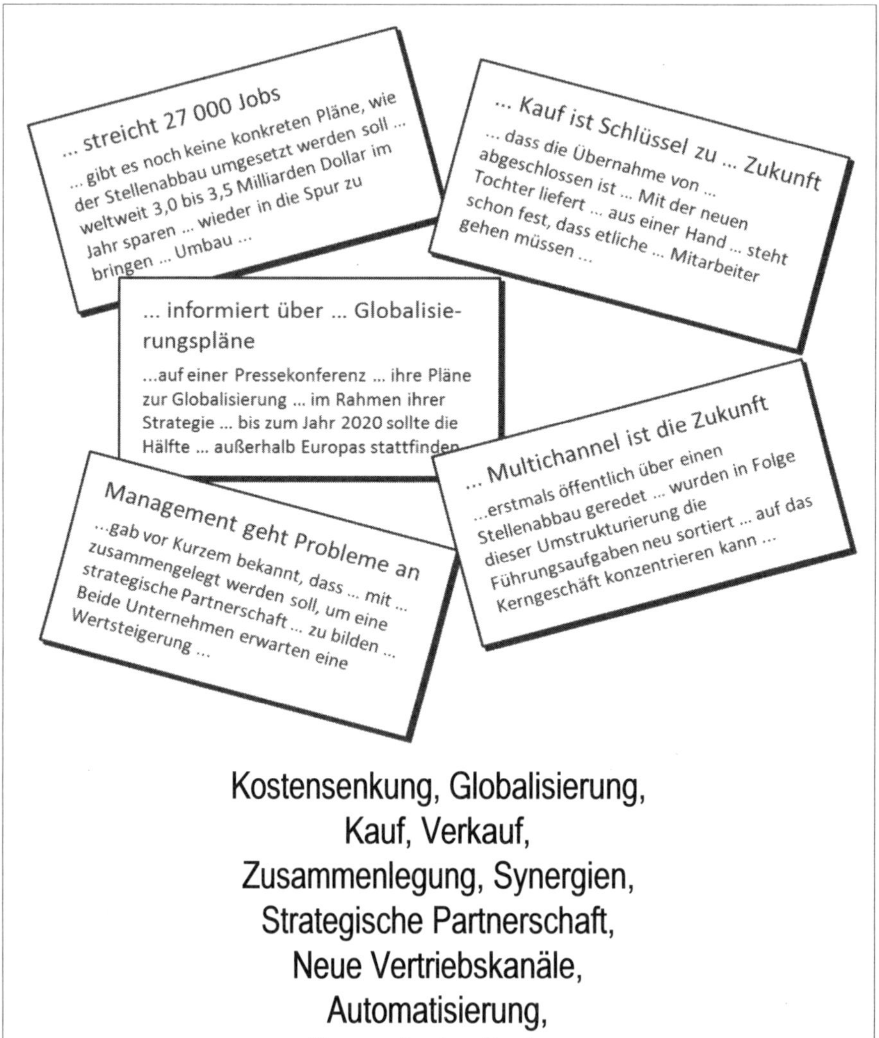

Beispiel 1-1: Veröffentlichte Strategieformulierungen (anonymisiert)

Doch was heißt das für die Praxis? Wenn die Strategien so zwingend sind, wie kann ein Unternehmen dann noch Aspekte der Umsetzung berücksichtigen? Das hängt sehr stark von der Betrachtungsebene einer Strategie ab; so kann z.B. der „Reflex" eines Kostensenkungsprogramms in einem bestimmten Bereich des Unternehmens durchaus zwingend und richtig sein, die Wahl der konkreten Maßnahme (z.B. Outsourcing) zur Senkung der Kosten kann jedoch falsch und inkompatibel mit erwarteten Service Levels oder anderen Rahmenbedingungen sein. Nur einzelne Dienstleister aus den betroffenen Branchen würden hier widersprechen.

Es kommt also darauf an, die zwingend notwendigen Bestandteile einer Strategie getrennt von den auf einer detaillierteren Ebene bestehenden Optionen zu betrachten. Die optionalen Bestandteile (im Beispiel: Verschiedene Ansätze zur Kostensenkung) müssen sich einer Machbarkeitsstudie, einer Wirtschaftlichkeitsbetrachtung und ggf. weiteren Untersuchungen unterziehen, bevor eine „Gewinnerstrategie" festgelegt werden kann. Und deshalb gehört auch dieser höhere Detaillierungsgrad zu einer guten Strategie. Eine Strategie beschreibt immer auch, wie ein neuer Zustand erreicht werden soll, Gewinnsteigerung allein ist keine Strategie. Das klingt banal; wie die in Beispiel 1-1 angeführten Beispiele jedoch zeigen, sieht genau so die Realität häufig aus.

Eine Strategie muss also für eine bestimmte Detaillierungsebene entwickelt werden, die sowohl umsetzungsrelevant als auch strategisch relevant (im Sinne der Wahlmöglichkeiten) ist.

An dieser Stelle hilft ein Blick auf den Strategieentwicklungsprozess weiter. Abbildung 1-4 zeigt einen typischen Prozess. Jeder in der Strategieentwicklung untersuchte Aspekt kann auf verschiedenen Detaillierungsebenen betrachtet werden. Je detaillierter die Betrachtung, desto stärker erfolgt in der Strategieentwicklung bereits die Berücksichtigung von Umsetzungsaspekten, da sich die Schwierigkeiten der Umsetzung meist erst in den Details zeigen.

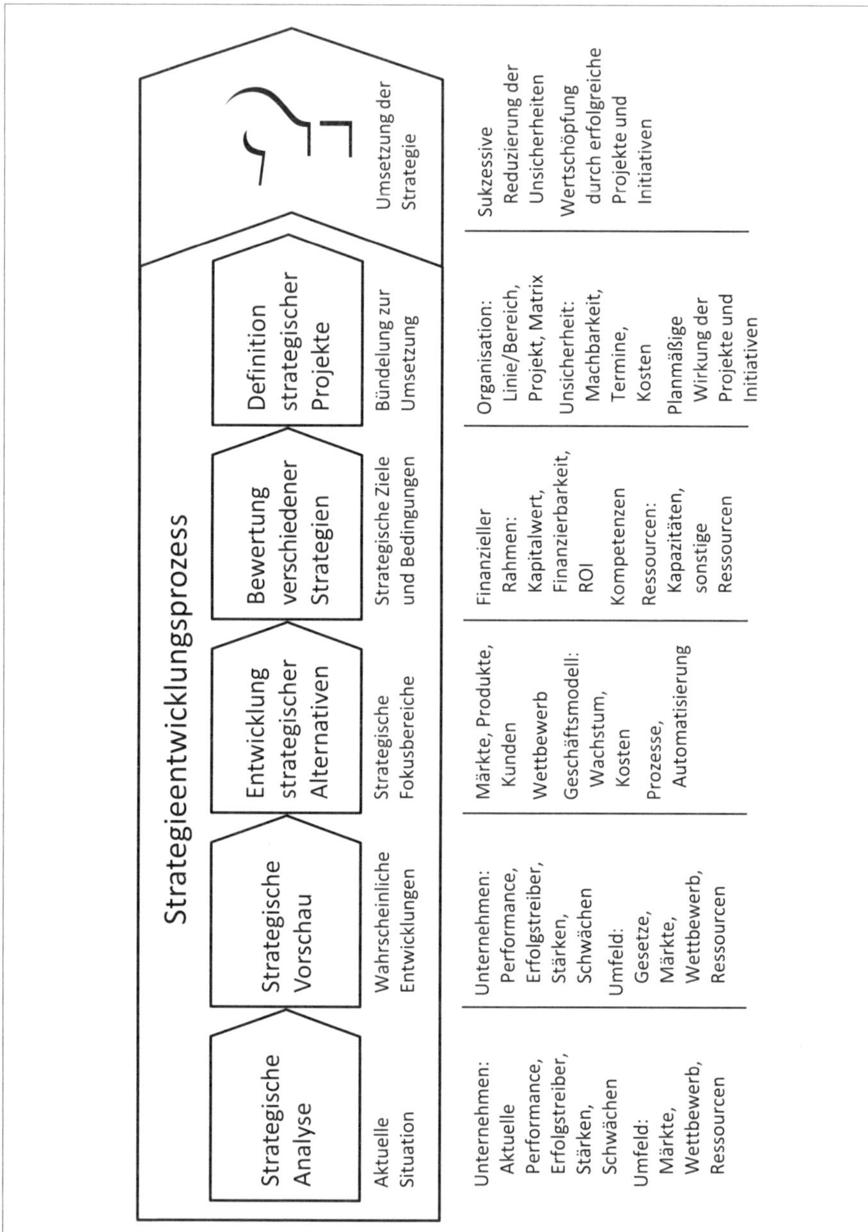

Abbildung 1-4: Ein typischer Strategieentwicklungsprozess

Spätere Zielkonflikte z.B. zeigen sich auch meist erst im Rahmen einer detaillierteren Betrachtung.

Die „strategische Kausalkette", auf die wir in Kapitel 1.5 eingehen, ist ein zentrales Hilfsmittel, mit dem sukzessive die richtige Betrachtungsebene gefunden werden kann. Doch bevor wir weiter auf dieses Hilfsmittel eingehen, sollten die grundlegenden Begriffe der Strategieentwicklung geklärt sein.

1.4 Die Bedeutung der strategischen Kausalkette

Wir haben bisher von einer Strategie als abstraktem Gebilde und einem Dokument gesprochen. Um ein konkretes Verständnis dazu zu entwickeln, ist die Erläuterung einiger Begriffe notwendig.

Häufig werden im Zusammenhang mit der Entwicklung einer Unternehmensstrategie ein *Leitbild,* eine *Vision* und eine *Zielstruktur* entwickelt.

Diese Instrumente dienen sowohl der Schaffung eines gemeinsamen Rahmens für den anschließenden Prozess der Strategieentwicklung, gleichzeitig beschränken Sie aber auch den Blick auf mögliche Alternativen außerhalb diesen Rahmens.

In wenigen Bereichen werden Begriffe so unbedarft verwendet wie im Bereich der Unternehmensstrategie, daher wollen wir mit Abbildung 1-5 zunächst für Klarheit bezüglich der wichtigsten Begrifflichkeiten sorgen.

So wichtig Zielformulierungen für ein Unternehmen sind, so wichtig ist es auch, darauf zu achten, dass die Ziele einen möglichst großen Spielraum in der Strategieentwicklung lassen. Interessanterweise findet man oft Zielformulierungen, die gerade zur aktuellen (und nur zu dieser aktuellen) Strategie passen. Die Ziele eines Unternehmens sollten jedoch mehrere Planungsperioden überdauern und im Kern den Willen der Eigentümer repräsentieren. Diesen ist häufig relativ gleichgültig, auf welche Art im Detail der Unternehmenswert steigt; viel wichtiger ist z.B. die Frage nach Ausschüttung vs. Thesaurierung von Gewinnen (weil dies unmittelbar auch die individuelle Planung der Eigentümer betrifft).

Begriffsdefinitionen zur Strategie

Eine **Vision** beschreibt einen zukünftig erwünschten Zustand sowie eine erwünschte Funktion (Geschäftsmodell) eines Unternehmens. Die Vision hat sich dabei an die Vorgaben des **Leitbild**es des Unternehmens zu halten; dieses stellt die Vorgaben bezüglich der Grundwerte sowie Rahmenbedingungen für das Geschäftsmodell dar.

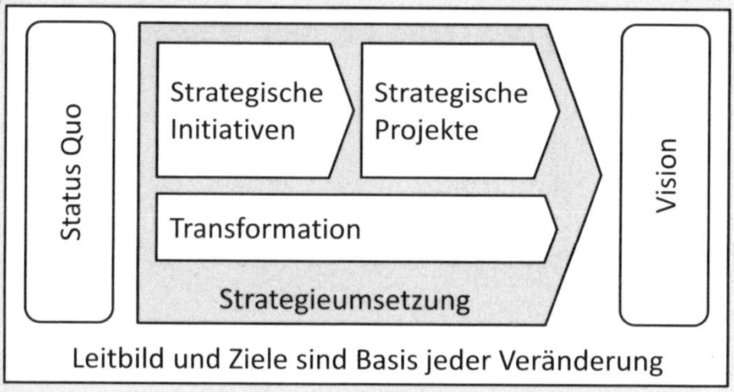

Abbildung 1-5: Strategienahe Begriffe im Kontext

Eine **Strategie** beschreibt die Idee, wie die Vision erreicht werden soll; im Kern ist sie die Kausalität, bei der Beschreibung ist also besonders auf die Logik der **strategischen Kausalkette** zu achten.

Strategien werden auf Basis der logischen wie auch organisatorischen Zusammenhänge in **strategischen Initiativen** gebündelt, um eine Verantwortungszuordnung sowie Kontroll- und Aufsichtsfunktionen sicherstellen zu können.

Die Definition von **strategischen Projekten** dient der Strukturierung und Planung einer möglichst effizienten Ausführung nach den Methoden des klassischen Projektmanagements.

Um eine möglichst reibungslose, koordinierte und motivierte Veränderung im Unternehmen herbeiführen zu können, sind in der Regel übergreifende **Transformations**-Funktionen wie z.B. ein Change Management und Kompetenzmonitoring notwendig und wünschenswert.

Weitere Ziele schränken den Handlungsraum des Unternehmens weitgehend ein und sind daher quasi als Vorgabe durch die Shareholder zu verstehen und betreffen z.B. deren Portfolio-Risiko oder Portfolio-Strategie. Aus diesen Gründen sind die Ziele nicht allein im Unternehmen, sondern in Zusammenarbeit mit den Eignern zu formulieren. Abbildung 1-6 zeigt die sequenziellen Abhängigkeiten in der Strategieentwicklung.

Ein Leitbild ist eine zum Zweck der optimierten Kommunikation aufgearbeitete Formulierung, die sowohl die Unternehmensziele als auch ethische, gesellschaftliche oder politische Grundüberzeugungen, die für das Unternehmen von übergeordneter Relevanz sind, beinhaltet. Im Leitbild werden häufig bereits gewünschte Merkmale, also Aspekte einer Vision berücksichtigt, um so ein zentrales Kommunikationsinstrument zu haben, das wiederum als Grundlage zur Bildung eines gemeinschaftlichen Verständnisses innerhalb und außerhalb des Unternehmens dienen kann. Das Leitbild ist somit Handlungsrahmen und Kommunikationsinstrument gleichermaßen und kann auf verschiedene Weisen seine Wirkung entfalten.

Mit einer Vision wird ein gewünschter zukünftiger Zustand des Unternehmens beschrieben, der in weiten Teilen nicht erreicht ist. Dieser Begriff lässt weniger Spielraum. Da der zukünftige Zustand im Rahmen der Strategieentwicklung noch eine unbekannte Größe ist, steht die Beschreibung einer Vision auch nicht unbedingt am Anfang des Prozesses, es sei denn, die Vorgaben für das Unternehmen sind so eng gefasst, dass lediglich der Weg und ggf. die zeitliche Komponente Spielraum zum Handeln lassen. Einige Elemente einer Vision können direkt aus den Zielen abgeleitet werden; diese repräsentieren dann den Willen der Anteilseigner. Komplettiert wird die Vision durch Elemente, die sich erst aus der entwickelten Strategie ergeben und den kreativen Teil der Strategieentwicklung abbilden.

Die Beschreibung des Weges von dem aktuellen Unternehmenszustand zu dem in der Vision beschriebenen Zustand ist schließlich *die eigentliche Strategie*. Wie schon erläutert, ist es wichtig, dass eine Strategie zweifelsfrei den zu beschreitenden Weg vorgibt und dort keine Spielräume zulässt, wo verschiedene Wege nicht den gewünschten Effekt erzielen.

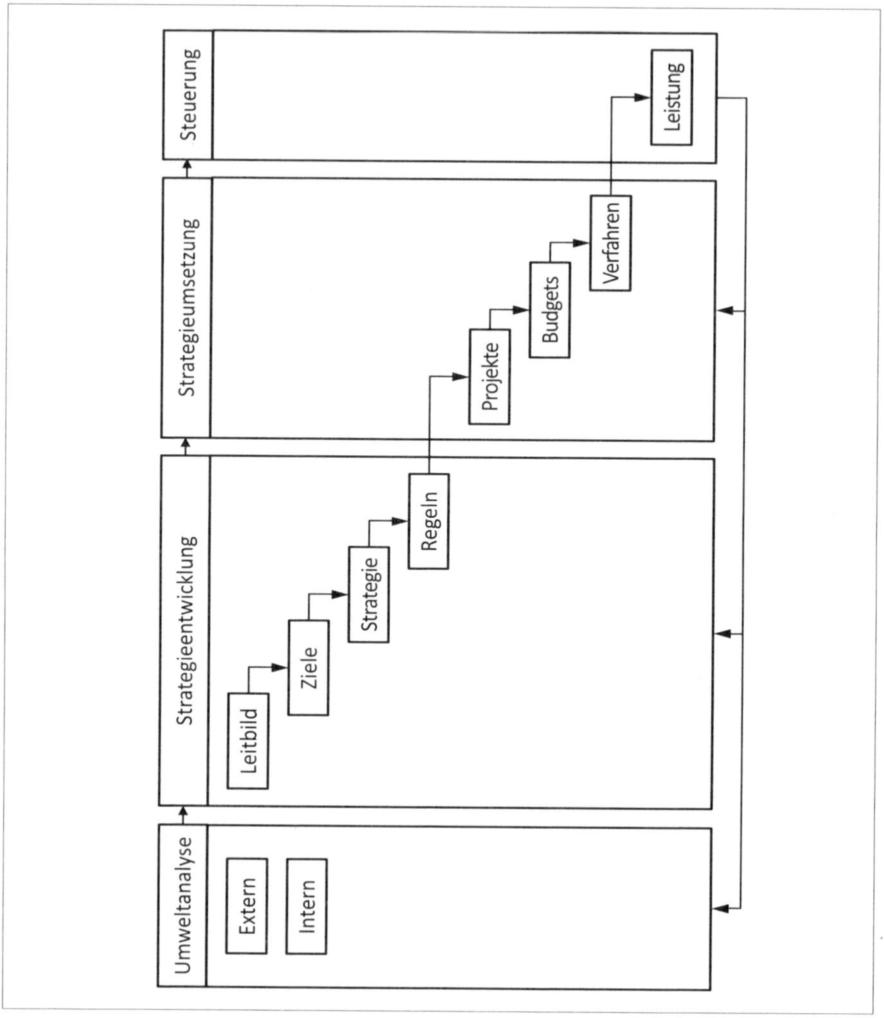

Abbildung 1-6: Allgemeines Vorgehen des strategischen Managements[12]

[12] Nach J. David Hunger, Thomas L. Wheelen: Strategic Management, Prentice Hall, India, Delhi, 2006

Mit der Strategie legen sich Entscheider fest: Lässt sich mit dieser Strategie die Vision nicht umsetzen, so ist das ein folgenschwerer (aus Sicht der Eigentümer dramatischer) Fehler der Entscheider. In vielen Fällen wurde die Strategie zu wenig detailliert – und damit werden Fehler (z.B. Widersprüche) in der Strategie übersehen.

Allein diese wenigen zentralen Begriffe und ihre Bedeutungen lassen erahnen, dass es viele verschiedene Ansätze gibt, zu einer guten Strategie zu gelangen. Ihnen gemeinsam ist, dass sie jeweils Aspekte einer vielversprechenden Strategie verstärken und dabei die Kreativität auf diese ausgewählten Bereiche lenken wollen.

Jede der bereits in Kapitel 1.2 beschriebenen verschiedenen Strategieschulen hat in der Praxis ihre Berechtigung. Daraus einen allumfassenden Ansatz machen zu wollen, würde nicht funktionieren, da jeder Ansatz unterschiedliche Ziele verfolgt. Deshalb werden Methoden und Vorgehensweisen auch besser flexibel, d.h. vom aktuellen Kontext abhängig, ausgewählt.

In der Darstellung der verschiedenen Strategieschulen fällt auf, dass nur wenige umsetzungsrelevante Aspekte berücksichtigt werden (siehe dazu auch Abbildung 1-3). Am Ende stehen Praxis und Wissenschaft vor einem Dilemma:

Wie können die umsetzungsrelevanten Themen in der Strategieentwicklung berücksichtigt werden, wenn wir keine Einschränkungen unserer Kreativität während des Strategieentwicklungsprozesses akzeptieren wollen?

Würde es sich bei der entwickelten Strategie bereits um ein ausführungsreifes Projekt handeln, so würden wir eine Machbarkeitsstudie durchführen, die uns die Umsetzbarkeit nachweist und dabei die Rahmenparameter wie z.B. Wirtschaftlichkeit validiert. Und genau das muss auch im Rahmen der Strategieentwicklung (lediglich auf Basis einer gröberen Betrachtungsebene) passieren. Wir nennen das den Realitäts-Check (in Kapitel 1.6 gehen wir detaillierter darauf ein). An dieser Stelle wollen wir zunächst plakativ und an Beispielen zeigen, worum es geht.

Sowohl in der Theorie als auch in der Unternehmenspraxis ist eine Entkopplung der Strategieentwicklung von der Strategieumsetzung festzustellen. Dies gilt umso mehr, als es durchaus üblich ist, ein

Dokument oder eine Präsentation zum Abschluss des Strategieentwicklungsprozesses zu erstellen. Natürlich ist eine exakte Dokumentation und Herleitung einer Strategie ein sehr wertvolles wie auch notwendiges Produkt. Darüber hinaus ist jedoch die Überführung in die Umsetzung einer der wichtigsten Schritte zum Erfolg überhaupt - ein häufig vernachlässigter Schritt in der Praxis und sicher nicht durch Übergabe eines Dokumentes zu ersetzen.

Wenn wir an dieser Stelle die These wagen, dass viele in Unternehmen entwickelten Strategien prinzipiell geeignet sind, auch so erfolgreich umgesetzt zu werden, so müssen wir doch leider deutlich pessimistischer auf den Aspekt der Überführung in die Umsetzung schauen. Und dies beginnt bereits mit einem vergleichsweise säumigen Verständnis von der Dokumentation. Wir empfehlen einen Blick in den Geschäftsbericht einiger der größten Unternehmen; Sie werden viel darüber lesen, was die Unternehmen erreichen möchten, werden jedoch wenig darüber lesen, wie diese Vision (wenn es denn wenigstens eine gut durchdachte Vision ist) erreicht werden soll. Der Geschäftsbericht ist ein zentrales Dokument, das dem Shareholder an die Hand gegeben wird, damit er auf dieser Basis sein Investment überdenken kann. Deshalb sollte ein Unternehmen in dem Geschäftsbericht eine exzellente Darstellung seiner Strategie abdrucken.

Im Geschäftsbericht 2010 eines großen Konzerns werden im Kapitel Konzernstrategie fünf Handlungsfelder benannt. Beispielhaft wurde der Text zum als Erstes genannten strategischen Handlungsfeld „Verbessern der Performance im Bereich …“[13] ausgewählt; das im folgenden abgebildete Beispiel 1-2 zeigt den vollständigen Text dazu.

Könnten Sie aus desem Beispiel die Strategie des Unternehmens im zitierten Bereich beschreiben? Niemand kann das, denn es handelt

---

[13] Wir haben uns an dieser Stelle bewusst dagegen entschieden, den tatsächlich existierenden Text wörtlich und vollständig zu zitieren, da es uns nicht um die Bewertung des Geschäftsberichtes dieses speziellen Unternehmens geht. Tatsächlich finden sich derartige Beispiele in den Geschäftsberichten und selbst in sogenannten Strategiepräsentationen vieler Unternehmen. Es geht uns darum, dass unsere Leser verstehen, welche Bedeutung die logische Nachvollziehbarkeit und die Stringenz der Darstellung haben.

sich um eine komprimierte Mischung aus vergangenheitsorientierten Fakten, Zielen, Vision und Hoffnungen.

> Konzernstrategie
>
> **Verbessern – Verändern – Erneuern. Seit März 2010 setzen wir unsere neue Strategie erfolgreich um.** Ständiger, dynamischer Wandel und globale Trends prägen das Bild der XYZ-Branche. Das betrifft alle relevanten Bereiche:
>
> ...
>
> **Verbessern der Performance im XYZ-Bereich.**
>
> In allen Ländern, in denen wir überwiegend XYZ-Dienste anbieten, wollen wir noch leistungsfähiger werden und gezielt in XYZ investieren, XYZ Dienste entwickeln und unser Portfolio an XYZ-Geräten erweitern.
>
> So ist im Land XYZ das neu gegründete Joint Venture XYZ erfolgreich als Marktführer gestartet und zwar gemessen an der gemeinsamen Kundenbasis. In Land XYZ haben wir eine neue strategische Ausrichtung festgelegt, um unsere Wettbewerbsposition weiter zu verbessern. Im Jahr 2010 steigerten wir dort dank unseres XYZ den durchschnittlichen Umsatz je Kunde in einer Größenordnung von mehr als 20%. Darüber hinaus erreichten wir auch in den anderen auf XYZ fokussierten Märkten eine bessere Position, so z.B. in den Ländern XYZ und XYZ, wo wir unsere Umsätze ebenfalls deutlich erhöhten.

Beispiel 1-2: Optimierungsfähige (Teil-) Strategieformulierung[14]

Niemand kann sich wohl vorstellen, dass dieser international tätige Konzern in einem Geschäftsbereich keine Strategie hat, doch ist das Unternehmen offensichtlich nicht in der Lage oder willens, diese dem Leser des Geschäftsberichtes (das ist üblicherweise der Shareholder) mitzuteilen. Die Mischung aus Fakten, Zielen, Vision deutet zudem

14 Aus dem Geschäftsbericht eines großen Konzerns (anonymisiert)

darauf hin, dass eine klare Vorstellung darüber fehlt, was eigentlich eine Strategie ist - schließlich ist der Geschäftsbericht so vom Vorstand autorisiert worden. Das ist jedenfalls keine gute Voraussetzung für die Umsetzung einer Strategie. Schaut man sich die dazugehörige Präsentation für den Investors Conference Call an, so muss man leider feststellen, dass auch dort „gähnende Strategieleere" herrscht. Kein Wunder also, dass der Umsatz binnen dreier Quartale im Jahr 2011 in einer zentral wichtigen Landesgesellschaft gefallen ist - und dies in einem Wachstumsmarkt. Insgesamt weist der Bericht für die ersten drei Quartale 2011 einen Umsatzrückgang von 5,8% für fortzuführende Geschäftsbereiche aus. Das kann man in einer weiter wachsenden Branche getrost als Misserfolg einer Strategie werten.

Dieses Beispiel soll eines verdeutlichen:

dass natürlich die klare und nachvollziehbare Formulierung einer Strategie eine der wichtigsten Voraussetzungen für deren erfolgreiche Umsetzung ist.

Wollte man dies in dem Beispielfall tun, so müsste eine Strategie zunächst auf der Situation und den absehbaren Trends aufbauen:

- Es handelt sich um einen Wachstumsmarkt (bezüglich der Mengen);
- ein Teilmarkt wächst rapide, ersetzt aber die stagnierenden Volumen in einem anderen Bereich nicht;
- es ist mit weiter sinkenden Preisen und einem aggressiven Preiskampf zu rechnen, etc.

Die eigene Ambition kann dann in einer realitätsnahen Vision beschrieben werden, z.B. durch eine Volumenschätzung des betrachteten Marktes und Angabe der gewünschten Entwicklung des eigenen Marktanteils sowie Beschreibung der dazu führenden Produkte und Leistungen. Darauf aufbauend kann die Strategie beschreiben, auf welchem Weg diese Vision umgesetzt werden soll. Ein derartig argumentativer Aufbau kann leicht nachvollzogen und individuell (von jedem Stake- und Shareholder) beurteilt werden.

Aber auch positive Beispiele findet man im gleichen Geschäftsbericht. Das im folgenden gezeigte Beispiel 1-3 belegt den logischen

Zusammenhang zwischen der aktuellen Situation (getrennte Bereiche), der Vision (höhere Effizienz, Innovationskraft und Servicequalität) und der Strategie (Zusammenlegung der Sparten, dann Synergiepotenziale heben in den Bereichen Marketing, Vertrieb, Einkauf). Wir wollen hier nicht beurteilen, ob diese Strategie aufgehen wird, und der hier gezeigte Ausschnitt ist auch recht knapp – für einen Teaser aber erstaunlich klar - im positiven Sinne.

Bereich ABC und Bereich ABC in einem Unternehmen.

Im Rahmen unserer Strategie haben wir in Land ABC und in weiteren europäischen Beteiligungen die bislang getrennten Bereiche ABC und ABC zusammengelegt. Eine wichtige Entscheidung, um integrierte Produkte und Dienstleistungen auf den Markt bringen zu können. Sie eröffnet uns wertvolle Synergien, z.B. im Marketing, im Vertrieb sowie im Einkauf, und ermöglicht mehr Effizienz, innovationskraft und Servicequalität. Damit trägt die integrierte Unternehmensstruktur dazu bei, uns Vorteile im Wettbewerb zu verschaffen.

Beispiel 1-3: Gute (Teil-) Strategieformulierung[15]

Dieses Beispiel macht deutlich, dass es zur Nachvollziehbarkeit und Darstellung der Logik einer Strategie nicht vieler Worte bedarf. Die Frage nach dem Detaillierungsgrad kann natürlich nicht am Beispiel eines Geschäftsberichtes erläutert werden.

Sehr disziplinierend wirkt eine dokumentierte Ursachen-Wirkungs-Analyse sowie eine graphische Darstellung der „strategischen Kausalkette“, also der Hauptäste eines Kausaldiagramms. Jede Verbindung zwischen Aktionen und Ereignissen kann daraufhin untersucht werden, wie hoch die Wahrscheinlichkeit ist, dass die Folgeaktion dann durchgeführt werden kann bzw. das Folgeereignis eintreten wird. Jede Aktion in einem entsprechenden Diagramm kann gekennzeichnet werden, wenn die Kriterien der Strategiedokumentation erfüllt sind. Schließlich wird es am Ende immer noch

[15] Aus dem Geschäftsbericht eines großen Konzerns (anonymisiert)

Bereiche geben, die nicht mit Sicherheit bereits während der Strategieentwicklung untersucht werden können oder die schlicht einer großen Unsicherheit unterliegen wie z.B. Ergebnisse aus F&E-Aktivitäten. Derartige Übersichtsdiagramme haben aber einen stark bereinigenden Effekt, da die Sicherheit zunimmt und das Wissen über den Grad der Unsicherheit explizit und damit kommunizierbar und entscheidbar wird. Interessant genug, dass häufig bereits ohne diese Informationen über eine Strategie in Unternehmen entschieden wird.

1.5 Der Realitäts-Check

Um ein eigenständiges Strategiedokument oder eine Strategieformulierung z.B. im Geschäftsbericht einschätzen zu können, bedarf es geeigneter Kriterien.

Die folgende Abbildung 1-7 zeigt die acht wichtigsten Punkte eines Realitäts-Checks.

Checkpoint	
1 Logik	Nachvollziehbare strategische Kausalkette
2 Vollständigkeit	Relevante Objekte der Veränderung
3 Ebenenkonsistenz	Zwingende Ableitung von Maßnahmen
4 Wirtschaftlichkeit	Mindestwirtschaftlichkeit erfüllt
5 Finanzierbarkeit	Finanzierbarkeit einplanbar
6 Transformierbarkeit	Motivation vorhanden oder aufbaubar
7 Ressourcen	Mitarbeiter und Kompetenzen beschaffbar
8 Marktrealität	Kunden- und Konkurrenzverhalten berücksichtigt

Abbildung 1-7: Inhalte eines Realitäts-Checks einer Strategie

Das wichtigste Kriterium ist die logische Nachvollziehbarkeit und innere Logik der Strategie.

Die aktuelle Situation des Unternehmens und sein aktueller Erfolg sind anhand der richtigen marktorientierten wie auch internen Sachverhalte und Kennzahlen zu beschreiben. Aus der Projektion der Entwicklung von Markt, Kunden und Unternehmen, sowie Ressourcen lassen sich Chancen und Risiken ableiten, deren Nutzung oder Absicherung in einer Vision angenommen werden.

Logik

Die Strategie füllt nun logisch den entstandenen Zwischenraum zwischen aktueller Situation und Vision für eine imaginäre Zukunft. Anders ausgedrückt: Die Strategie beschreibt, wie der Weg vom aktuellen Zustand bis zur Umsetzung der Vision aussieht. Die logische Struktur verlangt zudem, dass sich Situation, Strategie und Vision auf dieselben Beschreibungsmerkmale von Unternehmen und Unternehmensumfeld beziehen (siehe dazu auch Abbildung 1-5). Es sollte also beispielsweise nicht in einer Vision von einem Markt und Produkten die Rede sein, die in der Strategie und der aktuellen Situationsbeschreibung nicht erwähnt werden.

Darüber hinaus muss die inhaltliche Logik zwingend sein. Das bedeutet, dass die Strategie als Kausalkette möglichst nur untergeordnete Optionen lassen sollte. Ansonsten wäre die Strategie einer Beliebigkeit in der Umsetzung ausgesetzt. Zwingend ist sie dann, wenn die Kette der Maßnahmen und dadurch ausgelösten Ereignisse mit sehr hohen Wahrscheinlichkeiten aufeinander folgen. Die Abbildung 1-8 soll dies plakativ zeigen. Unwahrscheinliche Strategien (aufgrund der Umsetzbarkeit oder aufgrund externer Rahmenbedingungen) sollten nicht oder nur mit Alternativen weiter verfolgt werden.

Vollständigkeit

Das zweite Kriterium zur Bewertung einer guten Strategie ist die Vollständigkeit. Dazu gehört neben der Adressierung der Problembereiche eines Unternehmens auch die Berücksichtigung der Bereiche, in denen keine Veränderungen geplant werden; schließlich ist es wichtig, zu dokumentieren, warum bestimmte Bereiche offensichtlich als konkurrenzfähig und damit ausreichend leistungsfähig angesehen werden. Nicht selten führt bereits die Diskussion darüber, warum ein Bereich nicht weiter betrachtet werden soll, zu Optimierungsideen.

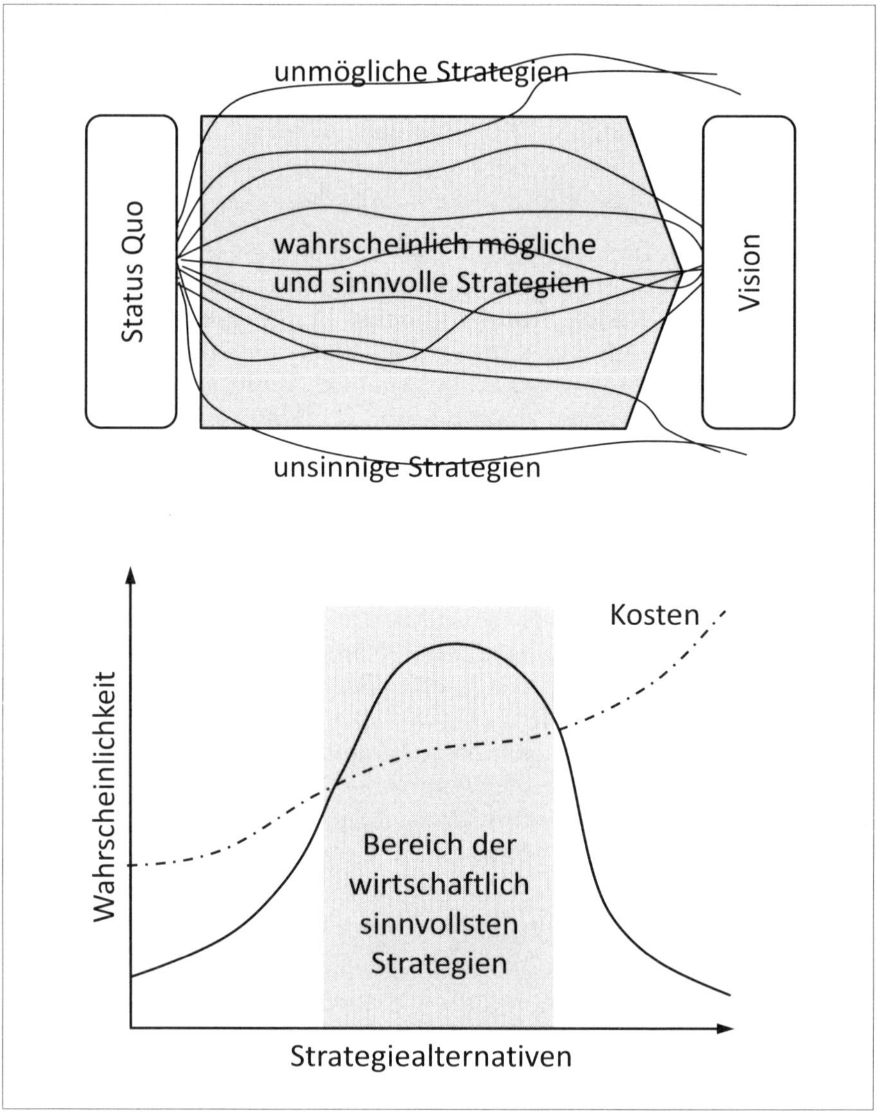

Abbildung 1-8: Wahrscheinlichkeiten einer erfolgreichen Strategieumsetzung

Zur Vollständigkeit gehört aber auch die Beschreibung sowohl des aktuellen Zustandes sowie der Projektion aller Bereiche; nur so lässt sich die „Burning Platform“[16], die ebenfalls Teil des Strategiedokumentes sein sollte, sinnvoll ableiten. Ohne eine Burning Platform würde ein Umsetzungsprojekt den von Veränderungen betroffenen Mitarbeitern nicht erklären können, warum die Veränderungen zwingend notwendig sind, was wiederum ein zentrales Hilfsmittel ist, um die betroffenen Mitarbeiter zu motivieren, die Veränderungen zu unterstützen (in Kapitel 7 gehen wir zentral auf die Motivation der Mitarbeiter zur Transformation des Unternehmens ein).

Ebenenkonsistenz

Die Ebenenkonsistenz ist dann hergestellt, wenn die Beschreibung der Strategie zu einem zwingenden Maßnahmenbündel führt. In dem obigen negativen Beispiel 1-2 heißt es z.B. lapidar „Verbesserung der Performance“ (welche Performance? mit welchen erwünschten Wirkungen?); daraus kann man nichts ableiten. Im Kern geht es darum zu beschreiben, was die eigentliche Idee dahinter ist, etwas zu erreichen. So könnte ein Unternehmen beispielsweise die Idee haben, mehr neue Kunden dadurch zu gewinnen, dass die gegenüber dem Kunden zu erbringende Leistung einen größeren Umfang oder eine höhere Qualität aufweist, als die der Konkurrenz. Die richtige Ebene ist aber erst erreicht, wenn beschrieben wird, welche Merkmale das sein sollen, die den Kunden mit adäquater (größerer) Wahrscheinlichkeit in die Arme des betrachteten Unternehmens treiben soll (im Vergleich dazu, wie sich die Konkurrenz vermutlich über den betrachteten Zeitraum entwickeln wird). Nur so kann ein konkretes Maßnahmenbündel (zwingend) abgeleitet werden und die Strategie umsetzbar gemacht werden.

---

[16] Begriff aus dem Change Management für die Notwendigkeit von Veränderungen; geprägt wurde der Begriff von Daryl R. Conner: Managing at the Speed of Change, Villard Books, New York, 1992

Wirtschaftlichkeit

Ein weiteres Kriterium ist der ansatzweise Nachweis der Wirtschaftlichkeit. Naturgemäß kann ein Strategiedokument nicht einen ordentlichen Maßnahmenplanungsprozess enthalten oder ersetzen. Auf der anderen Seite bleiben Strategiedokumente ohne eine ansatzweise Betrachtung der wirtschaftlichen Aspekte hilflose Appelle, bei denen sich niemand wundern wird, wenn die Umsetzung auf sich warten lässt. Das alles besser werden soll und geringere Kosten verursachen soll, ist banal; doch was genau soll besser werden, welche Effekte sollen erzielt werden und wie viel Geld ist das Unternehmen bereit, in diese Verbesserungen zu investieren? Das sind Fragen, die ein Strategiedokument beantworten muss.

Nicht immer erfolgen die Investments in Form zusätzlicher Geldmittel; häufig geht es darum, neue Prioritäten zu setzen, die beispielsweise durch Neuzuordnungen von Mitarbeitern und Aufgaben realisiert werden können. Auch die Art der wirtschaftlichen Umsetzung sollte ansatzweise beschrieben werden, z.B., dass ein Strategiebestandteil durch bereits vorhandene Ressourcen umgesetzt werden soll. Die Strategieentwicklungsarbeit sollte diesen Faktor realistisch hinsichtlich der tatsächlichen Machbarkeit beurteilt haben.

Finanzierbarkeit

Ebenso wie die Wirtschaftlichkeit muss auch das Kriterium der Finanzierbarkeit betrachtet werden. Gerade umwälzende und große Ideen sind häufig nur durch ein Desinvestment in einem anderen Bereich zu finanzieren; das darf dann in der strategischen Kausalkette, die die Strategie darstellt, nicht fehlen, und zwar als Voraussetzung für die Folgeaktivitäten, die die entsprechenden Mittel benötigen. Auch bei der Finanzierbarkeit geht es nicht um genaue Zahlen, sondern um eine ansatzweise Betrachtung, die in den weiteren Schritten der Umsetzungsplanung validiert werden müssen.

Da die Finanzierbarkeit in Zeiten höherer Eigenkapitalunterlegungen von Banken nicht nur ein formaler Aspekt ist, muss diesem Kriterium entsprechende Aufmerksamkeit geschenkt werden. Viele Unternehmen haben ihren individuellen Finanzierungsspielraum bereits ausgeschöpft und können aufwändigere Vorhaben nur durch ein Desinvestment oder ein aus dem laufenden Geschäft resultierenden Free Cash Flow finanzieren.

Transformierbarkeit

Es folgt noch ein eher schwierig einzuschätzendes Kriterium: Die Umsetzbarkeit im Sinne des Change Managements, wir nennen das die Transformierbarkeit. Mit der Beurteilung nach diesem Kriterium wird sichergestellt, dass eine Strategie nicht realitätsfern entwickelt wird. Die Strategie soll nicht nur objektiv wahrnehmbare angestrebte Veränderungen beschreiben, sondern diese auch in den Kontext der aktuellen Situation stellen und mögliche Hürden der Umsetzung darstellen. Mit der Identifikation möglicher Hürden ist bereits der erste Schritt dazu getan, um zu bedenken, ob und zu welchem Preis die Hürden vermutlich abgebaut werden können. Der größte Teil des Preises ist dabei häufig nicht in Geld aufzuwiegen, er besteht aus einem Zeitbedarf, der notwendig ist, um einen Umdenkprozess oder Kompetenzaufbau bei Mitarbeitern zu erreichen.

Typischer Strategiebestandteil könnte ein Programm zum Kompetenzaufbau sein. Hinzu kommen Ansätze zur Personalentwicklung, die die Motivation zur Strategieumsetzung fördern sollen. Besonderes Augenmerk sollte aber auf dem zusätzlichen Zeitbedarf liegen; hier werden die meisten folgenschweren Fehler in der Praxis gemacht. Die typische Quartalsorientierung untergräbt in diesem Zusammenhang systematisch die Strategieumsetzung, „jedes Quartal ist das wichtigste“, wichtige längerfristige Aktivitäten werden geopfert.

Ressourcen und Marktrealität

Die Verfügbarkeit bzw. Beschaffbarkeit von Ressourcen (Mitarbeiter, Kompetenzen etc.) muss sichergestellt werden können, der Aufwand dafür sollte angemessen geplant werden. Und schließlich müssen Kunden- wie auch das Konkurrenzverhalten realistisch eingeschätzt worden sein.

Die genannten acht Kriterien sagen nichts darüber aus, ob es sich um gute oder auch nur inhaltlich taugliche Strategien handelt; die eigentliche Entwicklung guter Strategien ist nicht Gegenstand dieses Buches. Hier geht es darum, wie die Voraussetzungen für eine erfolgreiche Umsetzung maximiert werden können. Eine Strategie, die in dem zusammengefasst dargestellten Realitäts-Check gut abschneidet, hat die wichtigsten Voraussetzungen der Umsetz*barkeit* erfüllt; das ist eine notwendige, keine hinreichende Bedingung.

Wie wird nun der Realitäts-Check mit seinen Kriterien am sinnvollsten in den Strategieentwicklungsprozess eingebunden? Es ist leicht nachvollziehbar, dass die häufig gewählte Entkopplung von Strategieentwicklung und Umsetzungsplanung so nicht aufrechtzuerhalten ist. Im Gegenteil machen die gewählten Kriterien deutlich, dass die Umsetzungsplanung bereits während der Strategieentwicklung angedacht werden muss. Das steht zwar im Widerspruch zu einer Reihe von Theoretikern beschriebenen Vorgehensweisen[17], was uns jedoch in der Praxis nicht stören sollte. Es ist zwingend, den ansatzweisen Nachweis einer sinnvollen, wirtschaftlichen und finanzierbaren Umsetzung zu erbringen, da ansonsten Zweifel am Inhalt der Strategie bestehen bleiben, bis die Umsetzungsplanung vielleicht zeigt, dass die entwickelte Strategie tatsächlich *nicht sinnvoll* ist.

Die richtige Strategiedokumentation spielt auch während der Umsetzung eine zentrale Rolle.

Daher haben wir in der Abbildung 1-9 die wichtigsten Kriterien zur Beurteilung einer Dokumentation aufgelistet.

Während der Realitäts-Check den Inhalt der Strategie auf ihre Schlüssigkeit überprüfen soll, fokussiert die Überprüfung der Strategiedokumentation darauf, dass die für die notwendige Argumentation sinnvollen Dokumente in geforderter Qualität vorhanden sind. Nicht selten werden in einem Strategiedokument aber auch irrelevante Fakten und Zusammenhänge dargestellt.

---

[17] Siehe dazu auch Abbildung 1-6: Entwicklung und Umsetzung von Strategien sind hier getrennt, die Planung der Umsetzung gehört demnach zur Umsetzung und nicht zur Strategieentwicklung.

Merkmal	
1 Umfassend	Alle Märkte, alle Produktionsmittel
2 Bewertung aktuell	Kritische Bewertung der Situation
3 Fortschreibung	Vollständige Betrachtung der weiteren Entwicklung
4 Klare Vision	Verständlichkeit der autorisierten Vision
5 Alternativen	Erfolgswahrscheinlichkeiten der Strategiealternativen
6 Auswahl	Prozess und Kriterien der Strategieauswahl
7 Risiken	Abhängigkeiten von besonderen Risiken
8 Szenarien	Alternativszenarien für die wichtigsten Risikobereiche

Abbildung 1-9: Merkmale einer guten Strategiedokumentation

Die häufigsten (in der Praxis beobachtbaren) Fehler haben wir in Abbildung 1-10 strukturiert und in folgenden Dimensionen zusammengefasst:

- Nicht enthalten, aber notwendig:
  Logische Abhängigkeiten und Erfolgswahrscheinlichkeiten werden häufig vernachlässigt. Wenn beispielsweise sieben Projekte jeweils eine Erfolgswahrscheinlichkeit von 90% haben und aufeinander aufbauen, so beträgt die Gesamterfolgswahrscheinlichkeit keine 50% mehr. Macht man sich die Mühe, diese Zusammenhänge zu untersuchen und darzustellen, so ergeben sich die Optimierungen wie selbstverständlich.
- Falsch dargestellt, ohne den richtigen Zusammenhang:
  In dieser Fehlerkategorie werden häufig Wirkungen auf und durch die Unternehmenskultur aus einer bestimmten Sichtweise heraus idealisiert. Selten wird in einer Strategie dokumentiert, wie langfristig die Entwicklung einer Unternehmenskultur wirklich ist. Da Kulturveränderungen häufig auch Bestandteil oder Vor-

aussetzung einer erfolgreichen Strategie sind, werden die gewünschten Veränderungen auch richtig identifiziert, doch die „Veränderung per Knopfdruck“ funktioniert in der Realität nicht so wie gewünscht.

- Enthalten, aber nutzlos:
  Tabulose Ehrlichkeit ist Voraussetzung einer erfolgreichen Strategieumsetzung, ansonsten geht man in einem „Sumpf von Taktik und politischen Spielchen“ unter. Zu dieser Ehrlichkeit gehört auch, ein Strategiedokument nicht mit irrelevanter Historien zu überfrachten, denn die Historie wird selten mit guter Absicht beschrieben. Gern werden auch Umsetzungsvorgaben gemacht, die nur persönliche Interessen und Vorlieben widerspiegeln; auch das ist nutzlos.

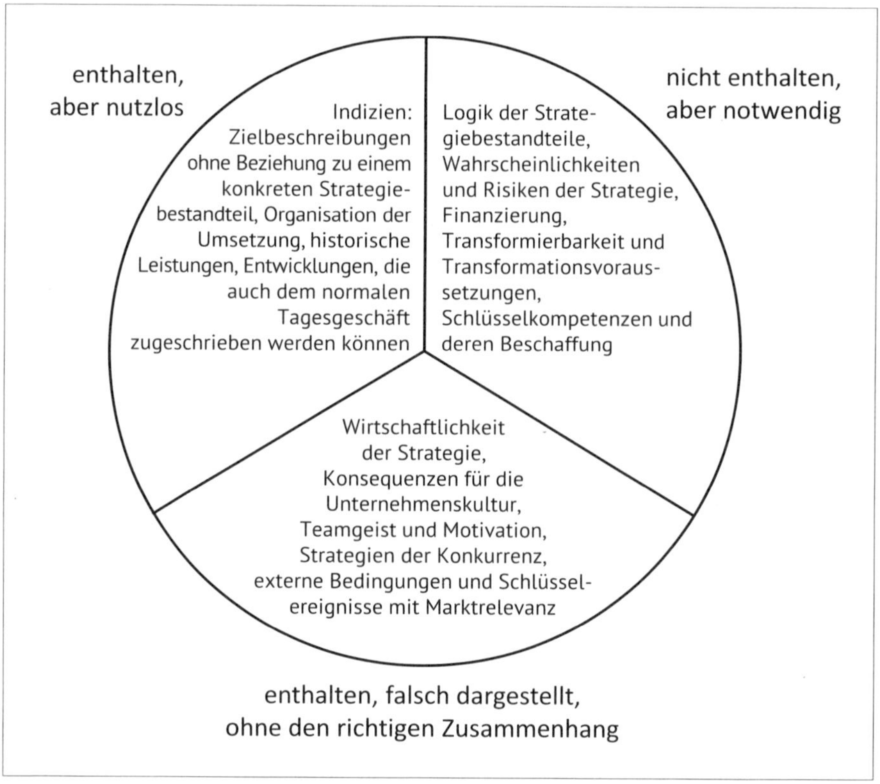

Abbildung 1-10: Die häufigsten Fehler einer Strategiedokumentation

1.7 Strategische Initiativen und Projekte

Einen zentralen Begriff dieses Buches haben wir zwar mit den Begriffsdefinitionen eingeführt, jedoch noch nicht weiter verwendet: Den Begriff der „strategischen Initiative" (im Kontrast zum „strategischen Projekt"). Weiter unten in diesem Kapitel wird gezeigt, welchen zentralen Stellenwert das „strategische Projekt" bei der Strategieumsetzung einnimmt. Wenn die Voraussetzungen für ein Projekt jedoch noch nicht erfüllt sind, dann bedarf eine Strategieumsetzung eines Zwischenschrittes.

Zur Abgrenzung dieser beiden Strategieumsetzungstypen hilft aus unserer Sicht die Analyse der Unsicherheiten über die Wirkungszusammenhänge der gewählten Strategie, da die Unsicherheiten ganz wesentlich den Ausführungsmechanismus (Projektmanagement) prägen. Hinzu kommen die erwarteten Widerstände, die hinsichtlich einer störungsfreien Umsetzung ebenfalls Auswirkungen auf die Art und Weise des Managements der Aktivitäten haben.

1.7.1 Strategische Initiativen

Ralph Stacey ist in der Management-Lehre u.a. durch die Veröffentlichung der „Agreement-Certainty-Matrix" bekannt geworden, die in folgender Abbildung 1-11 dargestellt ist. In dieser Matrix werden die beiden oben genannten Merkmale „Grad der Unsicherheit" und „Grad der Zustimmung" in Bezug zum Management der Strategieumsetzung gesetzt.

Nehmen wir als Beispiel die angesprochenen F&E-Aktivitäten, die zu neuen Produkten in einem Unternehmen führen sollen. Einerseits könnte ein strategisches Projekt mit definierten wirtschaftlichen Mitteln, Ressourcen und einem fixierten Projektende-Termin initiiert werden. Es ist jedoch absehbar, dass die Unsicherheit bezüglich dieser Produktentwicklung sehr groß ist (da ja noch F&E-Aktivitäten mit ungewissem Ausgang notwendig sind). Sollte das Vorhaben dann noch auf Ablehnung einiger wichtiger Stakeholder stoßen, so ist recht unwahrscheinlich, dass das aufgesetzte Projekt erfolgreich wird (und befriedigende Ergebnisse im Rahmen der strategischen Erwartung und im festgesetzten Zeitrahmen mit den geplanten Mitteln erzielen kann).

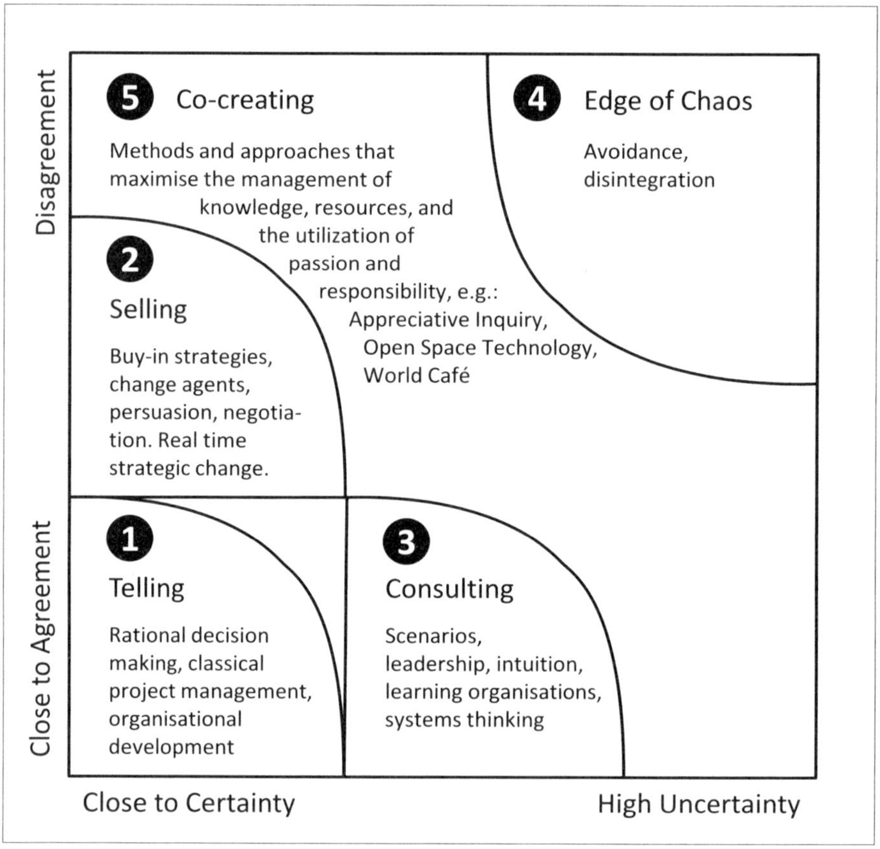

Abbildung 1-11: Agreement-Certainty-Matrix[18]

Die Agreement-Certainty-Matrix (siehe Abbildung 1-11) kann dazu genutzt werden, die verschiedenen Bereiche hinsichtlich des Umsetzungsansatzes zu unterscheiden. Ist die Sicherheit schon recht hoch und ist mit wenig Widerspruch von Betroffenen und Stakeholdern zu rechnen (Bereich 1), so spricht nichts dagegen, ein strategisches Projekt zu initiieren. Sind dagegen Unsicherheit wie auch Widerspruch sehr hoch (Bereich 4), so sollte man sich ernsthaft

---

[18] Aus: Ralph Stacey: Tools and Techniques of Leadership and Management: Meeting the Challenge of Complexity, New York, 2012

fragen, ob eine Umsetzung der entsprechenden strategischen Aktivitäten sinnvoll ist. Zumindest sind die Bedingungen der Umsetzung gründlich vor einem Start zu klären. In den Bereichen (2), (3) und (5) besteht nicht ausschließlich Unsicherheit und Widerspruch, einige Hürden sind jedoch noch vor der Umsetzung beiseite zu räumen. In diesen Fällen bietet sich die „strategische Initiative" als organisatorischer Ansatz an. Die strategische Initiative wird mit der Absicht initiiert, Fragen und Widerspruch sowie Positionen zu klären. Dafür steht der Initiative ein begrenztes Kontingent an Mitarbeitern und Mitteln für einen begrenzten Zeitraum (z.B. ein Jahr) zur Verfügung. Die einzige Aufgabe besteht darin, die Voraussetzungen für eine Umsetzung in Projektform (also in Richtung des Bereiches (1)) zu schaffen, sofern das sinnvoll möglich ist. Stellt sich heraus, dass dies nicht möglich ist, so wird dieser Teil der Strategie nicht umgesetzt, andernfalls wird die Initiative in ein Projekt überführt.

1.7.2 Strategische Projekte

Zum Zeitpunkt der Freigabe eines Ergebnisdokumentes eines Strategieentwicklungsprozesses gibt es trotz aller Vorarbeit noch keine detaillierte Maßnahmenplanung. Die mit der Strategie implizit beschriebenen Aktionen müssen zunächst operationalisierbar gemacht werden. Da nicht jede Aktion einen eigenen Auftrag zur Durchführung der Aktion erhalten wird, weil damit zu viele Interdependenzen (Abhängigkeiten) der Aktionen untereinander entstehen würden, werden aus den Aktionen zunächst sinnvolle Maßnahmenbündel geschnürt. Häufig sind auch Ergänzungen im Detail notwendig, weil die reale Unternehmenswelt meist doch komplizierter ist, als während der Strategieentwicklung konzipiert und gedacht.

Wir befinden uns mit diesem Schritt inmitten der Überführung der Strategie in die Umsetzung. Die Maßnahmen der Strategieumsetzung werden nach den verschiedensten praktisch erscheinenden Kriterien (Bereichsgrenzen, Ressourcenverfügbarkeit etc.) gebündelt. Allen Maßnahmenbündeln gemeinsam ist, dass es sich dabei um einmalige Aufgaben handelt, die in endlicher Zeit ein definiertes Ergebnis erreichen sollen; so genau sieht auch die formelle Definition eines Projektes aus und es verwundert daher nicht, dass die Definition von Projekten (aus den Maßnahmenbündeln) ein erstes Ziel bei der Überführung einer Strategie in die Umsetzung ist.

Mit dem bis hierher dargestellten Instrumentarium sollte es möglich sein, ein Strategiedokument und die damit beschriebene Strategie daraufhin einzuschätzen, ob die Voraussetzungen für eine erfolgreiche Umsetzung formal gegeben sind.

1.7.3 Verantwortung für die strategischen Projekte

Soweit die Theorie; an dieser Stelle ist es wieder an der Zeit, einen Blick auf die Praxis zu werfen. Eine Strategie, die nur einen Bereich des Unternehmens betrifft, wird entweder bereits nur von diesem entwickelt oder diesem Bereich zur Umsetzung gegeben, weil das Management des Unternehmens sich auf die Kontrolle der Umsetzung beschränken möchte. Das klingt abgehoben, doch ist diese Art des „Managements" recht weit verbreitet. Wenn der betroffene Unternehmensbereich konzernunabhängig entscheiden und handeln kann und darüber hinaus auch keine Konzernsynergien erwartet werden, also der Bereich ein reiner Portfoliobestandteil eines Konzerns ist, so kann ein Konzernmanagement auch guten Gewissens die Umsetzung vollständig in die Hand des Unternehmensbereiches geben – doch auch nur dann. Außerdem sollte der betroffene Bereich die Strategie mindestens in wesentlichen Bestandteilen mitentwickelt haben.

Eine Unternehmensführung, die lediglich die Ablieferung eines Ergebnisses kontrolliert, hat kaum eine positive Wirkung auf die Unternehmensentwicklung. Derartiges Verhalten ist schädlich, eine erfolgreiche Strategieumsetzung eher unwahrscheinlich.

Wir gehen im Zusammenhang mit weiteren ausführungsorientierten Aspekten der Strategieumsetzung (Kapitel 6) noch ausführlicher auf das Thema „Governance" ein. Dies wird oft missverstanden als Erfolgskontrolle durch eine Management-Instanz. Das ist es jedoch gerade nicht, wie wir noch zeigen werden.

Soll eine Strategie tatsächlich isoliert in einem Bereich umgesetzt werden, so ist es trotzdem eine Gesamtunternehmensentscheidung und damit natürlich auch Gesamtunternehmensverantwortung, diese Strategie erfolgreich umzusetzen. Das bedeutet, dass die „strategische Kausalkette" als Unternehmensentscheidung einem Bereich zur Umsetzung übergeben werden kann, die Verantwortung für die Umsetzung liegt dann im betroffenen Bereich, die Verantwortung für die Richtigkeit der strategischen Kausalkette (und ggf. deren

Korrektur) bleibt aber im Management des Gesamtunternehmens. Dies bedeutet dann konkret in der täglichen Umsetzungsarbeit, dass sich als unrichtig erwiesene Annahmen aus der Strategieformulierung nicht dem Umsetzungsprojekt oder hier dem umzusetzenden Bereich angelastet werden können, sondern die in der Verantwortung stehende Unternehmensführung in Zusammenarbeit mit dem betroffenen Bereich zur Korrektur verpflichtet ist.

Es gibt eine ganze Reihe an „Spielchen" (Taktiken), um die Verantwortung möglichst weitgehend von oben nach unten abzuwälzen (manche schaffen das sogar seitwärts); kein Unternehmen kann das vollständig verhindern. Umso wichtiger ist es, die „richtigen Manager" in den für die Strategieumsetzung wichtigen Funktionen zu haben.

Ein weiterer besonders wichtiger Aspekt der Umsetzung sind die im Unternehmen vorhandenen Fähigkeiten. Man könnte behaupten, dass jede Fähigkeit am Markt letztlich kaufbar sein sollte, doch ist das mit zusätzlichen Kosten und einem zusätzlichen Zeitbedarf verbunden und auch nur begrenzt richtig. Das folgende Kapitel widmet sich daher zunächst der Frage nach den Kompetenzen der Gesamtorganisation, und nach der Schlüsselkompetenz des Projektmanagements.

Kernbotschaften des Kapitels 1

Bereits in der Strategieentwicklung müssen zentrale Weichen für die Umsetzung gestellt werden.

Eine erfolgreiche Strategieumsetzung braucht einen guten Strategieentwicklungsprozess. Ein guter Prozess zeichnet sich dadurch aus, die Kreativität in der Strategieentwicklung nicht zu ersticken und trotzdem die Umsetzung im Auge zu behalten.

Der am meisten unterschätzte Faktor der Strategieumsetzung ist die Unsicherheit und das Ausmaß von externen und internen Abhängigkeiten.

Strategische Initiativen sind ein praktikabler Ansatz, um Unsicherheiten bei der Strategieumsetzung in einem definierten Rahmen zu reduzieren.

Mögliche Umsetzungsbarrieren müssen vor der Umsetzung so weit wie möglich antizipiert und bei der Strategieentwicklung berücksichtigt werden.

Sowohl der Prozess als auch das Ergebnis einer Strategieentwicklung können anhand einiger weniger Kriterien (Stichwort „Realitäts-Check") auf ihre Tauglichkeit überprüft werden.

Zur Vertiefung empfehlen die Autoren folgende Fachliteratur:

Henry Mintzberg, Joseph Lampel und Bruce Ahlstrand:
Strategy Safari – A Guided Tour through the Wilds of Strategic Management
Free Press, New York, 2005

Dieses Werk ist u.a. eine Einführung in die verschiedenen Ansätze der Strategieentwicklung. Da auch wir die sogenannte Konfigurationsschule für die meisten Unternehmen für einen guten Ansatz der Strategieentwicklung halten, empfehlen wir das Lesen des Originals. Wie in unserem Buch in Kapitel 1 anklingt, verlangt die Praxis in der Regel eine Kombination verschiedener Ansätze. Dieses Buch gibt dem Leser dazu verschiedenste Anregungen.

David Hunger, Thomas L. Wheelen:
Strategic Management
Prentice Hall, India, Delhi, 2006

Strategisches Management als umfassende Verantwortung und Aufgabe kommt in Unternehmen häufig sehr kurz. Eine Strategieabteilung kann nicht kompensieren, dass ein Großteil der Führungsmannschaft sich nicht mit dem Management des Unternehmens aus strategischer Sicht beschäftigt. Deshalb schadet es nicht, sich von Zeit zu Zeit mit strategischem Management zu beschäftigen und die Inspiration dieses Buches zu nutzen, über den Tellerrand der täglichen Probleme zu schauen.

Ralph Stacey:
Tools and Techniques of Leadership and Management: Meeting the Challenge of Complexity
Routledge, New York, 2012

Das Management moderner Konzerne und mittelständischer Unternehmen versucht zunehmend, die Komplexität des Systems "Unternehmen" durch einfache Regeln zu ersetzen. Von der Unternehmenssteuerung bis zur Motivation der Mitarbeiter sollte möglichst alles einfachen (d.h. deterministischen) Wegen folgen. Deshalb liegen viele Manager auch nach kurzfristigen Erfolgen falsch, nachhaltiger Erfolg ist so nicht zu erzielen. Prof. Ralph Stacey ist der Experte für den Umgang mit der Komplexität, eine Lektüre wird all denjenigen empfohlen, die sich der Herausforderung komplexer Unternehmenszusammenhänge wirklich stellen wollen und die keine Angst vor radikalen Thesen und einigen weit hergeholten Beispielen haben.

„Wir können den Wind nicht ändern, aber die Segel anders setzen“, Aristoteles

Oder: Warum Kompetenzen die wichtigste Voraussetzung der Strategieumsetzung sind.

Zusammenfassung Kapitel 2

Die Praxis der Strategieentwicklung und Strategieumsetzung ist von zwei Annahmen geprägt: Kompetenzen sind (wie in einem unendlich großen Reservoir) *unbeschränkt* und *allgemein* verfügbar. Beide Annahmen sind falsch und doch weisen Strategien sehr selten einen umfangreichen Kompetenzentwicklungsanteil aus. Auch „hinzugekaufte Kompetenzen“, wenn diese überhaupt entsprechend der Anforderungen verfügbar sind, müssen ihre Wirksamkeit erst entfalten und werden ohne eine Entwicklung nicht wie gewünscht „funktionieren“. Die verwendeten Vokabeln zeigen bereits die typische Sichtweise.

Ein zertifizierter und gut beurteilter Projektmanager ist noch lange nicht für eine Leitungsfunktion in einer Strategieumsetzung geeignet. Im Rahmen der Zertifizierung lernt man, Projekte außerordentlich effizient abzuwickeln; eine Durchführung einzigartiger Vorhaben mit sehr komplexen und nicht immer sicheren Auswirkungen auf das Unternehmen und seine Mitarbeiter steht nicht im Mittelpunkt der Projektmanager-Ausbildung, Strategieumsetzung ist also von den meisten Projektmanagern nicht erlernt worden.

In der Praxis steht die Projektmanagement-Kompetenz im Mittelpunkt der Kompetenz-Anforderungen für eine erfolgreiche Strategieimplementierung. So gut wie keine praktische Aufmerksamkeit wird unverständlicherweise den organisationalen Kompetenzen geschenkt, obwohl diese den Handlungs- und Entscheidungsrahmen des Projektmanagements und der Teams (und damit der Projekte) entscheidend prägen. Ebenso wird häufig übersehen, dass auch Kompetenzanforderungen an die Mitarbeiter der von der Strategie betroffenen Bereiche gestellt werden müssen.

Das Themenfeld der Kompetenzen lässt ein sehr großes Potenzial erahnen, denn wir wissen von den Unternehmen mit nachhaltig außerordentlich erfolgreichen Geschäftsmodellen, dass diese nicht nur aus dem zielgerichteten Einsatz von Kompetenzen entstanden sind, sondern die Kompetenzen ihrer Belegschaft so weiterentwickelt haben, dass sich daraus entscheidende Wettbewerbsvorteile entwickelt haben.

Wir zeigen in Kapitel 2, wie zentral das stimmige und umsetzungsorientierte Zusammenspiel von Kompetenzen der Organisation und des Projektmanagements für die erfolgreiche Umsetzung strategischer Projekte und Initiativen ist.

2. Kompetenzen in der Strategieumsetzung

Was heißt eigentlich Kompetenz und was hat sie mit strategischen Projekten zu tun?

Führende amerikanische Ökonomen des „Council of Competitiveness“ prognostizierten in den frühen 2000er Jahren, dass die Entwicklung der Kompetenzen von Arbeitnehmern und Organisationen zu einem zentralen Wettbewerbsfaktor der nächsten Dekade werden würde[19]. Tatsächlich haben sich „Kompetenz“, „kompetentes Handeln“ oder auch die *„(in)kompetente Organisation“* zu Begriffen der Alltagssprache entwickelt, die uns wohl allen vertraut und bei der Verständigung behilflich sind. Auch die unternehmerische Praxis wird mehr und mehr durch die sprachliche Nutzung des Wortes „Kompetenz“ durchzogen: Kompetenzchecks sind aus betrieblichen Assessments kaum noch wegzudenken, Kompetenzzentren schießen wie Pilze aus dem Boden und in der unternehmerischen Außendarstellung wird man beständig auf die Kompetenz der jeweiligen Anbieter hingewiesen (man gehe hier bloß einmal auf die jeweilige Website der Top-Strategieberatungen – spätestens im zweiten Menüpunkt stößt man auf die Rubrik der „Kompetenzen“ oder „Expertise“). In der betriebswirtschaftlichen Debatte gelten Kompetenzen ohnehin schon seit langem als strategisch besonders bedeutsam und werden zur Erklärung der Generierung und Aufrechterhaltung nachhaltiger Wettbewerbsvorteile herangezogen, gerne auch im Kontext von Unternehmensakquisitionen.

---

19 Vgl. The Council on Competiveness: Thrive – Compete 2.0 – The Skills Imperative, www.compete.org/publications/idea/29/compete-20/, 16.9.2012

Man kann sich daher leicht vorstellen, dass auch für die erfolgreiche Umsetzung strategischer Projekte besondere Kompetenzen erforderlich sind.

Die von uns vertretene These ist, dass Kompetenzen ein zentrales Element einer erfolgreichen Strategieumsetzung darstellen. Diesen Leitgedanken werden wir in den kommenden Kapiteln systematisch entwickeln. Beginnen wollen wir mit einer Definition des Begriffes selbst, da das umgangssprachliche Verständnis nicht hinreichend genau ist. Anschließend stellen wir eine Struktur vor, anhand der sich Kompetenzen über drei Dimensionen erschließen und steuern lassen. Darauf aufbauend identifizieren wir die konkreten Kompetenzen und Kompetenzbereiche, die bezugnehmend auf das Strukturmodell eine Schlüsselfunktion für die erfolgreiche Implementierung von Strategien einnehmen.

Was also heißt Kompetenz? Die Antwort darauf liest sich zunächst einfach:

Kompetenz = Problemlösungsvermögen[20].

Wir werden zeigen, dass die Strategieumsetzung in ganz unterschiedlichen Bereichen zu Herausforderungen und damit Problemen führt, die durch den Einsatz geeigneter Kompetenzen gelöst werden können.

Die historischen Wurzeln der Betrachtung von Kompetenzen liegen in den 1950er Jahren; schon damals prägte Selznick[21] den Begriff der *„distinctive competencies"* zur Beschreibung unternehmensspezifischer Fähigkeitspotenziale. Eine tiefere theoretische Einbettung erfuhren diese Überlegungen im ressourcenbasierten Ansatz, der die Wettbewerbsposition von Unternehmen primär auf die spezielle Qualität und Ausstattung firmenspezifischer Ressourcenbündel zurückführt.

---

20 Richard M Cyert, James G. March: A Behavioral theory of the firm, Englewood Cliffs, NJ., 1963

21 Peter Selznick: Leadership in administration: A sociological interpretation, Evanston, 1957

Obgleich die Bedeutung von Kompetenzen somit teils implizit, teils explizit schon sehr früh erkannt und thematisiert wurde, fanden diese Erkenntnisse über einen langen Zeitraum hinweg in der strategischen Debatte kaum Beachtung.

Und auch auf der Suche nach Unternehmen, die sich „wirklich" (und nicht nur im Sinne der kompetenzorientierten Außendarstellung) mit und über Kompetenz definieren, wird man nur sehr rudimentär fündig.

Die Kernkompetenzidee in der Praxis

- „Innovation ist eine Kernkompetenz der BASF. Wir sind darauf angewiesen, unsere Produkte und Prozesse kontinuierlich zu verbessern" (BASF)
- „Um diese Chancen auf Wachstum wahrzunehmen, müssen wir uns weiter auf unsere Kernkompetenz konzentrieren: Das Hervorbringen von innovativen Produkten" (Bayer)
- „Die leistungsstarke Dieseltechnologie TDI gehört zu den Kernkompetenzen des Volkswagen Konzerns" (VW)

Beispiel 2-1: Kernkompetenzen in Unternehmenszitaten[22]

Der eigentliche Schub in der betriebswirtschaftlichen Kompetenzdebatte und die Herausbildung einer eigenständigen Bewegung entwickelten sich erst mit dem ressourcenbasierten Ansatz (RBV = Resource Based View) (eine detailliertere Erklärung findet sich auf Seite 74) und den Arbeiten zu „Kernkompetenzen" von Prahalad und

22 www.basf.com/group/corporate/de/sustainability/dialogue/in-dialogue-with-politics/european-chemicals-policy/substitution.de; www.geschaeftsbericht2010.bayer.de/de/brief-an-die-aktionaere.aspx; www.volkswagen.de/de/Volkswagen/nachhaltigkeit/produkte/bluetdi.html, jeweils 27.8.2012

Hamel[23]. Ausgangspunkt der Überlegungen von Prahalad und Hamel war die Beobachtung, dass nur diejenigen Unternehmen dauerhaft wettbewerbsfähig sind, die über spezielle Grund- oder eben Kernkompetenzen verfügen. Die Besonderheit dabei ist, dass Kernkompetenzen nicht nur auf einen einzigen Markt oder ein Geschäftsfeld bezogen, sondern ihrem Charakter nach übergreifender Natur sind. Sie können in verschiedenen Geschäftsfeldern erfolgsträchtig zum Einsatz gebracht werden – auch und insbesondere in solchen Märkten, die erst entstehen[24]. Gemeint ist also *nicht* das Kerngeschäft, wenn von Kernkompetenzen die Rede ist. Mit anderen Worten wird – im Unterschied zu allen bisherigen Ansätzen – hier erstmals ausdrücklich auf *organisationales* Know-how als kritische Ressource verwiesen.

Praxisbeispiel Kernkompetenz

Zur Illustration sei auf das reale Beispiel der Firma „PLAST-X"[25] verwiesen, die über eine besondere Kompetenz in der Produktentwicklung verfügt, mit der sie die Wünsche und Vorstellungen der Kunden besonders gut und schnell in entsprechende Produkte und Produktanwendungen umsetzen kann.

---

23 Coimbatore K. Prahalad, Gary Hamel: The Core Competence of the Corporation, in: Harvard Business Review, 68 (3), 1990, S. 79-91

24 Die Übertragbarkeit von Kompetenzen ist einer der Ausgangspunkte, denen sich der US-Ökonom Ricardo Hausmann bei der Analyse des Wohlstands von Nationen widmet. Gerade seine Erkenntnisse zu Entwicklungsstrategien basierend auf der Übertragbarkeit oder Nicht-Übertragbarkeit von Kompetenzen zwischen ganz unterschiedlichen Branchen bestätigen uns in der Sichtweise, dass die Betrachtung von Kompetenzen in ihren unterschiedlichsten Ausprägungen ein bislang zu Unrecht vernachlässigtes Themenfeld darstellt.

25 „PLAST-X" ist ein Kunstname für ein anonymisiertes Realbeispiel. Das Beispiel ist angelehnt an eine empirische Studie von Dougherty.
Deborah Dougherty: Managing your core incompetencies for corporate venturing, in: Entrepreneurship Theory and Practice ,19 (3), 1995, S. 113-135

Diese besondere Fähigkeit von PLAST-X hat dabei nicht nur einen singulären und zufälligen Charakter, sondern lässt sich als ein erwartbares Handlungsmuster beschreiben: Bei PLAST-X wird davon ausgegangen, dass Ideen für neue Produkte in aller Regel von Mitarbeitern des Vertriebs eingebracht werden, und diese Ideen bereits in spezifischen Kundenbedürfnissen ihren Ursprung haben. Die so generierten Ideen werden von den Ingenieuren der Firma PLAST-X aufgenommen und in Produktlösungen umgesetzt. Dabei stützen sich die Ingenieure auf den bestehenden Pool an Modulen und verknüpfen diese auf der Basis ihres Know-hows immer wieder neu. Dieses gekonnte und durch ein Grundmuster geprägte Zusammenspiel von Ideengenerierung durch den Vertrieb sowie der Produktentwicklung und der Konstruktion kennzeichnet die besondere Kompetenz und das Erfolgsrezept von PLAST-X.

Wesentliches Merkmal des Kernkompetenzansatzes ist die Konzentration auf die bewusste und geplante Identifikation wie auch Weiterentwicklung *einer* dominierenden, vom Markt honorierten organisationalen Kompetenz und deren organisationsweite Diffusion.

Die Kompetenz zu einer umsetzungsorientierten Steuerung strategischer Projekte ist ein nachhaltiger Wettbewerbsvorteil.

Die Idee der Kernkompetenz wurde allerdings in der Strategielehre zunehmend auf mögliche Nachteile hin reflektiert. Insbesondere die empirischen Befunde von Leonard-Barton[26], dass sich Kernkompetenzen in erfolgsbedrohende Kernrigiditäten verwandeln können, gaben Anlass, den Nutzen des Kernkompetenzkonstrukt stärker infrage zu stellen.

---

[26] Dorothy A. Leonard-Barton: Core capabilities und core rigidity: A paradox in managing new product development, in: Strategic Management Journal, 13 (5), 1994, S. 111-126

Der ressourcenbasierte Ansatz (RBV)

Die in der ökonomischen Theorie des „Resource Based View" (RBV) zugrunde liegende Annahme ist, dass *Unternehmen als Bündel oder als Portfolios materieller und immaterieller Ressourcen*[27] angesehen werden, und dass eben diese unternehmensspezifischen Ressourcenbündel die Quelle nachhaltiger Wettbewerbsvorteile sind.[28] Beim RBV werden nachhaltige Erfolgsunterschiede von konkurrierenden Unternehmen auf individuelle Unterschiede in der Ressourcenausstattung (Heterogenität) und deren Nutzung zurückgeführt.

Inzwischen liegen mehr als 40 empirische Untersuchungen vor, die einen positiven Zusammenhang zwischen der spezifischen Ressourcenausstattung einer Organisation und dem Unternehmenserfolg bestätigen[29]. Die für den Erfolg von Organisationen kritische Ressourcenheterogenität entsteht in der Gedankenwelt des RBV vor allem dort, wo Faktormärkte versagen, also wo Ressourcen auf den Faktormärkten nicht verfügbar sind und somit selbst erzeugt werden müssen (bzw. sich selbst erzeugen). Die Unvollständigkeit der Faktormärkte führt zu einer ressourcenbasierten Differenzierung (Ressourcenheterogenität) zwischen Organisationen, die die Grundlage für die jeweils erzielbaren Wettbewerbsvorteile bilden.

---

[27] Ingolf Bamberger, Thomas Wrona: Der Ressourcenansatz und seine Bedeutung für die strategische Unternehmensführung, in: Schmalenbachs Zeitschrift für betriebswirtschaftliche Forschung (zfbf), Nr. 2, 1996, S. 130-153

[28] Als bedeutender Vertreter des ressourcenbasierten Ansatzes gilt im Kontext des strategischen Managements z.B.: Jay Barney: Looking inside for competitive advantage, in: Academy of Management Executive, 9 (4), 1995, S. 49-61

[29] Siehe dazu: Jay Barney, Asli M. Arikan: The resource-based view: Origins and implications, in: Michael A. Hitt., R. Edward Freeman, Jeefrey S. Harrison (Hrsg.): The Blackwell Handbook of Strategic Management, Oxford, 2001, S. 124-188

Kernkompetenzorientierte Unternehmen fördern danach tendenziell immer solche Projekte, die im Korridor der bereits entwickelten Kompetenzarenen[30] liegen.

Im Gegensatz dazu werden solche Projekte mit geringer Nähe zu den etablierten Kernkompetenzen im Verlauf von Entscheidungsprozessen offen abgelehnt oder schlichtweg weniger gefördert. In der Kompetenzdebatte spricht man in diesem Zusammenhang auch vom sogenannten „Crowding-out" explorativer (also innovativer) Aktivitäten durch die Dominanz bewährter Lösungsmuster (siehe hierzu Kasten Seite 255). Am Ende steht die „Kompetenzfalle", also die Begrenzung des strategischen Handlungsspielraumes durch die Beschränkung auf erfolgreiche vorhandene oder vergangene Kompetenzfelder, respektive Projekte.

Praxisbeispiele Kompetenzfalle

Als Beispiel seien hier die großen Energieversorger genannt, deren unbestrittene Kompetenzen in der zentralisierten Energiewirtschaft liegen. Diese über Jahre aufgebaute und optimierte Kompetenz wirkte und wirkt noch behindernd auf die Entwicklung der heute sehr stark nachgefragten und staatlich geförderten dezentralen Ansätze. Vor diesem Hintergrund sind auch die verstärkten strategischen Bemühungen im Bereich von großen Windkraftparks zu verstehen, da hier scheinbar einfach die vorhandenen Kompetenzen genutzt werden können.

Aber auch das Beispiel PLAST-X beweist das Risiko der Kompetenzfalle. Im Fall von PLAST-X veränderten sich z. B. die Umweltbedingungen in einer Weise, dass die Kunden nunmehr Produktbestandteile und -eigenschaften wünschten, die von den Ingenieuren der Firma nicht realisiert werden konnten. Aufgrund der oben beschriebenen erfolgreichen Produktentwicklungskompetenz hatte man

30 Als Kompetenzarena bezeichnen wir ein Aktivitätsfeld im Unternehmen, in welchem verschiedene Protagonisten der Organisation agieren, um die bereits erfolgreich entwickelten Praktiken zu „leben" und zu stärken. In der Unternehmensrealität gibt es in der Regel eine Vielzahl von Kompetenzarenen, die sich bisweilen auch im Wettstreit befinden.

bei PLAST-X keinerlei Investitionen in den Aufbau neuer Kompetenzbereiche vorgenommen. Im Ergebnis verlor PLAST-X seine erfolgreiche Position im Wettbewerb.

Diese Einsicht ist für unser Thema des Managements strategischer Projekte insofern von zentraler Bedeutung, als bei Leonard-Bartons Studien nicht „irgendwelche" Projekte im Mittelpunkt standen, sondern innovationsorientierte Forschungs- und Entwicklungsprojekte, also solche Projekte, die in der Unternehmenspraxis typischerweise zum Kreise der strategischen Projekte zählen. Daraus folgt, dass schon ab dem Zeitpunkt der Strategieformulierung das Risiko der Kompetenzfalle besteht. Deshalb muss diesem Aspekt bei der Entscheidung über die Strategie sowie den daraus abgeleiteten Projekten (strategische Projektlandschaft) möglichst früh und permanent Beachtung geschenkt werden.

Die Beobachtungen haben zu der Frage geführt, wie Organisationen mit dem Problem der Kompetenzfalle umgehen können. Es wurde nach Ansatzpunkten und Hebeln gesucht, die dem Problem entgegen wirken können. Die Möglichkeit zur Dynamisierung von Kernkompetenzen – oder grundsätzlicher – von organisationalen Kompetenzen stand im Mittelpunkt der Überlegungen.

Abbildung 2-1 zeigt die Entwicklung der Kompetenzkonzepte im Zeitablauf.

Konzepte	Kompetenzen, Kernkompetenzen	Dynamische Kompetenzen
Dominante Basisorientierung	Aufbau von Ressource-Bündeln und Problemlösungsmustern *Geschäftsfeld-übergreifender Einsatz Organisatonaler Kompetenzen*	Flexibilisierung der Prozesse der Ressourcen-verknüpfung *Veränderung und Neuentwicklung Organisationaler Kompetenzen*

1980er → 1990er → heute

Abbildung 2-1: Kompetenzkonzepte im Zeitablauf

Kompetenzen einer Organisation sollen nicht mehr länger als fester Bestand bzw. als Ressourcenbündel, sondern als eine Größe verstanden werden, die sich in einem kontinuierlichen Veränderungsprozess befindet. Im Zuge dieser Entwicklung wird eine weitere erfolgsrelevante organisationale Kompetenz, nämlich die dynamische Kompetenz, diskutiert und entwickelt. Der in der weiteren wissenschaftlichen Debatte vollzogene Schwenk hin zu den Prozessen zur Kompetenzentwicklung und -veränderung (Dynamisierung) stellt den notwendigen Schritt zur praktischen Nutzung der Kernkompetenzüberlegungen dar. Insgesamt zeigt sich deutlich, dass der Zusammenhang zwischen der Strategieumsetzung und einer Betrachtung der Kompetenzen aus dem Unternehmensalltag nicht mehr wegzudenken ist. Aus unserer Sicht gibt es zwei konkrete Anknüpfungspunkte für den Zusammenhang zwischen Kompetenzen, der umsetzungsorientierten Steuerung und damit Umsetzung strategischer Projekte:

- zum einen auf einer grundsätzlichen Ebene der Unternehmensführung die Dynamisierung bzw. Veränderbarkeit von Kompetenzen,
- zum anderen die Identifikation derjenigen Kompetenzen, die zur erfolgreichen (umsetzungsorientierten) Steuerung strategischer Projekte gebraucht werden, oder anders: Wie sieht eine umsetzungsorientierte Projektmanagementkompetenz eigentlich aus?

Hierfür wollen wir uns noch einmal vergegenwärtigen, was die Besonderheiten strategischer Projekte[31] sind (siehe auch Kapitel 1 dazu):

> *„Ein Projekt ist ein Vorhaben, das im Wesentlichen durch Einmaligkeit der Bedingungen in ihrer Gesamtheit gekennzeichnet ist, wie z. B.: Zielvorgabe, zeitliche, finanzielle, personelle oder andere Bedingungen, Abgrenzungen gegenüber anderen Vorhaben und projektspezifische Organisation."*[32]

---

[31] Der Begriff Projekt hat seine Wurzeln in dem latainischen Verb "proiacere", bedeutet sinngemäß "vorwerfen" (pro=vor; iacere = werfen) und zeigt den zukunfsgerichteten Charakter von Projekten auf.

[32] Deutsches Institut für Normung e.V.: DIN 69901-1:2009-01

Ein Projekt ist im Gegensatz zu einem Geschäftsprozess ein einmaliges Vorhaben mit einem definierten Beginn und einem festgelegten Abschluss. Neben der Einmaligkeit und der zeitlichen Befristung zeichnen sich strategische Projekte auch durch eine relative Neuartigkeit der Aufgabe aus, d.h. die Wege zur Lösung der Aufgaben sind meist nicht im Vorhinein bekannt. Kurz: Der konkrete Ausgang eines strategischen Projektes ist unsicher und eine exakte Vorausplanung ist kaum möglich. Keine schöne Botschaft für die Unternehmensführung, aber eine logische Konsequenz. Hinzu kommt, dass strategische Projekte in aller Regel in ihrem Verlauf weder die ansonsten gültigen Organisationsgrenzen, noch geltende Normen und Regeln einhalten und die Mitwirkung verschiedener Spezialisten wie auch die gemeinsame Nutzung von Ressourcen erforderlich machen. Strategische Projekte eröffnen „Arenen" in Unternehmen, in denen informelle Beziehungen und Netzwerke ihre Wirkung entfalten ebenso wie der Kampf um Macht und Ressourcen. Strategische Projekte verändern den Status quo und daran möchten oder müssen viele teilnehmen – aus ganz unterschiedlichen Motiven. Strategische Projekte sind dabei keinesfalls die Ausnahme, sondern entwickeln sich zur Regel, wenn es um die Lösung von aktuellen und zukünftigen Herausforderungen der Unternehmenspraxis geht[33].

Mit Blick auf die Anforderungen an die Kompetenzen von Managern und Projektleitern sind unterschiedliche Ebenen zu unterscheiden (siehe dazu auch Abbildung 2-2):

- Das kompetente Management von strategischen Projekten im operativen Sinne und
- das kompetente Management durch strategische Projekte im übergeordneten Sinne.

[33] In einer Studie zur zukünftigen Entwicklung Deutschlands spricht Deutsche Bank Research sogar von Projektwirtschaft als einem möglichen neuen Wertschöpfungsmuster für die Bewältigung der Umweltherausforderungen; Jan Hofmann, Ingo Rollwagen, Stefan Schneider: Deutschland im Jahr 2020 - Neue Herausforderungen für ein Land auf Expedition, Deutsche Bank Research, Frankfurt am Main, 2007, S. 22 ff.

In diesem Zusammenhang möchten wir eine Unterscheidung von individueller und organisationaler Kompetenz einführen. Die Prozesse der Nutzung und Überführung von individuellen Kompetenzen der Mitglieder einer Organisation in organisationsspezifische Verfahrensweisen und Strukturen, schafft eine von einzelnen Individuen unabhängige, längerfristige organisationale Kompetenz bzw. reichert diese kontinuierlich an.

Die Umsetzung strategischer Projekte verstärkt die Dynamisierung der Kompetenzen. Individuelle Kompetenzen werden eingebracht, um strategische Projekte erfolgreich umzusetzen. Dies wiederum beeinflusst die organisationale Kompetenz des Managements solcher Projekte. Im erfolgreichen Fall wird diese erhöht. Das führt wiederum zu einem Anreiz bei den Mitarbeitern, sich mit ihren individuellen Kompetenzen immer wieder neu einzubringen, da positive Erfahrungen motivieren. So entsteht ein sich selbst verstärkender Kreislauf. Durch den Kreislauf wächst und reift die organisationale Kompetenz.

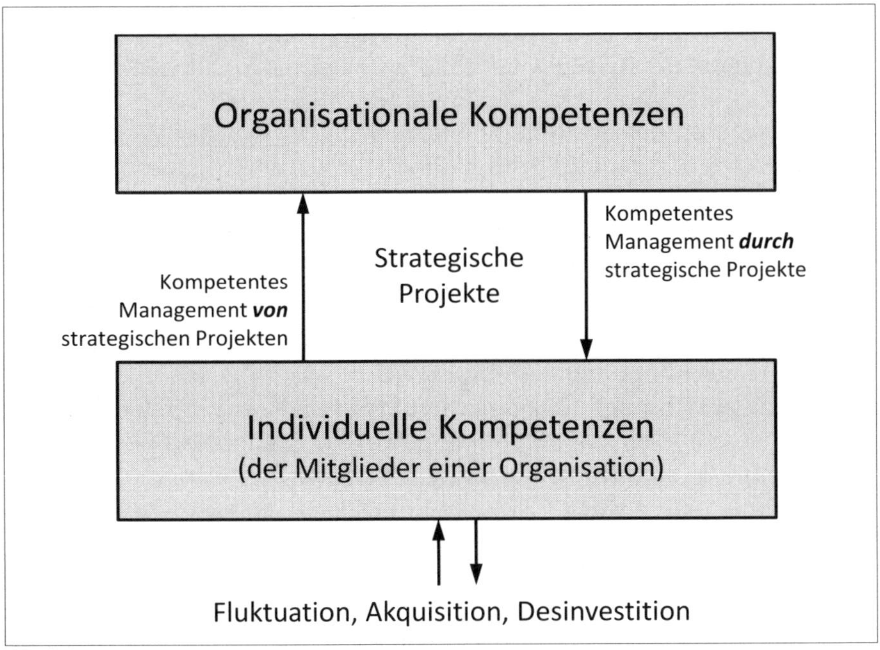

Abbildung 2-2: Zusammensetzung der Gesamtkompetenz und deren Bezug zu strategischen Projekten

Aber auch die individuellen Kompetenzen der Mitarbeiter werden positiv beeinflusst, da auch hier durch Erfahrungen eine Weiterentwicklung stattfindet. Die Mitarbeiter werden „wertvoller" für das Unternehmen. Abbildung 2-2 soll diesen Zusammenhang illustrieren.

Projektmanagement wird so zu einer zentralen Aufgabe der Unternehmensführung[34], um den strategischen Herausforderungen gerecht werden zu können. Das Management strategischer Projekte kann deshalb zu Recht als äußerst herausfordernde (komplexe) Aufgabe gelten, die entsprechende Kompetenzen der Unternehmensführung wie auch der Mitarbeiter notwendig macht. Da die Kompetenz zur Steuerung strategischer Projekte nicht nur aus den (individuellen) Kompetenzen einzelner Personen besteht, sondern die Kompetenz der gesamten Organisation eine besondere Rolle spielt, muss auch der Arbeitsteilung Rechnung getragen werden. Das bedeutet, dass die „Projektmanagementkompetenz zur Steuerung strategischer Projekte" von verschiedenen Personen und Personengruppen getragen wird, die u.a. die jeweils betroffenen Organisationsbereiche vertreten. Genau dieser Umstand führt dazu, dass sich spätestens in der Umsetzungsphase strategischer Projekte widersprüchliche Interessenlagen wiederfinden und in aller Regel Konflikte entstehen.

Die Frage an dieser Stelle lautet deshalb, in welcher Weise genau Kompetenzen ausgeprägt sein müssen, um die Aufgabe der Steuerung strategischer Projekte und Initiativen erfolgreich zu bewerkstelligen. Da der Kompetenzbegriff im Sinne von „Problemlösung" zu allgemein und abstrakt ist, um konkrete Aussagen hierzu machen zu können, ist es sinnvoll, sich mit den Merkmalen dieser so wichtigen Kompetenz genauer auseinanderzusetzen.

- Was bezeichnet präzise Kompetenz?
- Was lässt sich über die Binnenstruktur von Kompetenzen sagen?
- Was können wir aus der Binnenstruktur organistionaler Kompetenz für die Steuerung strategischer Projekte lernen?

---

[34] Siehe dazu Steffen Scheuer: „Organizational Competence" in der Unternehmensführung und im Projektmanagement – die zwei Seiten einer Medaille? In: Reinhard Wagner (Hrsg.): Organisationale Kompetenz im Projektmanagement, GPM e.V., Nürnberg, 2011, S. 27-87

2.1 Was sind Kompetenzen der Organisation?

Während sich die Psychologie, Pädagogik, Linguistik und die Philosophie auf der Individualebene unmittelbar mit Konstrukten wie der kognitiven Kompetenz[35], der Handlungs- bzw. Problemlösungskompetenz oder der Sprach- und Kommunikationskompetenz beschäftigen[36], interessierte sich zunächst die Volkswirtschaftslehre und in der Folge auch die Betriebswirtschaftslehre für die Kompetenz von sozialen Systemen und damit auch von Organisationen.

Um den Zusammenhang zwischen dem Management strategischer Projekte und der Managementkompetenz herzustellen, hilft ein Blick in die Vergangenheit. In ihrer „Theory of the Growth of the Firm" postuliert Edith Penrose[37], dass die Einzigartigkeit eines Unternehmens auf die Qualität der systemimmanenten Ressourcen und deren Anwendung zurückzuführen ist. Laut Penrose wirken die physischen und menschlichen Ressourcen nicht für sich, sondern nur durch ihre Kombination im Hinblick auf die Erbringung spezifischer Leistungen (services): *„[...] exactly the same resources when used for different purposes [...] provide a different service [...]"* [38]. Hier wird eine Unterscheidung zwischen der Existenz bestimmter Ressourcen und ihrer Nutzung thematisiert und insoweit eine Art „Anwendungskompetenz" (später Management-/Steuerungskompetenz) beschrieben. Die Leistungen, die Ressourcen – im Sinne der Generierung von Wachstum und einem nachhaltigen Unternehmensbestand – erbringen können, sind davon abhängig, wie und in welchem Zusammenhang sie eingesetzt werden. Dabei verweist Penrose auf die besondere Relevanz des unternehmerischen Geistes, vor allem aber auf die Kompetenz des Managements.

---

[35] Kognitive Kompetenz bezeichnet das geistige Vermögen der Informationsverarbeitung von Individuen. Vgl. Jean Piaget: Meine Theorie der geistigen Entwicklung, Frankfurt am Main, 1983

[36] Robert J. Sternberg: Human abilities - an information-processing approach, New York, 1985

[37] Edith Penrose: The theory of the growth of the firm, New York, 1959

[38] Edith Penrose, 1959, S. 25.

Dem Management obliegen die Entscheidungen der Ressourcenverwendung und -kombination. Es geht also um die grundsätzliche Fähigkeit des Planens, Organisierens und Führens verbunden mit Kreativität und Intuition. Nachdem sich aus der Entscheidung über die Wahl der Ressourcen und deren Kombination (Vernetzung) sehr spezifische Steuerungsentscheidungen ergeben, die eine intime Kenntnis der Wirkung des Einsatzes von Ressourcen erfordern, ist das Management zugleich der Flaschenhals, der begrenzende Faktor für das Unternehmenswachstum. Die unternehmensspezifische Kompetenz der Ressourcennutzung ist nicht beliebig vermehrbar; sie ist nur durch jahrelanges Praktizieren erlern- und aufbaubar und insofern begrenzt. Die knappe „Ressource der Steuerungs- bzw. Managementkompetenz" wird zum kritischen Erfolgsfaktor für Unternehmen, der zugleich zur potenziellen Wachstumsbremse wird. In eine ähnliche Richtung, allerdings anders begründet, weisen die bereits 1957 von Selznick[39] geäußerten Gedanken. Danach übernehmen die Führungspersonen in Organisationen mehr als nur die klassischen Managementaufgaben. So sind sie in aller Regel verantwortlich für die Entwicklung einer für die Mitglieder einer Organisation Orientierung gebenden Vision und entwickeln die Organisation entsprechend so weiter, dass diese Vision auch verwirklicht werden kann (sic!). Letzteres ist entscheidend, denn nur die Umsetzung der Vision führt zu einer verbesserten Wettbewerbsposition. Die Führungspersonen einer Organisation orchestrieren (wie Dirigenten) die individuellen Kompetenzen einer Organisation zu einem erlebbaren Ganzen; geleitet wird diese Orchestrierung von der Vision des Dirigenten (siehe hierzu auch Kapitel 1.4).

Versucht man die verschiedenen verfügbaren Kompetenzkonzepte zu kondensieren, so werden Kompetenzen durchgängig als ein spezifisches Leistungsvermögen begriffen, das es erlaubt, *anspruchsvolle* Aufgaben zu bewältigen. Ein wichtiger Aspekt von „Kompetenz" ist hierbei, dass es ein erfolgsgebundenes Konzept ist. Die Steuerung strategischer Projekte kann nur dann als „kompetent" gelten, wenn durch diese Handlungsergebnisse (Entscheidungen) entstehen, die

---

39 Peter Selznick: Leadership in administration: A sociological interpretation, Evanston, 1957, S. 62

den gewünschten Erfolg erzielen. Erfolg meint hier nicht ausschließlich einen unmittelbaren ökonomischen Erfolg, sondern ganz grundsätzlich einen relevanten Beitrag zur positiven Entwicklung der Organisation. Würde etwa ein strategisches Projekt zur Rekonzeption und Umsetzung von Vertriebswegen aufgesetzt, so wäre die Organisation dann kompetent, wenn sowohl das Konzept als auch die Umsetzung als sichtbares Handlungsergebnis rechtzeitig vorliegen würden. Gerade mit Blick auf die Umsetzung der in strategischen Projekten getroffenen Entscheidungen selbst (Ziele, Mittel, Team, Zeithorizonte etc.) muss hier aber auch die „Abbruchkompetenz" erwähnt werden, also das kompetente Unterbrechen oder Verlassen eines eingeschlagenen Umsetzungspfades. Auch wenn die Beobachtung und Erfahrung der Praxis zeigen, dass nur in den seltensten Fällen Projekte abgebrochen werden, so ist es schlichtweg ein Irrglaube, dass nur die Realisierung eines Projektes „bis zum bitteren Ende" Ausdruck einer kompetenten Strategieumsetzung ist. Auch das rechtzeitige Erkennen des Scheiterns oder der Fehlentwicklung eines strategischen Projektes und dessen konsequenter Abbruch bringt ein kompetentes Problemlösungsverhalten zum Ausdruck. Bewahrt die Abbruchkompetenz die Organisation doch vor einer fortgesetzten Fehlallokation von Ressourcen.

Kompetenz ist also keine Einzelressource wie etwa Wissen oder eine Technologie, sondern die gekonnte Nutzung oder Verknüpfung von unterschiedlichen Ressourcen zur Problemlösung. Organisationale Kompetenz steht also im Zusammenhang mit organisationalem Problemlösungsverhalten[40]. Diese organisationsspezifische Art und Weise der Problemlösung (wie wir sie in diesem Buch beschreiben) ist nicht immer das Ergebnis eines rationalen und bewussten unternehmerischen Entscheidungsprozesses, sondern entsteht eher schrittweise in der permanenten Interaktion zwischen Umwelt und Management (der Strategieumsetzung).

---

40 Richard M. Cyert, James G. March: A behavioral theory of the firm, Englewood Cliffs, NJ, 1963.

Der Prozess der Musterbildung

Wir haben vorstehend die Managementaufgabe als Orchestrierung beschrieben. Diese Orchestrierung von Ressourcen (in der Abbildung unten in Form der verschiedenen geometrischen Formen dargestellt) folgt einer „inhärenten" Logik: Der Logik der Brauchbarkeit und des Erfolges. Das heißt, dass Organisationen wie auch Individuen im Zeitablauf Erfahrungen zu brauchbaren und unbrauchbaren Orchestrierungslösungen abspeichern und auf diese Weise sukzessive ein „Erfolgsmuster" (eine Kompetenz) ausprägen. Die Organisation greift – positives Feedback vorausgesetzt – in der Tendenz auf die bewährten Konzepte zurück: Wissens- und Erfahrungsressourcen (bewährte Mitarbeiter), Technologien (z.B. bewährte Software), Strukturen (Art der Projektorganisation) sowie kulturelle Elemente (Projektkultur). Auf diese Weise bildet sich eine für die Organisation typische Art und Weise der Problembearbeitung bei der Entwicklung und Umsetzung von Strategien aus (unternehmensindividueller Fingerprint).

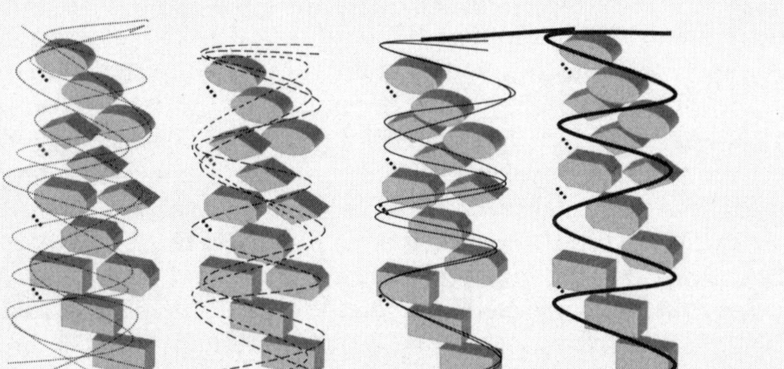

Diese „typische Art und Weise" wird hier als Musterbildung in Form der sich fortwährend verstärkenden „Orchestrierungslinie" dargestellt.

Der Prozess der Kompetenzentstehung ist vielmehr eng mit den Mechanismen des Lernens verkoppelt, d.h. aus Erfolgen der Vergangenheit (im günstigen Fall auch aus Misserfolgen) lernen eine Organisation und ihre Manager, wie „man strategische Projekte operativ managt" und „wie diese auf einer übergeordneten Unternehmensebene gemanagt werden" (siehe dazu auch die Erläuterungen im Kasten auf Seite 84).

Wir wissen aus der Lernforschung, dass positives Feedback Anlass zur Wiederholung gibt und es im Fortlauf schließlich zu sich immer weiter stabilisierenden Problemlösungsmustern kommt, den Kompetenzen. Ausgangspunkt für konkretere Überlegungen bildet deshalb ein Kompetenzverständnis, das getragen ist von der Vorstellung sozial komplexer Routinen. Ohne derartige Routinen wären weder ein Manager noch eine Organisation überhaupt in der Lage, die komplexen und mit Unsicherheit behafteten Aufgaben im Rahmen des Managements strategischer Projekte zu bewältigen.

Mit „Bewältigung" ist dabei mehr als bloß die abstrakte Abarbeitung eines komplexen Problems gemeint. Es geht darum, Dinge oder Aufgaben zu erledigen: „getting things done"[41]. Kompetenz wird als etwas begriffen, das getan wird, und nicht als etwas, das besessen wird. Kompetenz hat deshalb ganz elementar mit der Fähigkeit zu tun, Wissen und Erfahrung in komplexen, unsicheren Situationen anzuwenden.

Versucht man, die Binnenstruktur von Kompetenzen weiter zu spezifizieren, so lassen sich im Wesentlichen drei Dimensionen identifizieren (Abbildung 2-4):

- die kognitive Dimension,
- die technische Dimension und
- die affektive Dimension von Kompetenz.

Diese Dimensionen liefern sowohl bei den individuellen als auch den organisationalen Kompetenzen einen wichtigen Erklärungsbeitrag für den Erfolg und Misserfolg einer umsetzungsorientierten Steuerung strategischer Projekte. Die folgenden Abschnitte widmen sich deshalb der Erläuterung und Diskussion dieser drei Dimensionen.

---

[41] Siehe dazu Richard Rorty: Consequences of pragmatism, Minneapolis, 1982, S. XIV

2.1.1 Die kognitive Dimension von Kompetenz

Die kognitive Dimension beschreibt die Fähigkeit, die Wahrnehmungsmuster zu erkennen, die den kompetenten Umgang mit der Komplexität und Unsicherheit strategischer Projekte sicherstellen. Es werden darunter Modelle verstanden, die die kognitiven Aktivitäten, das „sense making" einer Organisation wie auch von Individuen fundamental beeinflussen. Sie lenken sowohl die Prozesse der Sinnbildung als auch die Art und Weise des Problemlösens von Individuum und Organisation.

Sinnmodelle können als geistige „Landkarten" oder „Schemata" beschrieben werden. Mit diesen geistigen Landkarten deklarieren Organisationen wie auch Individuen Grundannahmen über die Art und Weise der Erkenntnisgewinnung und Problembewältigung. So bilden die Sinnmodelle eine stabilisierende Orientierungshilfe.

Diese Orientierungshilfen stecken zugleich das erreichbare Problemlösungspotenzial ab, indem sie nicht relevante Informationen gar nicht erst bearbeiten.

Mit Blick auf den unausgesprochenen Charakter von Sinnmodellen ist der Bezug zur Unternehmenskultur interessant. Diese stellt die von den Organisationsmitgliedern unbewusst geteilten Grundannahmen und Glaubenssätze dar, die sich in einer Organisation im Laufe der Zeit entwickelt haben und Verhalten von Organisationen und ihren Mitgliedern informell prägen[42].

In Bezug auf Kompetenzen ist dabei zunächst der Aspekt der Informationsverarbeitung von besonderer Bedeutung. Da es sich dabei um ein Vermögen im Umgang mit außergewöhnlichen Anforderungen handelt, müssen die Wahrnehmungs- und Interpretationsmuster einer kompetenten Organisation in der Lage sein, komplexe Informationen entsprechend abzubilden. Ein analytisches Hilfsmittel bietet das 1985 von Edward Schein entwickelte Schichtenmodell der Unternehmenskultur (siehe dazu auch Abbildung 2-3).

---

42 Edgar H. Schein: Organizational culture and leadership: A dynamic view, San Francisco, 1985

Paradigma und dominante Logik

Im Zusammenhang mit "Orientierungshilfen" wird in der Organisationslehre auch der Begriff des Paradigmas verwendet. Dieser Begriff geht auf Kuhn zurück und wird von diesem herangezogen, um ein wissenschaftliches Modell zu bezeichnen, das einem Kollektiv den Rahmen für die Entwicklung eines Problemlösungspotenzials vorgibt[43]. Als Paradigma wird ein „set of beliefs, a way of seeing or organizing the principles governing the perception“[44] bezeichnet. Paradigmen sind folglich eine spezifische Vorstellung über die Welt. Durch das Paradigma wird eine spezifische Realität als gültig definiert, während andere Sichtweisen der Welt ausgeschlossen werden.

Bettis und Prahalad prägen analog den Begriff der dominanten Logik und charakterisieren damit den eingeschränkten Blick der Organisation auf ihre interne und externe Umwelt, durch den ein vermeintlicher „Realitätsausschnitt“ festlegt wird“[45].

Der Ansatz ist, die Unternehmenskultur sukzessive von „außen“ nach „innen“ zu erschließen. Die in diesem Zusammenhang häufig verwendete Metapher des Eisbergmodells bringt zum Ausdruck, dass Unternehmenskultur sich zum größten Teil in den unsichtbaren Tiefenstrukturen der Organisation abbildet und eben gerade nicht bloß über sichtbare Artefakte (z.B. Bild des Gründers, der erste Turnschuh in der Vitrine) und Symbole erklärt werden kann.

---

43 Thomas S. Kuhn: Struktur wissenschaftlicher Revolution, 2. Aufl., Frankfurt am Main, 1976

44 Margaret Masterman: The nature of a paradigm, in: Imre Lakatos, Alan Musgrave (Hrsg.): Criticism and the growth of knowledge, Cambridge, 1970, S. 65

45 Richard Bettis, Combinatore K. Prahalad: The dominant logic: Retroperspective and extension, in: Strategic Management Journal, 16, 1995, S. 5-14

Bezüglich strategischer Projekte bedeutet dies, dass die prägenden Sinnmodelle geeignet sein müssen, die komplexen Anforderungen des Managements strategischer Projekte möglichst adäquat zu strukturieren und zu beurteilen. Eine auf das kompetente (d.h. umsetzungsorientierte) Management von strategischen Projekten ausgerichtete Unternehmenskultur muss also einen positiven und konstruktiven Umgang mit der Komplexität, Unsicherheit und damit auch Flexibilität von strategischen Projekten unterstützen.

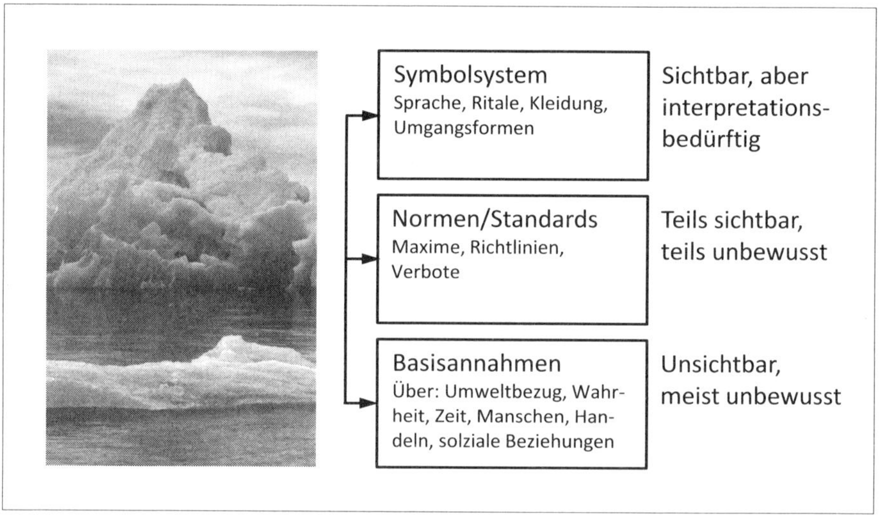

Abbildung 2-3: Drei-Ebenen-Modell der Unternehmenskultur[46]

Mit Begriffen wie der „lernfreundlichen Kultur“ oder der „verpflichtenden Projektkultur“ werden solche Kulturausprägungen umschrieben. Ihnen ist gemeinsam, dass Unsicherheit und potenzielle Veränderung (Flexibilität) einen positiven Wert haben. Korrespondierend sind Annahmen über menschliche Beziehungen und individuelle Leistung von der Wertschätzung der Flexibilität geprägt und weniger von der Vorstellung des „Bewahrens“ (etwa des Bewahrens von einmal getroffenen Entscheidungen, des Bewahrens von Status und

[46] Nach Edgar H. Schein: Organizational culture and leadership: A dynamic view, San Francisco, 1985

Macht oder des Bewahrens von Ressourcen, siehe hierzu genauer Kapitel 6).

Aus der Struktur der kognitiven Sinnmodelle, insbesondere der Unternehmenskultur) ergibt sich, dass die Veränderung der kognitiven Dimension organisationaler Kompetenz keine einfache, punktuelle und plandeterminierte Angelegenheit sein kann. Vielmehr bedarf es kontinuierlicher und konsequenter und auf Langfristigkeit angelegter Aktivitäten der Unternehmensführung, um eine sukzessive „Umprogrammierung" der Sinnmodelle („Mind Maps") vorzunehmen.

2.1.2 Die technische Dimension von Kompetenz

Diese Dimension beschreibt die tatsächlich vollzogene konkrete Herstellung von sozialen Anschlüssen zwischen unterschiedlichsten Ressourcen, und zwar zu einem bestimmten Zeitpunkt und in einem bestimmten Setting[47]. Im Vordergrund steht hier also weniger, welche Ressourcen (z.B. Wissen, Technologien) eine Organisation *hat*, sondern wie sie diese Ressourcen praktisch *einsetzt*. Im Hinblick auf strategische Projekte ist hier die Schaffung adäquater Anschlüsse (Schnittstellen) zwischen Organisationseinheiten zu nennen. Hierfür wird einerseits Integrationswissen, prozessuales Know-how in Form beispielsweise von Prozess- oder Wissensmanagement benötigt. Es geht aber auch um die generische Frage der strukturellen Einordnung des Projektes in den Gesamtzusammenhang des Unternehmens. Steht das Projekte über oder neben der Linienorganisation? Wie steht das Projekt zu anderen Projekteinheiten? usw. Zur strukturellen Einordnung strategischer Projekte gehört auch die relative Zuweisung von Macht und Einfluss. Die Art und Weise sowie die konkrete Ausgestaltung dieser Zuweisungen gilt dabei keinesfalls nur für das Verhältnis zwischen Projekt- und Linienorganisation[48]. Vielmehr ist auch

---

[47] Linda Suchmann: Organizing alignment: A case of bridge-building, in: Organization, 7 (2), 2000, S. 311-327

[48] Steffen Scheurer: "Organizational Competencies" in der Unternehmensführung und im Projektmanagement – die zwei Seiten einer Medaille? In:

von Interesse, welche projektorientierten Organisationseinheiten es im Rahmen der Gesamtorganisation überhaupt gibt und welche Rolle diesen im Verhältnis zur Linienorganisation zukommt, also auch andere Projekteinheiten, Stabstellen, Serviceeinheiten oder Zentralbereiche. Mit der technischen Kompetenzdimension wird im Kontext der Steuerung strategischer Projekte auf die Fähigkeit der Organisation und damit auch des Managements abgestellt, das jeweils situativ richtige Verhältnis zwischen Projekt und Linienorganisation zu finden und entsprechend zu installieren.

2.1.3 Die affektive Dimension von Kompetenz

Strategieumsetzung bedeutet immer auch die Beschreitung von neuen Wegen. Die erfolgreiche (und damit auch kompetente) Beschreitung dieser unsicheren und komplexen Wege geschieht nicht emotionslos. Im Gegenteil spielen dabei affektive Komponenten wie Wut, Angst oder Resignation eine nicht unerhebliche Rolle. Diese Aspekte werden in der Kreativitätsforschung in besonderer Weise thematisiert und sind für die kompetente Steuerung strategischer Projekte wichtig.

Die Kreativitätsforschung widmet sich unter anderem der Frage nach möglichen Problemen, die aus dem sozialen Charakter kollektiven Problemlösens – z.B. im Rahmen strategischer Projekte – resultieren: *„Specifically, the moods and emotions group members experience are reciprocally related to both, their thought processes and behaviors“* [49]. Von zentraler Bedeutung für die effektive Umsetzung der affektiven Anforderungen an ein kompetentes Management strategischer Projekte sind vor allem eine gewisse Präferenz für komplexe Probleme sowie ein hohes Maß an Motivation. Ohne diese Leidenschaft für schwierige Aufgaben fehlt die Grundbereitschaft dafür, sich interaktiv fortwährend mit anderen (sozialen) Einheiten der Organisation zur Umsetzung der strategischen Projekte auseinanderzusetzen. Die Handhabung von Komplexität und Unsicherheit ist wiederum mit Zeit-

---

Reinhardt Wagner (Hrsg.): Organisationale Kompetenz im Projektmanagement, GPM Deutsche Gesellschaft für Projektmanagment e.V., 2011, S. 26-87

[49] Jennifer M. George: Creativity in organizations. In: The Academy of Management Annals, 1 (1), 2007, S. 464

druck und Risiken verbunden, und erfordert deshalb ein gewisses Maß an intuitivem Vorgehen sowie eine Motivation, sich den anspruchsvollen Herausforderungen der Umsetzung strategischer Projekte zu stellen. Selbiges gilt im Übrigen auch für die Strategieentwicklung selbst.

Der Grad der Umsetzung strategischer Projekte hängt also ganz erheblich von der organisationalen Kompetenz eines Unternehmens ab. Die Öffnung der Black-box "Kompetenz" gibt Anknüpfungspunkte dafür, wo und wie organisationale Faktoren die Umsetzungsdynamik strategischer Projekte positiv (aber eben auch negativ) beeinflussen können.

Im Zusammenspiel der drei Dimensionen – kognitiv, technisch, affektiv – können in Organisationen die Voraussetzungen dafür geschaffen werden, dass mehr als nur 10% der strategischen Projekte erfolgreich umgesetzt werden. Abbildung 2-4 fasst die zentralen Stellhebel auf der *Ebene der Organisation* noch einmal zusammen.

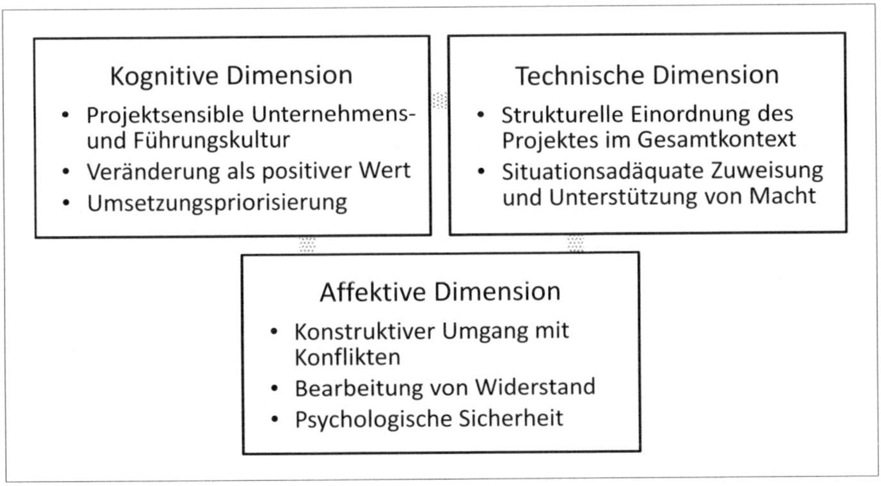

Abbildung 2-4: Merkmalsausprägungen der Dimensionen organisationaler Kompetenzen

Es wäre nun aber nicht korrekt, die Bereitstellung der umsetzungsrelevanten Kompetenzen nur bezogen auf Organisation zu betrachten. Selbstverständlich sind die in strategischen Projekten involvierten

Menschen die eigentlichen Akteure der Umsetzung. Diese agieren als Individuen, aber eben im Kontext der organistionalen Voraussetzungen.

An mehreren Stellen wurden bereits Bezüge zwischen Organisation und Individuen thematisiert. Wir widmen uns im folgenden Abschnitt den Kompetenzen auf der Individualebene. Dabei geht es insbesondere um die Kompetenzanforderungen, die eine umsetzungsorientierte Steuerung strategischer Projekte an die involvierten Individuen (Akteure) stellt. Da die Steuerung strategischer Projekte gemeinhin in die Hände eines Projektmanagements gelegt wird und der Einfluss des Projektmangements auf den Erfolg der Umsetzung groß ist, stehen die Kompetenzanforderungen an das Projektmanagement bzw. den Projektmanager im Vordergrund der Betrachtung. Es stellt sich zunächst die Frage, wie es eigentlich mit den in der Praxis vorfindbaren „Schlüsselkompetenzen" des Projektmanagements grundsätzlich aussieht?

2.2 Schlüsselkompetenzen für strategische Projekte

Die bisherigen Überlegungen zeigen, dass eine erfolgreiche Veränderung des Unternehmens maßgeblich mit dem Einsatz (und nicht dem bloßen Besitz) von Kompetenzen korreliert, diese aber wiederum Ausgangspunkt für die Entwicklung der zukünftigen Kompetenzen sind. Hieraus folgen konkrete Anforderungen an die Organisation und ihre Mitglieder. Es muss sichergestellt werden, dass die Organisation, angeleitet durch die Geschäftsführung, systematisch die zukünftigen Kompetenzen in allen drei Dimensionen (kognitiv, technisch und affektiv) entwickelt[50]. Zur Entwicklung von Kompetenzen sind spezifische Kompetenzen nötig, die entsprechend motiviert und ggf. incentiviert werden sollten. „Entwicklung von Kompetenzen" sollte nicht missverstanden werden, es geht dabei nicht nur um die Budgets für Mitarbeitertraining. Genau hier lauert die Gefahr,

---

50 Der Erwerb von Kompetenzen durch die Anwerbung von Spezialisten, Kauf von Rechten oder von Projekten und Unternehmen wird unter dem Begriff der Entwicklung subsummiert.

dass Kompetenzen nur in einem sehr engen Sinn verstanden werden und damit die erfolgreiche Entwicklung und Umsetzung von strategischen Initiativen und Projekten behindert wird.

Wir wollen an dieser Stelle auf die Umsetzungskompetenz von strategischen Initiativen und Projekten fokussieren. Die Fähigkeit, etwas in einem beschränkten Rahmen mit beschränkten Ressourcen umzusetzen, erfordert insbesondere in der Strategieumsetzung mit ihrem hohen Maß an Komplexität die Fähigkeiten des Planens, Organisierens und Steuerns. Deshalb ist die strategische Projektumsetzungskompetenz eine der zu entwickelnden Kompetenzen.

Aus den dargestellten Kernaufgaben des Projektmanagements leitet sich ab, dass dieses eine umfassende und generalistische Tätigkeit ist; somit lassen sich auch die Aufgabenschwerpunkte und daraus abgeleitet die erforderlichen Kompetenzen für die Personen definieren, die als Projektmanager die operativen Träger des Projektmanagements sind.

Es sind die genannten drei Elemente (Planen, Organisieren, Steuern), die durch Kompetenzen entsprechend abgedeckt sein müssen. Zu unterscheiden sind dabei diese individuellen Kompetenzen von den Kompetenzen der Organisation. Wir zeigen in diesem Kapitel, dass nur im Zusammenspiel der individuellen Kompetenzen mit den erforderlichen Kompetenzen der Organisation - als Träger von Prozessen und Regeln einschließlich der Unternehmenskultur - das Projektmanagement die gewünschte Wirkung entfalten kann. Oder anders ausgedrückt: Wenn indivudelle und organisationale Kompetenzen ineinandergreifen, kann sich eine Schlüsselkompetenz[51] für die Strategieimplementierung entfalten.

Es lässt sich an dieser Stelle einwenden, dass Projektmanagement seit mehr als fünf Jahrzehnten intensiv vermittelt wird. Das Beispiel 2-2 zeigt das Ergebnis einer Marktbefragung: Ein signifikanter Anteil wichtiger Arbeiten wird in Form von Projekten bearbeitet, die projektorientierte Organisation hat sich also in vielen Bereichen durchge-

---

51 Als Schlüsselkompetenz bezeichnen wir Kernkompetenzen der Mitarbeiter.

setzt[52]. Die meisten Gesprächspartner räumen allerdings ein, dass es trotz der Abwicklung von seltenen oder einmaligen Aufgaben als Projekt nicht gelungen ist, die Erfolgsquote (trotz Schulungsmaßnahmen und Projektportfolioprozessen) wesentlich zu erhöhen. Projekt als Organisationsform und Projektmanagement als Disziplin zur Abwicklung reichen also als Erfolgsgarant offenkundig nicht aus.

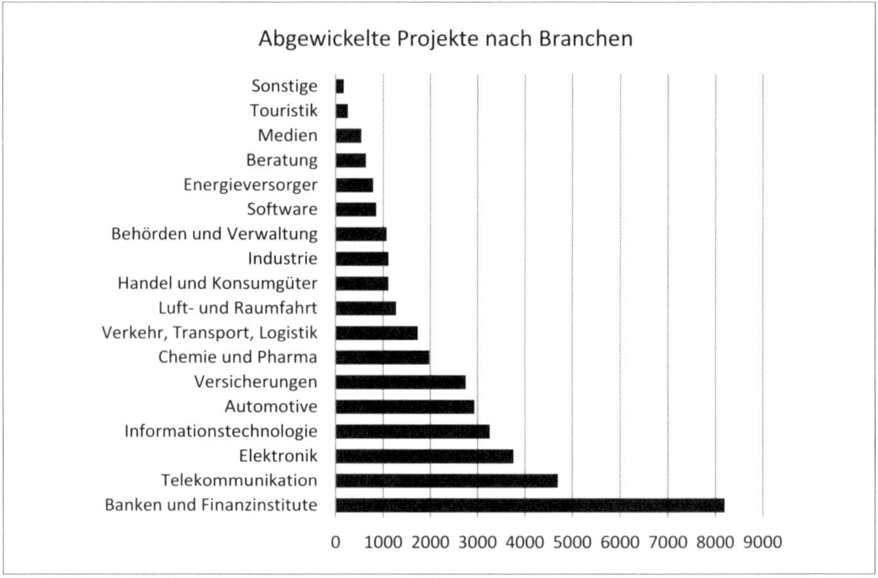

Beispiel 2-2: Projektnennungen durch Freiberufler auf einem entsprechenden Portal[53]

[52] Steffen Rößler, Brigitte Mählisch, Sascha Friedrich, Lutz Voigtmann: Projektmanagement für Newcomer, Dresden, 2008;
Fredmund Malik: Richtiges und gutes Projektmanagement, in: R. Stöger (Hrsg.): Wirksames Projektmanagement, Stuttgart, 2003

[53] Hierzu hat die GULP Information Services GmbH eine Marktbefragung unter Freiberuflern im Jahr 2010 durchgeführt und veröffentlicht. Die Zahlen zeigen die kumulierten genannten Projekte seit 2004 und wurden unter www.gulp.de/ kb/ mk/ chanpos/ in-welchen-branchen-gibt-es-die-meisten-projekte. html veröffentlicht, 26.08.2012

Zuerst vertiefen wir die Fragestellung der individuellen Kompetenzen von Projektmanagern, bevor wir näher auf das Zusammenwirken mit den organisationalen Kompetenzen eingehen.

2.2.1 Individuelle Kompetenzen des Projektmanagers

Seit Jahren werden der Begriff und das Vokabular des Projektmanagements im Tagesgeschäft verwendet und Tausende von Mitarbeitern jedes Jahr in verschiedenen Trainingsmaßnahmen zum Projektmanager[54] ausgebildet und häufig sogar „zertifiziert". In den Personalentwicklungsplanungen ist das Thema fest verankert und nach jeder Teilnahme wird diese in der Personalakte dokumentiert.

Hat ein größeres Unternehmen Bedarf an zusätzlichen Projektmanagementkapazitäten, so verlangen die Einkaufsabteilungen gern den Nachweis der Zertifizierung, um dann über den Preis der externen Unterstützung zu sprechen. Die inhaltliche Komponente (Überprüfung der tatsächlich vorhandenen Kompetenz) bleibt häufig zugunsten eines formalen Prozesses auf der Strecke. Selbst der Mittelstand greift in seiner Verzweiflung verstärkt zum Notanker der oftmals attraktiv angelsächsisch angehauchten Zertifikatbezeichnungen und hofft, damit alles richtig gemacht zu haben. Der Einkauf einer externen (meist beratenden) Projektmanagementleistung ist aber nur in wenigen Teilen mit der täglichen Beschaffung standardisierter Güter vergleichbar. Hierzu wird in Kapitel 3 unter dem Blickwinkel der Auftraggeber-Auftragnehmer-Beziehung vertiefend eingegangen.

Trotz aller Mühen (Trainings, Zertifizierungen) werden die Projektergebnisse im Zeitablauf nur selten besser, was auch unsere Erfahrungen branchenunabhängig zeigen. Dies liegt nicht daran, dass die individuelle Ausbildung der Mitarbeiter falsch wäre und dass Zertifikate per se unbrauchbar seien. Diese Maßnahmen greifen allerdings häufig viel zu kurz und werden in ihrem Nutzen im Gesamtzusammenhang nicht angemessen eingeordnet und überbewertet.

---

54 Der Begriff des Projektmanagers und des Projektleiters wird im Folgenden verstanden als Träger und Ausführender der Inhalte und Elemente des Projektmanagements. Die Begriffe werden von uns synonym verwendet.

Zertifizierungen im Projektmanagement

Es gibt weltweit eine kaum überschaubare Anzahl von Zertifizierungsmöglichkeiten für Projektmanager, mit denen diese die Erfüllung spezifischer Anforderungen nachweisen können. Da die Bezeichnung des Projektmanagers nicht geschützt ist, fehlt es an einer einheitlichen Sicht auf die Anforderungen. Der tiefsitzende Wunsch nach einem gemeinsamen Verständnis ist jedoch nur im Hinblick auf Basiskenntnisse sinnvoll. Letztlich kommt es auf eine in der jeweiligen Unternehmenskultur verankerten Interpretation und Ausgestaltung des Projektmanagements an. Praktische Erfahrungen zeigen, dass ein universelles Projektmanagement ohne die Berücksichtigung von Branchen- und Unternehmensspezifika nicht die notwendige Wirkung entfalten kann. Fachabteilungen machen immer wieder leidvolle Erfahrungen mit den ihnen häufig aus dem Einkaufsprozess zugewiesenen Projektmanagern. Es werden Inhalte strukturiert, organisiert und deren Abarbeitung eingefordert, ohne dass der Projektmanager den fachinhaltlichen Bezug herstellen kann und seine Vorgaben dies berücksichtigen.

Die bekanntesten und verbreitetsten Zertifikate sind die der International Project Management Association (IPMA) mit Sitz in der Schweiz und die des Project Management Institute (PMI) mit Sitz in den USA. Letztlich bedeuten alle Zertifikate nur, dass der Zertifizierte gewisse Projektmanagementfähigkeiten nachgewiesen hat. Bereits bei der Frage nach der Art des Nachweises muss man tiefer in die Materie einsteigen und sich die Eingangsvoraussetzungen und die fachlichen Inhalte jedes Zertifikats (und der zugrundeliegenden Leistungsstufe) genau ansehen. Eine PMI Zertifizierung beispielsweise ist häufig auf dem Level „Certified Associate in Project Management" (CAPM) absolviert worden.

Dieses Level erfüllt deutlich geringere Anforderungen als der Level des Project Management Professionals (PMP). Ein Vergleich[55] kommt zu den folgenden Kernaussagen:

PMI: „Der Ansatz ist umfassend und sehr stark prozess- und methodenorientiert. Softskills sind nur am Rande relevant"

IPMA: „Die International Competence Baseline (ICB 3.0) beschreibt 40 Kompetenzelemente eines professionellen Projektmanagers, aufgeteilt in 20 technische Kompetenzen, 15 Verhaltenskompetenzen und 11 PM-Kontextkompetenzen"

PRINCE2®: „Fokus auf Grundprinzipien und diverse einsetzbare Techniken"

Eine Zertifizierung kann man beispielsweise schon erhalten, wenn man aus 150 Fragen im Multiple Choice Verfahren in drei Stunden „ca. 65% der Fragen" richtig beantwortet hat (CAPM).

Eine Zertifizierung allein stellt keine valide Entscheidungshilfe dar. Wir haben dazu Gespräche mit Entscheidungsträgern unterschiedlicher Branchen geführt. Präferiert werden belastbare Referenzen. Diese Sichtweise leitet sich aus dem verkaufstheoretischen Ansatz der aktiven Vollreferenzen[56] (s.u.) ab, wobei das aktive Element sich auf die *sorgfältige* Beurteilung des Kandidaten durch den angefragten Referenzgeber bezieht. Der Schwerpunkt liegt dabei auf der Art der geleiteten Projekte in Verbindung mit der Frage nach der Kompatibilität zum Auftraggeber und seiner Organisation in Denk- und Arbeitsweise.

---

55 Patrick Schmid (PS Consulting International): Projektmanagement Zertifikate im Vergleich, Haiterbach, September 2010, zu finden unter: www.psconsult.de/ publikationen/ vergleich_pm- zertifizierungen_2010. pdf, 25.7.2012

Diese Informationen sind aus unserer Sicht (und der unserer Gesprächspartner) aussagefähiger als jede Zertifizierung. Es soll aber nicht verschwiegen werden, dass dies eine Sicht von Verantwortungsträgern darstellt, die für strategische Projekte verantwortlich sind. In Einkaufsabteilungen wird (verständlicherweise) ein Zertifikat häufig als eine willkommene Vereinfachung im Beschaffungsprozess gesehen, zumal meist weitere sinnvolle und vergleichbare Kriterien fehlen. Möglicherweise ist in dem hohen Einfluss des Einkaufs in vielen Unternehmen der Grund zu sehen, warum Zertifizierungen für Dienstleister und Freiberufler einen so hohen Stellenwert haben.

In den Schulungsmaßnahmen werden häufig die Irrtümer der Personal- und Einkaufsabteilungen noch gefestigt. Der zertifizierte Projektmanager wurde mit Tools- und Checklisten überhäuft, Tortendiagramme in 3D garnieren Statusberichte und der Umgang mit Planungssoftware aller Art wurde trainiert – als Ergänzung zu den kaum noch auf einem Monitor vernünftig bearbeitbaren „Tapeten" einer Tabellenkalkulation. Aber ist das schon Projektmanagement?

Die Trainings und Zertifizierungen sind jedoch ohne praktischen Mehrwert, wenn dies die Erfolgsquote in den Projekten nicht erhöht. Ein in den besagten Themen geschulter Mitarbeiter hat einen Werkzeugkasten erhalten und seine grundlegende Nutzung erlernt. Weder der zu bearbeitende Gegenstand wurde hinreichend unter-

---

[56] Zum Begriff der aktiven Vollreferenz: Der Begriff der „aktiven Vollreferenz" stammt aus der Verkaufstheorie und meint ursprünglich, den Kunden selbst zu einem Verkäufer machen. In unserem Zusammenhang steht der Begriff für die Möglichkeit eines potentiellen Kunden, sich ohne Beisein des Kandidaten bei dessen ehemaligen Auftraggebern nach Leistungen und Arbeitsweise zu erkundigen. Wichtig ist jedoch, dass die Hierarchieebene zwischen Anfragendem und Referenzgeber vergleichbar ist. Ein Gruppenleiter mit 5 Mitarbeitern hat ein völlig anderes Anforderungsprofil als ein Bereichsleiter oder Vorstand mit vielen hundert Mitarbeitern, der eine Strategie umsetzen soll.

sucht, noch wurde die Dosierung und Anwendung der Werkzeuge umfassend thematisiert. Werden in Trainings sehr spezifische Fragen gestellt, so sind die Antworten meist wenig präzise. Warum? Es fehlen die in jeder Situation einfach anwendbaren Rezepte (Schema-F); es fehlt die Musteranleitung, die immer funktioniert, wie im Tagesgeschäft das Prozesshandbuch. Dies kann es aber auch nicht geben, da die Projektsituationen viel zu unterschiedlich sind, ein Projekt ist gerade kein Prozess. Der Wert der vergleichbaren und daher vermutlich einsetzbaren Erfahrung kann deshalb nicht hoch genug eingeschätzt werden. Mit dieser Erkenntnis macht sich Ernüchterung breit, der Traum, der *einfach* erwerbbaren Projektmanagement-Kompetenz lässt sich in der Praxis nicht umsetzen.

Um kein Missverständnis aufkommen zu lassen: Schulungen von Projektmanagern und -mitarbeitern sind notwendig, jedoch ergänzt um weitere Entwicklungsmaßnahmen: Es geht dabei um Methoden und Philosophien, es geht um Psychologie und Urteilsvermögen, um Diplomatie und Führung. Und es geht auch ganz wesentlich um die Erfahrung und Erkenntnis über die Begrenztheit von Modellen und Werkzeugen. Modelle und Werkzeuge helfen uns, die Sachverhalte zu verstehen, zu vermitteln und zu kommunizieren. Sie bleiben aber immer eine Vereinfachung der komplexen Realität[57]. Insofern ist die fehlende Determinierbarkeit in Bezug auf die Plan- und Steuerbarkeit eines Projektes nicht nur aus grundsätzlichen Überlegungen problematisch, sondern auch eine der Fallen, die auf dem Weg zum Projekterfolg auf den Projektmanager warten. Hierauf sollte deshalb bei Schulungsauswahl und Personalentwicklung besonders geachtet werden. Negiert ein Kursangebot diese Kausalität und „verkauft" vielleicht sogar noch den schnellen und einfachen Weg, dann sollte es nicht in die engere Wahl kommen.

Praktische (insbesondere negative) Erfahrungen im Projektmanagement lassen sich nicht einfach in Seminarform vermitteln. Ein

---

[57] Anmerkung der Autoren: So haben sich beispielsweise mit Wahrscheinlichkeiten behaftete Planungen nicht durchgesetzt, obwohl es dazu Planungsmodelle gibt (z.B. GERT) und man damit natürlich gerade Projekte, deren Bestandteile Unsicherheiten ausgesetzt sind, besser planen könnte. Doch diese Verfahren sind zu komplex und kompliziert für den „einfachen" Manager.

guter Projektmanager wird nicht ausgebildet, er reift durch unterschiedlichste Erfahrungen in unterschiedlichem Projektumfeld und -kulturen, bei denen er den wesentlichen Elementen eines Projektmanagements – abgeleitet aus Methodik und Vorgehensweise – treu bleibt und nicht dem Druck nachgibt, z.B. politischen Taktiken und Halbwahrheiten zu folgen.

Darüber hinaus müssen alle beispielsweise in Seminaren erlernten Techniken und Methoden in die jeweilige Unternehmensumwelt des Mitarbeiters passen oder eingebunden werden. Fehlt die Einbindung, so werden sich die erworbenen Fähigkeiten nicht entfalten können und es wird zu Konflikten mit bereits im Unternehmen etablierten alternativen Ansätzen kommen. Wie könnte nun die Einbindung in die Unternehmensumwelt erfolgen? Offenkundig kann dies nicht von der Geschäftsleitung verordnet oder erworben werden. Letztlich reden wir von einem Teil der Unternehmenskultur. Ist Projektmanagement ein etablierter Bestandteil und es wird formell wie informell im Unternehmensalltag angewendet, so bietet sich auch für jede neu erworbene individuelle Kompetenz die Möglichkeit zum fruchtbaren Dialog, der Entwicklung einer unternehmensspezifischen „best practice" und die Chance, die individuellen Kompetenzen einzubringen und zu entwickeln. Dies ist eine erste Antwort auf unsere Fragestellung hinsichtlich der Notwendigkeit des Miteinanders von individuellen und organisationalen Kompetenzen. Gibt es nun diese Einbettung des Projektmanagements in die Unternehmenskultur noch nicht oder nicht in erforderlichem Maße, so stellt sich die Frage, wie ein Anfang gesetzt werden kann. Selbstverständlich ist auch hier die vorgelebte Überzeugung der Geschäftsführung ein starker Motor. Ein Beispiel für einen für jeden Mitarbeiter sichtbaren Startpunkt kann die Verankerung von Projekten im Karrieremodell sein. Wenn Projekte und Projektmanagement einen wichtigen Stellenwert im Karrieremodell bekommen, dann wird das über die Zeit zu einer entsprechenden Manifestierung in der Unternehmenskultur führen.

Ein weiterer Ansatz kann von der inhaltichen Ebene kommen. Vor dem Hintergrund der Kernaufgaben Planen, Organisieren und Steuern (diese Klassiker können auch um Aufgaben wie Verhandeln oder Moderieren ergänzt werden) werden nun einige ausgewählte Aspekte aus Praxissicht näher erläutert. Dies geschieht aus zwei Gründen: Zum einen können sie gemäß der notwendigen Verbindung von individuellen und organisatorischen Kompetenzen als Bindeglieder wirken. Zum anderen geht es um kritische Erfolgsfaktoren, die häufig bereits in einem sehr frühen Stadium den zukünftigen Erfolg des Projektes bzw. der Initiative entscheidend beeinflussen. Häufig werden diese Aspekte in der Praxis nicht angemessen berücksichtigt: Ausgewählt haben wir aufgrund von praktischen Erfahrungen die Bereiche

- Methoden und Vorgehensmodelle,
- Ziel- und Ergebnisdefinition,
- Teamauswahl, -formung und Verfügbarkeit.

Methoden und Vorgehensmodelle

Es gibt eine Vielzahl von Projektmanagementmethoden und -modellen, über die in vielen Veröffentlichungen nachgelesen werden kann. Manche Ansätze ähneln einander, viele folgen aber einer sehr speziellen Sichtweise. Zur Vermeidung dogmatischer Diskussionen stellen wir in den folgenden Abschnitten aus praktischer Sicht einige grundlegende Forderungen an zu nutzende Methodiken auf.

Methoden müssen nicht nur vom Projektleiter beherrscht werden, sondern durchgängig in der Organisation bei allen Projektbeteiligten und -betroffenen gleichermaßen bekannt, verstanden und akzeptiert (also in der Organisation verankert) sein. Das schließt das projektverantwortliche Management ein, da nur so über Problemfelder mit der obersten Managementebene effizient gesprochen werden kann. Auch unterstützende Bereiche der Linie wie z.B. Controlling, Einkauf und Personal sollten die wichtigsten Vorgehensweisen und Methoden kennen. Wir möchten dazu eine Empfehlung aussprechen: Wenn zu Beginn eines Projektes der Kreis der Betroffenen und Beteiligten absehbar ist, dann empfiehlt es sich, z.B. mit einer Einführungsschulung die wesentlichen Grundlagen des Projektmanagements und der konkreten Anwendungsfälle denjenigen Mitarbeitern zu vermitteln, von denen ein Ergebnisbeitrag erwartet wird. Anderenfalls wird schon der Begriff des Meilensteins zum Stolperstein in der realen Projektwelt. Der gemeinsame Sprachraum ist wiederum die Basis für eine fruchtbare Auseinandersetzung im und um das Projekt herum. Methodik und Vorgehen können diese Bindung leisten, fördern und vertiefen.

Selten haben Projekte nur Ziele in einer Dimension, z.B. technische Ziele. Deshalb sollte ein Vorgehen alle Aspekte der Projektaufgabe angemessen berücksichtigen. Es geht also um die Ausgewogenheit bereits im Planungsansatz. In aller Regel – und dies gilt ganz besonders für die in diesem Buch thematisierten strategischen Projekte und Initiativen – werden mehrere Bereiche des Unternehmens betroffen sein. Ist der Projektleiter von seiner Ausbildung oder seinen bisherigen beruflichen Stationen her beispielsweise sehr stark technisch orientiert, so besteht die Gefahr, dass die technischen Aspekte überbetont, die prozessualen und personalbezogenen Elemente unterrepräsentiert werden. Erfahrung und Wissen des Projektleiters über die verschiedenen Dimensionen einer Projektaufgabe dienen dem Projekterfolg und reduzieren Risiken. Ob die umsetzungskritische Über- und Unterbetonung von bestimmten Dimensionen vielleicht sogar den Projektzielen entgegensteht und wie diese im Projektverlauf gehandhabt wird, ist abhängig von der individuellen Kompetenz des Projektleiters. Darüber hinaus können geeignete Vorgehensweisen und Methoden die Gefahr einer Über- oder Unterbetonung bestimmter Aspekte einer Projektaufgabe vermeiden helfen. Eine entsprechende Nutzung obliegt sowohl der beauftragenden Organisation wie der individuellen Kompetenz des Projektleiters und stellt wieder ein Bindeglied zwischen organisationalen und individuellen Kompetenzen dar.

Ein weiterer Aspekt bezieht sich auf die Motivation. Gerade in langlaufenden Projekten ist es problematisch, wenn erst zum Projektende fertige und somit be- und verwertbare Ergebnisse vorliegen. Eine solche Situation ist für das Projektteam genauso belastend und demotivierend wie für das verantwortliche Management. Möglicherweise reicht das Vertrauen nicht aus und es entstehen Zweifel, ob das Projekt jemals ein Ergebnis abliefern und seinen Nutzen beweisen kann. Da der Projektleiter auch immer Verkäufer seines Projektes ist, kann eine geeignete Methodik im Umgang mit diesem Szenario hier unterstützend wirken und Motivation und Glaubwürdigkeit systematisch unterstützen.

Von großer Bedeutung ist auch die Fähigkeit, konsistent mit den jeweiligen Projektebenen zu interagieren. D.h. Planung und Steuerung müssen im jeweiligen Detaillierungsgrad den Anforderungen der verschiedenen Ebenen entsprechen. Es geht um eine adressatengerechte Planung und Steuerung.

Die ausführende Ebene benötigt Details zu den Aktivitäten, das mittlere Management benötigt Informationen auf Meilensteinebene für den Überblick, das Topmanagement benötigt zusätzlich die Sicht auf die rahmensetzenden Maßnahmen und die Abhängigkeiten im Projektportfolio. Dazu gehört auch die Sicherstellung der Strategiekonformität, wie in Kapitel 4 erörtert wird. Eine Methodik, die für diese Anforderung einen Ansatz bietet, muss den Projektleiter bei der Wahrnehmung dieser Aufgabe effizient unterstützen. Problematisch ist es, wenn die unterschiedlichen Anforderungen der Ebenen zwar bedient werden, jedoch die Inhalte sich ebenenübergreifend nicht oder nur noch begrenzt aufeinander beziehen (Inkonsistenz). Es darf z.B. nicht passieren, dass einige zentrale Aktivitäten des kritischen Pfades den Status „rot" erhalten, die Meilensteinebene davon aber unberührt bleibt und die Auswirkungen auf die rahmensetzenden Aspekte wie Ressourcenzuweisung oder Abhängigkeiten zu anderen Projekten ebenso davon unabhängig sind. Werden die Ebenen bewusst unterschiedlich (d.h. inkonsistent) informiert, so liegt innerhalb der Organisation und ihrer Mitglieder ein *grundsätzliches* Fehlverhalten, mindestens jedoch ein Fehlverständnis, also kein gemeinsam geteiltes Verständnis über das Management von Projekten vor. Die Wahl einer geeigneten Methodik und die strikte Einhaltung der Regularien können hier vorbeugend und somit wertstiftend im Sinne der Ebenenkonsistenz wirken. Ein passendes Beispiel bietet aktuell der Neubau des Flughafens Berlin-Brandenburg International. Die nach und nach veröffentlichten Details zeigen, wie die Probleme schon frühzeitig auf den operativen Ebenen bekannt waren, jedoch nicht ihren Weg bis in Aufsichtsrat fanden. Eine stringente Methodik hätte hier Freiheitsgrade begrenzen können.

Wir haben nun drei Problembereiche (Unausgewogenheit, Motivation und Glaubwürdigkeit, Ebenenkonsistenz) im operativen Projektmanagement skizziert. Diese lassen sich durch den Einsatz von Methodiken addressieren, die damit eine wirkungsvolle Unterstützung des Projektleiters (individuelle Kompetenzebene) darstellen und ein Bindeglied zu den organisatorischen Kompetenzen bilden. Aus praktischer Sicht sollen drei methodische Ansätze beispielhaft vorgestellt werden, die die vorstehend beschriebenen Aspekte adressieren. Es handelt sich bei den vorgestellten Methoden nicht um eine repräsentative Auswahl. Hierzu empfehlen wir die Hinzuziehung einschlägiger Literatur. Es soll gezeigt werden, dass die Projektverantwortlichen gegenüber den vorgestellten Fragestellungen keinesfalls passiv sein dürfen und es auch nicht müssen.

ZGPM – Zielgerichtetes Projektmanagement[58]

Die Methodik des „Zielgerichteten Projektmanagements" wurde in Skandinavien entwickelt und fand ihren Eingang aufgrund ihrer einfachen und auf den Projektnutzen orientierten Ausrichtung in verschiedensten Unternehmen und im Beratungsumfeld. Kern ist die konsequente Zielorientierung z.B. durch Ergebnispfade im Meilensteinplan, die ineinandergreifenden Planungsebenen von Aktivitäten und Meilensteinen sowie die Aufstellung einer Projektverantwortlichkeitsmatrix in Verbindung mit einer Grundsatzverantwortlichkeitsmatrix für das Top- oder Programmmanagement, u.a. zur Sicherstellung der Strategiekonformität.

In der Praxis sind so genannte RACI[59] Darstellungen häufig anzutreffen. Diese können inhaltlich einer Projektverantwortlichkeitsmatrix entsprechen. Sie stellen aber nur ein isoliertes Element dar und sind nicht Teil einer integrierten Projektmanagementmethodik. Abbildung 2-5 zeigt den prinzipiellen Aufbau einer Projektverantwortlichkeitsmatrix.

Der Nutzen der Projektverantwortlichkeitsmatrix liegt in der transparenten Einbindung der Projektbeteiligten in die Arbeit. Jeder Person oder Organisationseinheit wird eine Rolle zugewiesen, welche wiederum an einen oder mehrere Meilensteine gebunden wird. Nach gleichem Muster erfolgt die Einbindung der projektverantwortlichen Steuerungsebene des Managements. Die Methode unterstützt den Projektleiter bei Fragen der Ebenenkonsistenz und durch einprägsame Begriffdefinitionen die Kommunikation. Zusätzlich wird über die beschriebene eindeutige Zuordnung von Verantwortlichkeit ein Beitrag zur Motivation geleistet.

---

[58] Erling S. Andersen, Kristoffer V. Grude, Tor Haug: Zielgerichtetes Projektmanagement, 2. deutsche Aufl., Zürich, 1999

[59] RACI steht für „***R**esponsible, **A**ccountable, **C**onsulted* und ***I**nformed*", also die verschiedenen Verantwortlichkeitstypen

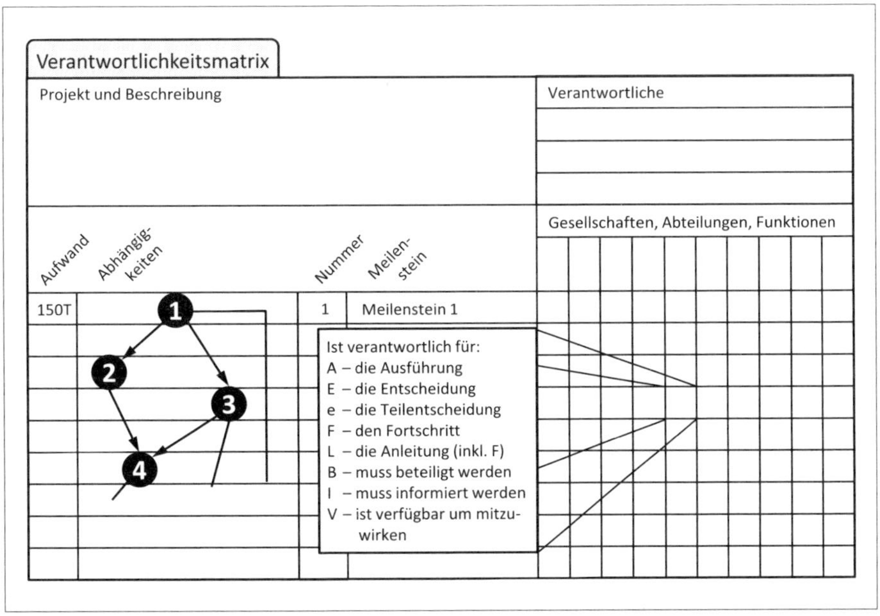

Abbildung 2-5: Aufbau einer Projektverantwortlichkeitsmatrix[60]

PSO – Personal/Systeme/Organisation[61]

Der PSO Ansatz berücksichtigt gleichwertig die Bereiche *P*ersonal, *S*ysteme und *O*rganisation bei der planenden und umzusetzenden Aufgabenstellung. Das Konzept wirkt als ein wichtiger Orientierungsansatz bei der Entwicklung einer angemessenen Projektplanung und verhindert die möglicherweise zu einseitige inhaltliche Betonung aufgrund z.B. der beruflichen Herkunft der Projektleitung. Das PSO-Konzept ist auch Basis der ZGPM-Methodik. Abbildung 2-6 zeigt die Ausgewogenheit des PSO Ansatzes zwischen den zwei Extremen.

---

60 Erling S. Andersen, Kristoffer V. Grude, Tor Haug: Zielgerichtetes Projektmanagement, 2. deutsche Aufl., Zürich, 1999

61 Erling S. Andersen, Kristoffer V. Grude, Tor Haug: Zielgerichtetes Projektmanagement, 2. deutsche Aufl., Frankfurt am Main, 1999

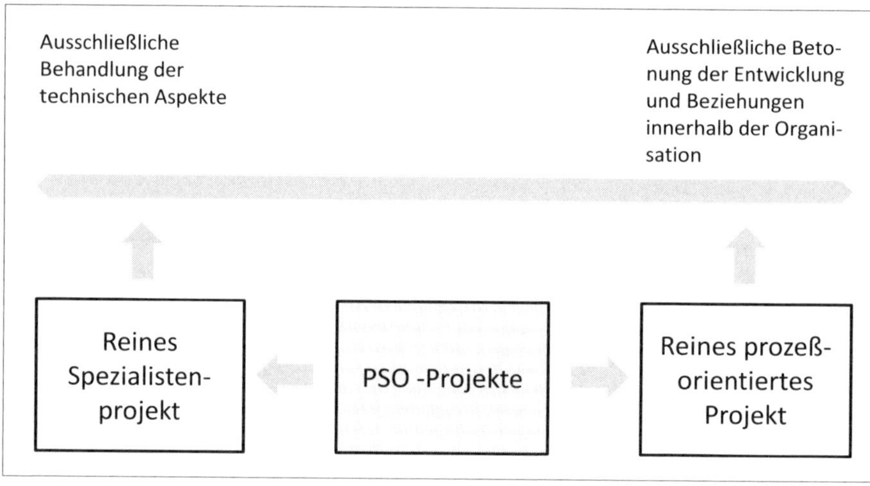

Abbildung 2-6: Projekttypen

Eine Projektaufgabe wird im Extremfall entweder auf die technischen oder die organisatorischen Aspekte reduziert, wobei erfahrungsgemäß diese Extreme lediglich im Rahmen einer sehr engen inhaltlichen Festlegung der Projektaufgabe vorkommen können. Strategieumsetzungsprojekte werden immer alle Dimensionen (Personal, Systeme, Organisation) betreffen. Enthalten die Umsetzungspläne keine erkennbare und nachvollziehbare Ausgewogenheit, so sollte dies dringend vor Projektstart explizit hinterfragt und bei Bedarf nachgearbeitet werden.

Resultatoptimierungsmodell[62]

Das zentrale Merkmal dieses Modells ist, dass es die verfügbare Projektzeit über drei ähnlich lange Iterationen verteilt. In jedem Durchlauf ist dabei jeweils ein eindeutiges Ergebnis zu liefern und zu beurteilen. Mit jeder Iteration wird das Ergebnis aufbauend auf dem bisherigen Resultat verfeinert und verbessert. Beispielsweise bedeuten die Iterationen: einen einfachen Entwurf zu entwickeln, diesen

---

62 Mikael Krogerius, Roman Tschäppeler: 50 Erfolgmodelle, 13. Aufl., Zürich, 2010

dann im zweiten Durchlauf zu detailieren und ihn in der dritten Iteration schließlich zu optimieren (siehe dazu Beispiel 2-3). In den drei Iterationen werden grundsätzlich die gleichen Aktivitäten durchlaufen. Dieses Vorgehen setzt klare Zwischenziele, die eine Beurteilung durch den Auftraggeber ermöglichen. Außerdem bleibt die Motivation im Projektteam durch sichtbare Zwischenergebnisse erhalten und kann mit jeder neuen Iteration wieder aktiviert werden – vor allem dann, wenn die bisherigen Zwischenergebnisse alle Beteiligten zufriedenstellen. Dieser Aspekt ist wichtig, weil Projekte und Initiativen grundsätzlich ihre Existenz und den damit verbundenen Ressourcenbedarf gegenüber der etablierten Linienstruktur begründen, meist sogar rechtfertigen müssen. Eine Methode kann hier wertvolle Unterstützung leisten und so die Aspekte der Motivation und Glaubwürdigkeit addressieren. Es sei jedoch angemerkt, dass die Aufgabe inhaltlich einen derartigen Ansatz ermöglichen muss. Das ist nicht immer der Fall, da eine Aufteilung in Iterationen nicht immer machbar und sinnvoll ist. Jedoch kann auch eine Anwendung bei Teilaufgaben, z.B. Ergebnissen einzelner Meilensteine, sinnvoll sein. Der Einsatz einer solchen Methodik kann einen deutlichen Mehrwert liefern. Inwieweit das für die konkrete Aufgabenstellung zutrifft, sollte der Projektleiter im Vorfeld sorgfältig überlegen.

Die Wahl der Methoden sollte keine dogmatische Festlegung sein, sondern sich an den Erfordernissen des Projektes und den Bedürfnissen der Beteiligten sowie der gesamten Organisation orientieren. Auch eine Kombination von Elementen mehrerer Methoden ist aus praktischer Sicht zulässig und wünschenswert. Voraussetzung ist natürlich, dass die Projektentscheider die Aufgabe in ihrer Gesamtheit durchdrungen haben und es keine offenkundigen logischen Brüche im parallelen Einsatz von verschiedenen Methoden gibt. Die dafür benötigte Zeit sollten alle Beteiligten einplanen.

Die Begrenztheit von Modellen und Methodiken haben wir bereits angesprochen, eine voll zufriedenstellende Methodenwahl wird es also nicht geben können. Insbesondere strategische Projekte erreichen regelmäßig ein Komplexitätsniveau, welches in seiner Gesamtheit nicht vollständig durchdrungen, geschweige denn kurz und bündig kommuniziert werden kann. Deshalb nutzen wir vereinfachende Modelle, sind uns aber deren Unzulänglichkeit in Form der Vereinfachung bewusst. Der Preis für die Komplexitätsreduktion ist der Verzicht auf Information bzw. das Ausblenden von Aspekten. Ex ante ist es in der Regel nicht möglich zu quantifizieren, wo und wie sich dieser Verzicht auswirken wird.

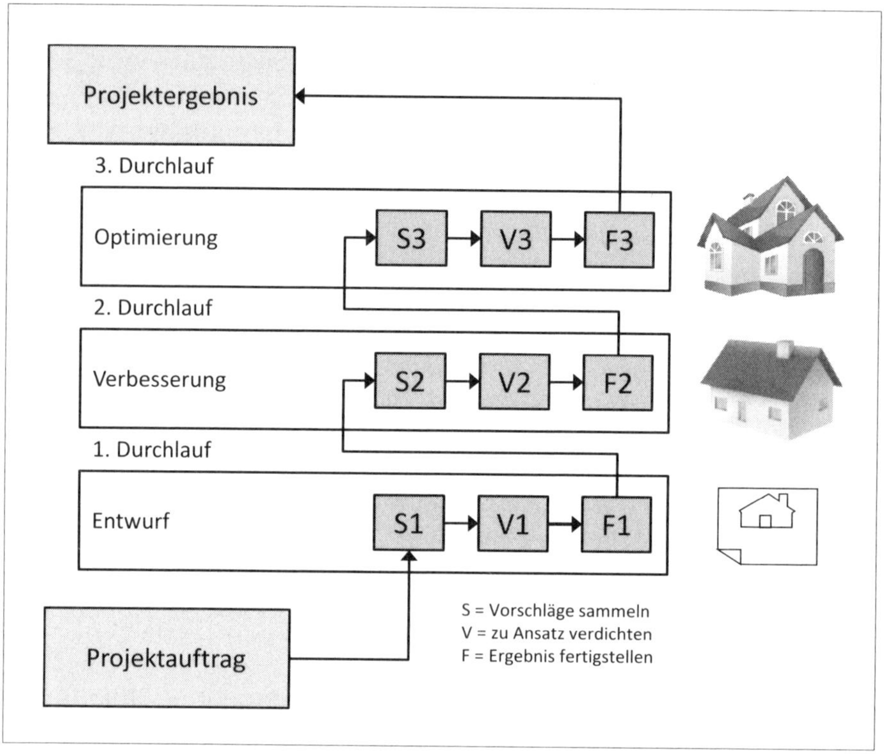

Beispiel 2-3: Das Resultatoptimierungsmodell am Beispiel „Hausentwurf"

Eine unternehmensweite Festlegung über zu nutzende Vorgehen und Methoden hat eine starke integrative und komplexitätsreduzierende Wirkung, da hier der kleinste gemeinsame Nenner verschiedener möglicher Projektmerkmale entscheidend für die Auswahl ist. Auf der anderen Seite hilft die Festlegung auf Vorgehen und Methoden bei der nachhaltigen Implementierung einer projektorientierten Unternehmenskultur. Denn die bewusste Auswahl von Methoden und der verbindlich geforderte Einsatz sind Ausdruck der in einem Unternehmen verankerten Sicht auf den Stellenwert von strategischen Projekten und Initiativen. Auch kommt damit der Umsetzungswillen des Unternehmens respektive der Unternehmensführung zum Ausdruck. Die bewusste Methodenauswahl ist deshalb ein Indikator für eine starke Ausprägung der kognitiven Kompetenzdimension (vgl. dazu auch Kapitel 2.1.1).

Ziel- und Ergebnisdefinition

Der zweite ausgewählte Bereich, der die Verbindung von individuellen und organisatorischen Kompetenzen verdeutlicht, bezieht sich auf die Frage, was gute Ziel- und Ergebnisdefinitionen sind, warum sie so wichtig sind und wie sie erreicht werden können. Kaum ein Thema wird so kontrovers und leidenschaftlich diskutiert, wie diese Fragestellung. Offensichtlich ist es von zentraler Wichtigkeit, Ziele und Ergebnisse eines geplanten Projektes festzulegen. Gleichzeitig weisen die langwierigen Diskussionen auf die Schwierigkeiten, die Unternehmen mit dieser Aufgabe haben. Ein Blick in die Häufigkeitsverteilung von Problembereichen bei Projektaudits nach Abschluss eines Projektes bestätigt die Einschätzung: Seitdem „Change Requests"[63] zu einer allseits akzeptierten Regelverhaltensweise mutiert sind, ist die beliebige Veränderung der Ziele und Ergebnisse ein häufig zu beobachtendes Phänomen und Ausdruck des Wirkens von politischen Auseinandersetzungen, da ein strategisches Projekt durch seine Änderungswirkung auch das häufig mühsam erreichte Machtgleichgewicht im Unternehmen verändert (siehe dazu auch Ausführungen in Kapitel 2.1.3). Ein schnellstmöglicher Projektstart ist daher ein beliebter Nachweis der Durchsetzungsstärke und pragmatischen Einstellung eines Managers. Die zeitintensiven Vorarbeiten werden scheinbar eingespart, sollte es Schwierigkeiten geben, lösen dies die Nachfolger, Projektleiter oder natürlich die Change Requests. Diese Vorgehens- und Verhaltensweisen sind sowohl unter theoretischen Gesichtspunkten als auch praktischen Erfahrungen abzu-

---

[63] Unter „Change Request" werden eine oder mehrere Veränderungen gegenüber der ursprünglichen Projektzielsetzung und Projektplanung verstanden, die die Projektvorgaben (z.B. vereinbarte Ecktermine oder Budgets) beeinflussen. Häufig stellen externe Projektpartner Change Requests, um in der Folge Mehraufwendungen vergütet zu bekommen. In Zeiten ausgeklügelter Controlling-Systeme interessiert das auch schon die internen projektbeteiligten Abteilungen (Auslastungsnachweis, Kostenentlastung).

lehnen, weil sie die Erreichung der strategischen Ziele gefährden. Es ist Ausdruck eines kurzfrist-orientierten und von persönlichen Interessen geleiteten Managementverständnisses, welches der gestellten Aufgabe und Funktion nicht gerecht wird. Alle Beteiligten sind hier zuerst den Zielen ihres Arbeitgebers verspflichtet.

Diese nüchterne Bestandsaufnahme zeigt, dass die Lösung nur in einer vor Projektbeginn grundlegend durchdachten Ziel- und Ergebnisdefinition liegen kann; eine Zeitersparnis bis zum Ende des Projektes wird es nicht geben, wenn dieser Schritt machtvoll übergangen wird. Dabei ist auch die Verbindlichkeit der Festlegungen von Bedeutung. Damit ist nicht gemeint, dass sich solche Festlegungen beim Auftreten neuer Erkenntnisse nicht ändern können, ja müssen. Es geht um die Verbindlichkeit für alle Projektbeteiligten. Es gilt dem beliebten Spiel vorzubeugen, dass im Projektverlauf auftretende Schwierigkeiten nicht vernünftig addressiert werden können, da offenkundig verantwortliche Unternehmensbereiche ihre Verantwortung mit dem Hinweis ablehnen, die entsprechenden Zielfestlegungen nicht formal akzeptiert zu haben.

Gerade für strategische Projekte und Initiativen die Ziel- und Ergebnisdefinition aufgrund der hohen Unsicherheiten und der damit verbundenen Komplexität besonders herausfordernd. Folgende Anforderungen an Ziele und Ergebnisse sind grundsätzlich zu erfüllen:

- Die Ziele müssen verständlich und klar formuliert sein.
  Ist das einzelne Ziel nicht in wenigen Sätzen (drei ist eine gute Orientierung) darzulegen, so ist es möglicherweise noch nicht hinreichend konkretisiert. Es empfiehlt sich auch, einen „unabhängigen Dritten" einzusetzen und die Zielformulierung bei einem Projektunbeteiligten auf Verständlichkeit und Eindeutigkeit zu testen.
- Jedes Ziel muss quantifizier- und messbar sein.
  Die Messbarkeit muss sowohl während der Projektlaufzeit (Steuerung) als auch bei Projektende gegeben sein. Wenn es zum Projektende eine politische Diskussion darüber gibt, ob ein Projekt seine Ziele erreicht hat, ist dies ein starker Indikator für eine nicht ausreichende Zielformulierung zu Projektbeginn.

- Jedes formulierte Ziel und Ergebnis muss begründ- bzw. ableitbar sein.
  Ziele und Ergebnisse müssen sich aus der aktuell gültigen Unternehmensstrategie ableiten lassen. Es ist zu begründen, warum Ziele und Ergebnisse der Aufgabenstellung entsprechen und wie sie Nutzen stiften.
- Die Ziele müssen umfassend und vollständig sein.
  Die Ziele können und sollten priorisiert werden, müssen aber insbesondere die Interessen der Projektbeteiligten und -betroffenen berücksichtigen. Eine Negativabgrenzung der Projektziele und -ergebnisse kann ebenfalls sehr hilfreich sein und der Klarstellung dienen. Dabei sei hier ausdrücklich vor der allseits beliebten „out-of-scope"[64]-Setzung gewarnt. Wenn eine inhaltlich im Zusammenhang stehende Aufgabe nur deshalb „out-of-scope" gesetzt werden soll, weil die Projektbeteiligten keine hinreichende Chance auf erfolgreiche Umsetzung oder schlicht viele Schwierigkeiten sehen, so deutet einiges auf eine unsaubere Ziel- und Ergebnisdefinition bzw. eine nicht angemessene Zusammensetzung des Projektteams hin. Der Misserfolg der Strategieumsetzung wäre vorprogrammiert.

Um die Qualität der Ziel und Ergebnisdefinition sicherzustellen, ist die Durchführung eines Konsistenz-Checks empfehlenswert. Folgende Fragen sollten dabei beantwortet werden:

- Sind hinsichtlich der Ziele die Beteiligten und Betroffenen angemessen mit den ihnen zugedachten Aufgaben repräsentiert? Hier leistet der vorgestellte PSO-Ansatz eine gute Grundlage.
- Welche Kompetenzen werden für die Erreichung der einzelnen Ziele und Ergebnisse benötigt? Welche Kompetenzen fehlen und sind in welcher Form zu beschaffen bzw. zu entwickeln?
- Welcher Projektumfang und damit Zeit- und Budgetbedarf leitet sich grob aus der Ziel- und Ergebnisdefinition ab?

---

64 Anforderungen sind „out of scope", wenn sie nicht vereinbart wurden. Sind die Anforderungen trotzdem wichtig, so wird dies in der Regel Auswirkungen auf Termine und Kosten haben. Eine nachträgliche (spitzfindige) Reduzierung von Anforderungen erfolgt häufig dann, wenn der „Scope" nicht sehr detailliert im Voraus beschrieben wurde.

- Welche Güte haben die zugrundegelegten Annahmen für die Ziel- und Ergebnisdefinition und welche Auswirkung auf diese hätte ein Nichteintreten der Annahmen?

Für den Projekterfolg ist von zentraler Bedeutung, dass in der Frage der Ziel- und Ergebnisdefinition und seiner Konsequenzen Transparenz für alle Beteiligten besteht. Umgekehrt muss gefordert werden, dass kein Projekt begonnen wird, solange erhebliche Unsicherheiten bei der Formulierung der Ziele und Ergebnisse oder den damit im Zusammenhang stehenden Rahmenbedingungen, Kompetenzen und Vorgaben bestehen. Offene oder unzureichende Festlegungen sind so konkret wie möglich zu beschreiben und dem Auftraggeber mit dem Ziel vorzulegen, einen Umgang für den weiteren Projektverlauf zu vereinbaren. Das schriftlich niedergelegte Ziel- und Ergebnisbündel bildet die Ausgangsbasis für die Ausgestaltung der Projektmanagementaktivitäten im jeweiligen Projekt bzw. in der jeweiligen Initiative. Konkret kann auf dieser Basis nun die Grobplanung beginnen. Dies kann als Startsignal im Unternehmen kommuniziert werden.

Sollten sich Unsicherheiten vor Projektbeginn nicht klären lassen, diese aber eine große Bedeutung für den Projekterfolg haben, so ist es durchaus eine valide Option, ein „Vorprojekt" (siehe hierzu auch die Einführung der „strategischen Initiative" in Kapitel 1) zu beginnen, welches lediglich zum Gegenstand hat, die Unsicherheit bei der Ziel- und Ergebnisdefinition zu reduzieren. Der mögliche Erkenntnisgewinn, der sogar die rechtzeitige Absage oder Neudefinition eines Projektes ermöglicht, überwiegt den Aufwand und die investierte Zeit meist deutlich. Schnelligkeit ist in dieser vorbereitenden Phase kein Wert an sich, es geht um die erforderliche Qualität, ohne die sich kein Nutzen entfalten wird.

Der Projektleiter ist gehalten, durch Einbindung seiner voraussichtlich wichtigen Ansprechpartner im geplanten Projekt die Durchgängigkeit der Ziel- und Ergebnisdefinition zu erreichen. Nur unter dieser Voraussetzung wird es eine persönliche Verpflichtung aller Beteiligten auf allen Ebenen zu den Projektzielen geben können. Diese ist nach allen praktischen Erfahrungen eine der kritischen Erfolgsfaktoren (wir haben dies im Kapitel 3 nochmals unter dem Aspekt des Verhältnisses zwischen Auftraggeber und Auftragnehmer dargestellt).

Die Fähigkeit, zu einer guten Ziel- und Ergebnisdefinition zu gelangen, ist zweifelsohne ein Kompetenzmerkmal des Projektleiters. Ob diese Fähigkeit wirksam werden kann, hängt von der organisatorischen Stellung des Projektes im Unternehmenskontext und dem dabei gezeigten Umgang mit den natürlichen Konflikten und Widerständen ab, die in Ziel- und Ergebnisfindungsprozessen auftreten. Es wird deutlich, dass auch die Prozesse der Ziel- und Ergbenisdefinition von der Ausprägung der entsprechenden organisationalen Kompetenzdimension beeinflusst wird.

Teamauswahl, -formung und -verfügbarkeit

Der dritte Bereich, der die Verbindung von individuellen und organisatiorischen Kompetenzen zeigt, bezieht sich auf den Aspekt der Projektbesetzung. Bei der Festlegung der Projektteamzusammensetzung und der dazugehörigen Verfügbarkeit brechen in vielen Unternehmen offene Konflikte auf. Es handelt sich um eine Kernaufgabe des Projektmanagements und damit des Projektleiters, das Projektteam zusammenzustellen. An dieser Schlüsselaufgabe klären sich schon sehr frühzeitig Erfolgsaussichten des Projektes. Nach Festlegung des Ziel- und Ergebnisraumes stellt sich die Frage nach den konkret erforderlichen Kompetenzen und der Verfügbarkeit der Mitarbeiter, die einen Teil dieser Kompetenzen repräsentieren. Letztlich stehen Ziele- und Ergebnisse in einem ursächlichen Zusammenhang u.a. mit den erforderlichen Kompetenzen der Projektmitarbeiter. Praktisch leidvolle Erfahrungen lehren uns, dass ein Projektleiter hier nur mit sehr wenig Kompromissbereitschaft agieren darf. Schlüsselressourcen müssen ihm trotz Zielkonflikten mit anderen Organisationseinheiten, meist der Linienorganisation, überlassen oder am externen Markt beschafft werden. Es ist eine weitverbreitete Mär, dass Mitarbeiter Schlüsselfunktionen in einem Projekt erfüllen und nebenbei ihren Linienaufgaben in gewohnter Qualität nachgehen könnten. Die Anforderungen an den einzelnen Mitarbeiter sind aufgrund des Neuheitscharakters strategischer Projekte sehr hoch, stehen vielleicht sogar im Widerspruch zu seinen regulären Tätigkeiten. Jeder Vorschlag, der eine parallele Lösung propagiert, berücksichtigt die menschlichen Bedürfnisse der Beteiligten und die praktischen Erkenntnisse des Projektmanagements nicht in ausreichendem Maße und ist ein Zeichen für den Mangel an organisationaler Kompetenz.

Die Motive hierzu sind in der Regel nicht an dem Wohl des Unternehmens ausgerichtet, sondern liegen häufig im Bereich der Einhaltung von Kopf- und Budgetzahlen und unterhöhlen somit die bereits erfolgte Zustimmung zu den Projektzielen. Strategische Projekte laufen nicht nur harmonisch ab. Deshalb ist auch die festgeschriebene und autorisierte Ziel- und Ergebnisdefinition für das Projektmanagement von so großer Bedeutung. Der Projektleiter hat ein Recht, auf die Festlegung zu vertrauen und deren Durchsetzung auch und gerade in Bezug auf die benötigten Mitarbeiter zu verlangen, sofern sich nicht externe Rahmenparameter oder der Erkenntnisstand derart ändern, dass ein Festhalten an der Ziel- und Ergebnisdefinition nicht sinnvoll ist. Eine Taktik des „Wasch mich, aber mach mich nicht nass" muss sowohl mit einem professionellen Projektmanagement als auch mit einem professionellen Management insgesamt als unvereinbar angesehen werden. Wenn das Projektmanagement bereits ein wichtiger Bestandteil der Unternehmenskultur ist, dann steht ein solches Verhalten für jeden erkennbar dazu im Widerspruch und der Druck auf eine Verhaltensänderung wächst schon von diese Seite aus.

Eine ganz andere Fähigkeit wird vom Projektleiter bei der konkreten Personalauswahl verlangt. Es gibt hinreichende Veröffentlichungen zu Mitarbeitertypen und deren scheinbar prognostizierbaren Verhalten[65]. Auch der Projektleiter selbst entspricht einem Typus und hat Vorlieben und Abneigungen, Stärken und Schwächen. Die praktische Erfahrung zeigt, dass ein Projektleiter seine in der Regel unbewusste Präferenz für Mitarbeiter mit ähnlichen Vorlieben und Abneigungen überwinden muss. Gerade bei komplexen und neuartigen Aufgaben nützt dem Projektleiter die Besetzung mit Mitarbeitern, die seine Stärken und Schwächen teilen, wenig. Was er nicht kann, kann das Projektteam auch nicht, und was er kann, kann das Projektteam auch ohne ihn.

Die Empfehlung lautet folgerichtig, verstärkt auf Projektmitarbeiter zu setzen, deren Stärken- und Schwächenprofil sich (ggf. sogar deutlich) von dem Profil des Projektleiters unterscheidet. Auch hier treffen sich die individuelle und organisatorische Kompetenz. Der

[65] Hans Jung: Persönlichkeitstypologie: Instrument der Mitarbeiterführung, 2. erw. Aufl., München, 2000

Projektleiter sollte die Kompetenz haben, sich selbst hinsichtlich dieses Aspektes kritisch zu hinterfragen; die Organisation sollte die Kompetenz haben, dies einzufordern und auf eine geeignete Zusammensetzung zu drängen. Gerade die scheinbar anstrengenden Kollegen, die Querdenker, die mit der Ordnung des linienorientierten Tagesgeschäfts ihre Mühe haben, sind häufig sehr wertvolle Mitarbeiter für das strategische Projekt. Das gilt selbst dann, wenn der Projektleiter sich sehr intensiv um die Steuerung dieser Mitarbeiter kümmern muss. Die Tendenz dieser Mitarbeiter, sich starren Regeln zu entziehen, gilt schließlich auch für die Projektregeln.

Die starke auf eine breite Kompetenzabdeckung des Projektteams ausgerichtete Auswahl trägt auch einem zunehmend in den Vordergrund tretenden Umstand der heutigen Wissensgesellschaft Rechnung: Viele Menschen benutzen wie selbstverständlich komplexeste Technologien im täglichen Umgang.

Wie diese allerdings funktionieren und welche nicht offensichtlichen Konsequenzen damit verbunden sein können, wissen sie nicht. Technologie wird vielfach konsumiert, zunehmend aber nicht mehr beherrscht.[66] Selbst in Bildungseinrichtungen sind diese Tendenzen zu beobachten. Der Computer ist selbstverständliches Arbeitsmittel geworden. Wie und warum ein Computer funktioniert, kann der Lehrende meist nur bruchstückhaft erklären. Damit entfällt dann auch die Möglichkeit, sich bewusst zu machen, dass die umfängliche Nutzung eines Computers bzw. einer Technologie auch das eigene Denken und Problemlösen verändert. Die Veränderung kann durchaus die Arbeit in den Projekten erschweren, insbesondere dann, wenn man sich diesen Umstand nicht bewusst macht.

---

66 In diesem Zusammenhang ist die zunehmende Verbreitung der sogenannten Reparaturcafés bemerkenswert, bei denen sich Menschen freiwillig zusammenfinden und defekte Gegenstandes durch Kompetenzbündelung und Austausch reparieren. Diese Entwicklung ist nicht nur vor dem Hintergrund der Nachhaltigkeitsdiskussion zu begrüßen, sondern auch, weil es Menschen wieder motiviert sich mit den Black Boxes auseinanderzusetzen.

Regeln für die Ressourcenplanung

Ein Projektmitarbeiter sollte mit nicht mehr als 200 Tagen abzgl. 20% kalkuliert werden. Ein Verzicht auf Urlaub oder betriebliche Weiterbildung ist gegen Mitarbeiter nur selten durchsetzbar und nicht sinnvoll. Ein Teilzeitmitarbeiter mit weniger als 50% Zuordnung zum Projekt sollte für Schlüsselaufgaben vermieden werden. Für den Einsatz von Teilzeitmitarbeitern hat sich als Bedingung eine Anwesenheit im Projekt von mindestens 1,5 zusammenhängenden Tagen bewährt. Die Effizienz liegt messbar unter dem gewichteten Wert des Vollzeitmitarbeiters.

Für räumlich und über Zeitzonen getrennte und kulturell verschieden besetzte Projektteams gilt eine weitere Regel: Reisezeiten sowie die Begrenztheit der technischen Hilfssysteme wie Kollaborations-Software, Audio- oder Videokonferenzen belasten die Effizienz eines Projektes zusätzlich mit 30 bis 50%. Hierzu sind die veröffentlichten Erfahrungen von SAP hilfreich. Projektteams werden nicht nur bereits von Anfang an interdisziplinär besetzt, sondern auch an wenigen Standorten konzentriert, die sich in einer Zeitzone befinden. Die in vielen Unternehmen gemachten Erfahrungen mit „rund-um-die-Uhr" arbeitenden Projektteams unter Nutzung von scheinbar preiswerten Offshore-Kapazitäten zeigen, dass die kalkulierten Einsparungen sich immer weniger realisieren lassen, je neuartiger und damit ungewisser die Aufgabe des Projektes ist. Der menschliche Faktor sowie die überproportional ansteigenden Abstimmungs- und Übergabearbeiten relativierten auch bei SAP die bis 2010 verfolgte Strategie[67].

[67] Untersuchungen von Prof. Hans G. Gemünden, Technische Universität Berlin: www.handelsblatt.com/unternehmen/management/strategie/radikalkur-fuer-projekte-unternehmen-haben-den-durchblick-verloren-seite-2/3538790-2.html, 31.08.2012

Im Ergebnis können diese „Black Boxes des Wissens und der Komplexität" (siehe dazu Abbildung 2-7) dazu führen, dass Vertrauen in Technik und Glauben an das Funktionieren von Methoden wichtiger sind, als die fachliche Auseinandersetzung und das Verstehen der Zusammenhänge und Argumente.

Die unterschiedliche und teilweise auch fehlende inhaltliche Tiefe von Projektbeteiligten fordert den Projektleiter zusätzlich, der nun verstärkt mit Bildern und Emotionen arbeiten muss, da viele Argumente, so richtig sie auch sein mögen, nicht mehr verstanden werden. Ein breit aufgestelltes und somit kompetentes Projektteam wirkt dieser Entwicklung insofern entgegen, dass zusätzliche Wege zur fachlichen Argumentation vorhanden sind oder gefunden werden können.

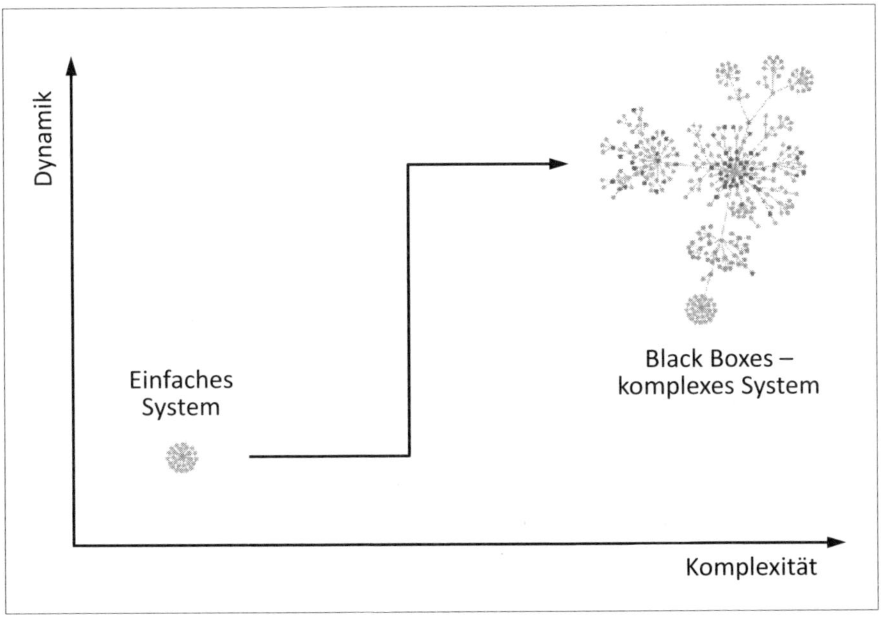

Abbildung 2-7: Black Boxes der Komplexität[68]

[68] Der Begriff „Komplexität" findet sich in diesem Zusammenhang ursprünglich in der Kybernetik wieder. Die Black-Box Betrachtung soll den Blick auf den

Vor einem weitgehenden Verzicht auf die inhaltliche Tiefe in der Argumentation und einer alternativen Konzentration auf Emotionen und vereinfachende Bilder kann nur eindringlich gewarnt werden. Schließlich ist der Gegenstand der hier diskutierten Projekte und Initiativen die Zukunft des Unternehmens und damit der Arbeitsplätze und des Eigenkapitals der Eigentümer.

Verwiesen sei an dieser Stelle auf Kapitel 5.4 hinsichtlich der Performanceauswirkungen von durchschnittlichen oder guten Projektteams in Abgrenzung zu leistungsmäßig schwachen Projektmitarbeitern. Aus diesem Grund ist die durchaus nicht seltene Beobachtung der Delegation von schwachen Linienmitarbeitern in die Projekte als höchst kritisch anzusehen. Weder der Projektleiter noch der Auftraggeber (Top-Management) sollten schon aus ganz egoistischen Motiven solch eine Situation zulassen.

Ein kompetentes Team entlastet den Projektleiter auch nicht von seiner Verantwortung, schwierige Entscheidungen unter Unsicherheit selbst zu treffen. Es minimiert oder reduziert zumindest Unsicherheiten, jedoch wird es auch weiterhin Entscheidungsbedarf unter Unsicherheit geben. Die sorgfältige Auswahl des Projektteams ist keinesfalls mit dem Versuch zu verwechseln, die Verantwortung des Projektleiters zu sozialisieren. Das Projektteam ermöglicht es dem Projektleiter, weitere Perspektiven zu sehen und neue Perspektivenkombinationen zu entwickeln, die ebenfalls Unsicherheiten reduzieren helfen und Risiken besser beurteilbar machen. Insofern besteht eine begründete Hoffnung auf bessere Entscheidungen durch ein breit angelegtes Kompetenzbündel im Projektteam.

Bei der Auswahl des Teams muss sich der Projektleiter keineswegs nur auf sein Gefühl und seine Erfahrung verlassen. Es empfiehlt sich, für jede Schlüsselrolle ein Anforderungsprofil zu entwerfen und dies mit den Profilen der Kandidaten abzugleichen. Gut geführte Unternehmen unterstützen den Projektleiter hierbei durch Kapazitäten der

kausalen Zusammenhang zwischen Urache und Wirkung ermöglichen und die inners Struktur zuerst einmal ausblenden. Vgl. z.B. Peter Schweizer: Systematisch Lösungen finden: Eine Denkschule für Praktiker, 3. überarb. Aufl., Zürich, 2008. Der Ansatz wird in Abwandlung auch verwendet, um den zunehmenden Verzicht auf die Hinterfragung der Details im Rahmen der Lösungsfindung zu thematisieren.

Personalabteilung. Hilfreich erweist sich in der Praxis auch der Abgleich der Kompetenzen der Teamkandidaten gegen die Anforderungen unter Nutzung des PSO-Ansatzes. Es ist wenig hilfreich, wenn die Planung angemessen die unterschiedlichen Aspekte eines Projektes bzw. einer Initiative reflektiert, das zugeordnete Projektteam jedoch nicht über die entsprechenden Kompetenzen für diese Themen verfügt.

Selbst ein sorgfältig und erfolgreich ausgewähltes Projektteam ist natürlich noch keine Garantie für ein erfolgreiches Projekt. Auch dann nicht, wenn der Projektleiter die Verfügbarkeit hinreichend sichergestellt hat. Eine Kernaufgabe des Projektmanagements ist folgerichtig auch die Nutzung der Kompetenzen im Team für die operative Projektarbeit, oder um es umgangssprachlich zu formulieren, „die PS auf die Straße zu bringen". Hier greifen wieder organisationale und individuelle Kompetenzen ineinander.

Betrachtet man zuerst die individuelle Seite, so ist die Annahme gerechtfertigt, dass die Mitglieder eines Projektteams die gleichen Fragen und Unsicherheiten durchleben, wie sie der Projektleiter bei seinem Erstkontakt mit dem für ihn neuen Projekt auch erlebt hat. Es gilt also, die Unsicherheit durch Struktur, Wissen und Methodik abzubauen. Die bereits diskutierten methodischen Instrumente können zu diesem Zweck eingesetzt werden. Sicherheit im Team (zu wissen, was von einem erwartet wird, und, ob man das leisten kann) setzt Kräfte frei und entsteht dadurch, dass ein Projektleiter die Fragen seines Teams beantworten kann, und nicht dadurch, dass auf projektferne Ebenen verwiesen wird. Um sich die Zusammenhänge bewusst zu machen und aktiv zu gestalten, erweist sich das „Drexler-Sibbet-Team Performance Model"[69] als ein nützliches Instrument, da es aktiv die Unsicherheiten adressiert und die möglichen Konsequenzen bei nicht erfolgter Lösung zeigt (siehe dazu auch Abbildung 2-8).

---

[69] David Sibbet: Visual Teams: Graphic Tools for Commitment, Innovation, and High Performance, New Jersey, 2011

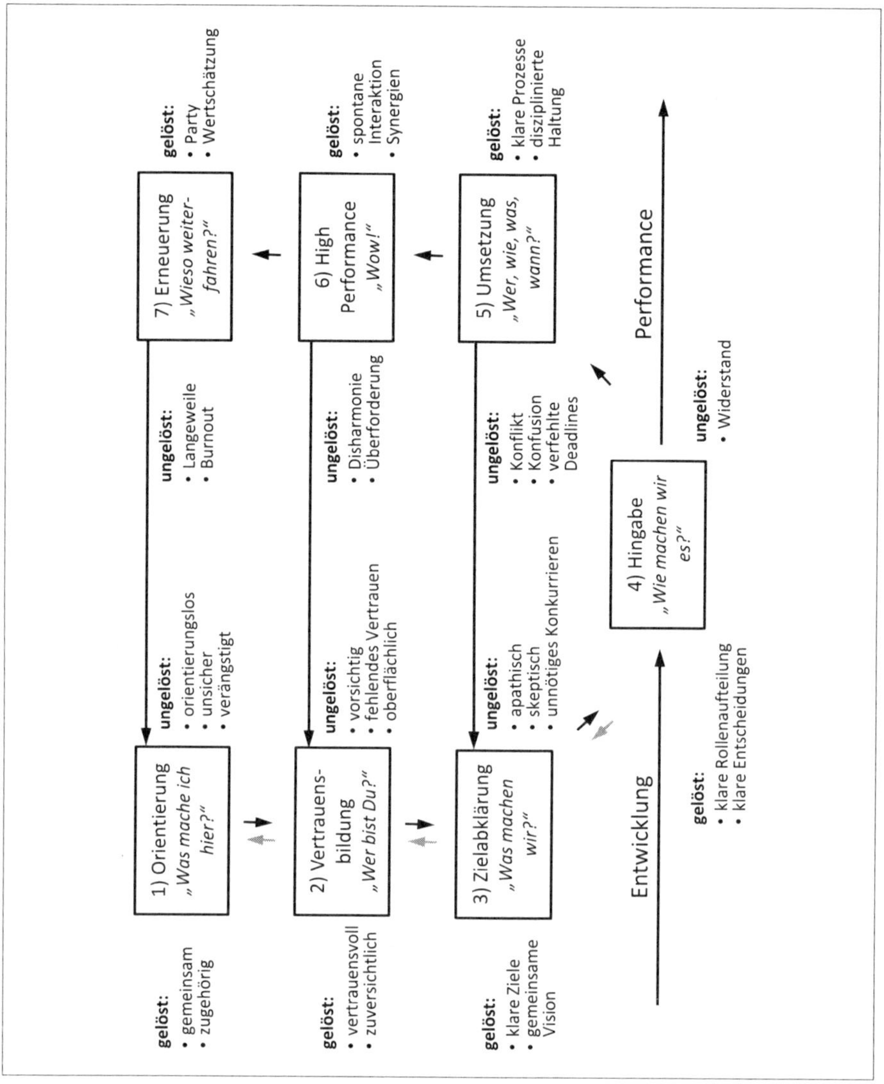

Abbildung 2-8: Team Performance Model nach Drexler-Sibbet[70]

---

[70] Angelehnt an Abbildung aus Mikael Krogerius, Roman Tschäppeler: 50 Erfolgsmodelle, 13. Aufl., Zürich, 2010

Im Kern dieses Modells steht die praktische Frage, wie man ein Projektteam „zum Laufen bekommt". Über die tatsächliche Performance eines Teams entscheidet (jenseits der Betrachtung der hierzu notwendigen Kompetenzen) das Verständnis und die Akzeptanz der Aufgabenstellung durch das Team. Das Modell führt dem Projektleiter vor Augen, warum die Beschäftigung mit den Unsicherheiten des Projektteams für ihn kein niedrig priorisierter Nebenschauplatz sein kann und welche Performancerisiken an diesen Fragen hängen. Im Vorgriff auf das Kapitel 3 unterliegt natürlich auch der Projektleiter selbst diesem Mechanismus, d.h. zuerst muss sich der Auftraggeber fragen, wie er oder sie einen leistungsfähigen Projektleiter gewinnt.

Die Individualität der Teammitglieder bedingt unterschiedliche Herangehensweisen zur Herstellung von Sicherheit. Ein Foliensatz mit der Überschrift „To whom it may concern" wird dem nicht gerecht werden. Der Projektleiter hat in diesem Zusammenhang eine klassische Führungsaufgabe wahrzunehmen.

Es ist klar, dass grundsätzlich für die Umsetzung von strategischen Projekten ein gut ausgewähltes und somit mit einer breiten Kompetenz ausgestattetes Projektteam aufgestellt werden muss, welches häufig aus einer Mischung von internen und externen Mitarbeitern besteht. Erfüllt das Team noch nicht die notwendigen Ansprüche, so sollte die Phase der Teamauswahl auch bei Termindruck nicht abgeschlossen werden, da anderenfalls das Risiko für die eigentliche Projektarbeit erfahrungsgemäß überproportional steigt. Im positiven Fall haben wir eine Gruppe von Menschen, die ein anspruchsvolles Qualifikationsprofil mit längerer Berufserfahrung aufweist und zur Aufgabenstellung passt. Die Hoffnung, dass sich dadurch nun das Thema Führung für den Projektleiter in seiner Bedeutung und seinem Aufwand reduziert, täuscht – im Gegenteil: Die Praxiserfahrung zeigt, dass besonders kompetente und somit prinzipiell leistungsfähige Teammitglieder regelmäßig auch Eigenheiten aufweisen, die eine besondere Berücksichtigung durch den Projektleiter erfordern.

Es besteht eine Erwartungshaltung der Projektmitglieder hinsichtlich des Führungsverhaltens des Projektleiters[71], oftmals mit konkreten Vorstellungen verbunden. In der Praxis finden sich immer wieder Bezüge zu den Modellen der situativen Führung. Als Klassiker wird gerne auf das situative Modell von Hersey-Blanchard[72] verwiesen (siehe Abbildung 2-9).

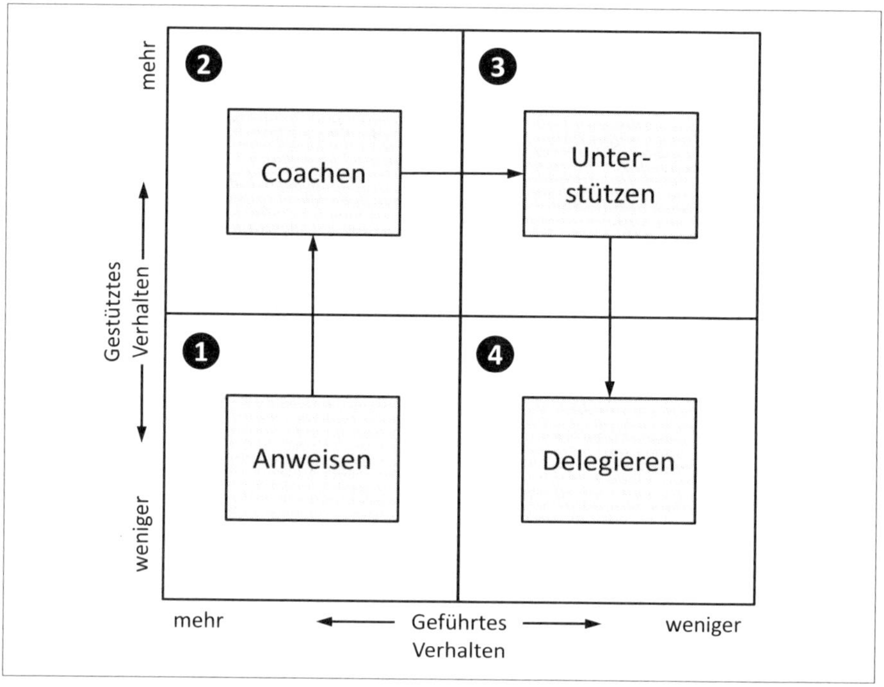

Abbildung 2-9: Situative Führung nach Hersey-Blanchard[73]

[71] Geoff Smith: Leading the Professionals – How to Inspire & Motivate Professional Service Teams, Kogan Page Series, London, 2004

[72] Paul Hersey, Ken Blanchard: Life cycle theory of leadership, in: Training and Development Journal, 2, 1969, S. 6-34

[73] Paul Hersey, Ken Blanchard: Management of Organizational Behavior, 4. Aufl., Prentice-Hall, New York, 1982, S. 297

Der Projektleiter adaptiert je nach fachlichem und psychologischem Reifegrad des Teammitglieds sein Führungsverhalten individuell gemäß dem Modell. Hierzu stehen ihm vier grundsätzliche Führungsstile zur Verfügung. Diese Führungsstile – so die Annahme – sollen von der Führungskraft je nach Reifegrad der Geführten mit dem Ziel zur Anwendung gebracht werden, das Teammitglied in seiner Reife zu entwickeln.

Die immer noch weite Verbreitung dieses Ansatzes liegt wahrscheinlich an seiner Eingängigkeit und der für den Praktiker attraktiven behaupteten Kausalität. Die Führungsforschung indes konnte die Gültigkeit nie beweisen und der Ansatz wird dort stark kritisiert.

Empirisch untermauerte Kritik richtet sich konkreter auf die Umsetzbarkeit der Anforderung an Führungskräfte, situationsabhängig (sich in Teilen widersprechende) Führungsverhalten an den Tag zu legen. Glaubwürdigkeitsverlust, Probleme in der Ausbildung einer Führungsidentität bis hin zu Persönlichkeitskonflikten stehen der beliebigen Kombinierbarkeit von Eigenschaften und Führungsstilen entgegen.[74]

Führt man sich reale Führungssituationen vor Augen, so liegt es fast schon auf der Hand, dass die Erklärung vom Führungserfolg über den Führungsstil zu eindimensional angelegt ist. Führungsituationen sind viel zu komplex, als dass ihr erfolgreiches Handling über nur ein oder zwei Variablen erklärt werden kann. Für die Führung im Kontext strategischer Projekte gilt dies noch stärker, da die Führungssituation hochgradig komplex und mit Unsicherheiten behaftet ist. Moderne Führungsansätze richten ihr Augenmerk deshalb auf die Interaktionsprozesse in Führungssituationen und deren Ausprägung[75].

Was folgt daraus? Zuerst einmal, dass es auch zum Thema Führung kein Kochbuch für den Projektleiter bzw. Auftraggeber gibt. Gleichwohl ist Führung ganz wesentlich für die Nutzung der Kompetenzen

---

[74] Claude L. Graeff: The situational leadership theory - A critical view, in: Academy of Management Review, 8, 1983, S. 285-291

[75] Thomas Lührmann: Führung, Interaktion und Identität: Die neuere Identitätstheorie als Beitrag zur Fundierung einer Interaktionstheorie der Führung, Wiesbaden, 2006

des Projektteams zur Erreichung der Projektergebnisse. Es wird in der Regel einen Anreiz geben müssen, der die Teammitglieder motiviert, ihre individuellen Kompetenzen so gut wie möglich einzubringen. Es verbleibt die Aufgabe des Projektleiters nach der Teamauswahl die Fragen des Projektteams so zu beantworten, dass fehlende Sicherheit nicht der Grund für mangelhafte Leistungen sein kann. Hierbei leistet das Performance Model von Drexler-Sibbet einen wichtigen und praxisnahen Beitrag.

Der Projektleiter kann nicht der fachliche Experte in allen Themen sein. Er sollte der Experte im Projektmanagement sein und die Zusammenstellung eines kompetenten Projektteams einschließlich der Beseitigung aller leistungsreduzierenden Unsicherheiten sicherstellen. Hierbei müssen sich seine individuellen Kompetenzen und die der Organisation ergänzen. Streng genommen kann der Projektleiter diese Aufgabe auch an eine Person delegieren, die dieses Ziel dann erreicht. Diesen Gedanken werden wir bei der folgenden Frage nach den Merkmalen eines Projektleiters noch vertiefen.

2.2.2 Weitere Kompetenzanforderungen an einen Projektmanager

Wir haben anhand verschiedener Aspekte gezeigt, dass ein in Projektmanagementtechniken trainierter Mitarbeiter die Anforderungen an einen Projektleiter strategischer Projekte allein aufgrund dieses Trainings noch lange nicht erfüllt. Es fehlt die Entwicklung von Kompetenzen im Rahmen der komplexen Musterbildung durch Erfahrung (siehe Seite 84). Insofern sind Trainingsmaßnahmen eine notwendige, aber keine hinreichende Bedingung für ein erfolgreiches Projektmanagement. Um eine projektorientierte Unternehmenskultur zu fördern, ist eine breit und längerfristig angelegte Schulung von Projektmanagementtechniken sicher hilfreich. Für die Entwicklung eines professionellen Projektmanagements sind neben den organisationalen Kompetenzen insbesondere das Erlangen der notwendigen praktischen Erfahrungen zu fördern. Nicht jeder Projektleiter eignet sich zum Leiter strategischer Initiativen und Projekte, nicht alle streben das überhaupt an. Das Karrieremodell im Unternehmen sollte diesem Umstand Rechnung tragen.

Günstige Eigenschaften eines Projektmanagers

Auch wenn dieses Thema gern ausgeblendet wird und es keinen empirischen Beleg für den positiven Zusammenhang von speziellen Eigenschaften einer Person und deren Managementleistung gibt[76], orientiert sich die Praxis dennoch an eben solchen persönlichen Eigenschaften. Wie für alle Berufe bedarf es einer gewissen Berufung und einiger zentraler Eigenschaften. Natürlich gibt es kein ideales Profil für alle Projekte gleichermaßen und natürlich sind viele aus den Eigenschaften abgeleiteten Fähigkeiten erlern- und trainierbar – aber bestimmte vorhandene Talente erhöhen die Erfolgsaussichten, ein übernommenes Projekt erfolgreich abzuwickeln. Nur sehr wenige werden olympisches Gold nur aufgrund des Trainingsfleißes gewinnen können.

Unsere Erfahrung aus zusammen mehr als 40 Jahren Projektmanagement zeigt, dass ein Projektmanager es leichter hat, wenn er eine anerkannte Persönlichkeit ist[77]. Ohne diese Anerkennung wird es ihm schwerer fallen, die notwendige Akzeptanz für seine Managementaktivitäten zu gewinnen. Die Führungsforschung spricht in diesem Zusammenhang auch von Macht durch Persönlichkeitswirkung oder der Entfaltung von "Charisma". Allerdings ist Vorsicht geboten, die in der Vergangenheit gezeigte Persönlichkeitswirkung von Führungskräften als Garant für den Führungserfolg in der Zukunft zu verstehen. Zwar unterstützen empirische Studien das hohe Potenzial von Anerkennung und Persönlichkeitswirkung, zeigen aber auch sehr deutlich, dass die Entfaltung von zahlreichen Situationsvariablen (insbesondere von den Geführten) abhängig ist

---

[76] Ralph M. Stogdill: Personal factors associated with leadership: A survey of the literature, in: Journal of Psychology, 25, 1948, S. 35-71;
Robert D. Mann: A review of the relationships between personality and leadership and popularity, in: Psychological Bulletin, 56, 1959, S. 241-270

[77] *„Persönlichkeit ist die dynamische Ordnung derjenigen psychophysischen Systeme im Individuum, die seine einzigartigen Anpassungen an seine Umwelt bestimmen."*
Gordon Allport: Persönlichkeit - Struktur, Entwicklung und Erfassung der menschlichen Eigenart, 2. Aufl., Meisenheim a. Gl., 1959, S. 49

und sich in *jeder* Führungssituation anders darstellen kann[78], also auch gar nicht oder in negativen Sinne (Stigmatisierung von Führungspersönlichkeiten). Die vermeintlichen Führungseigenschaften mögen zwar in der Praxis helfen, überhaupt in eine Führungsposition zu kommen, sie sagen jedoch nichts darüber aus, ob eine Führungskraft in der jeweils konkreten Situation auch tatsächlich erfolgreich führen kann.

Bevor sich ein Mitarbeiter für den Karriereweg des Projektmanagers entscheidet, empfiehlt sich deshalb eine Standortbestimmung und Selbstanalyse. Der Weg ins Projektmanagement ist prinzipiell nicht besser als andere Wege der persönlichen Entwicklung. Der Weg und das Ziel müssen zu den persönlichen Vorstellungen eines jeden Menschen passen. Projektmanager zu sein, bedeutet nicht das Ausleben unbefriedigter Bedürfnisse nach Macht, sondern ist zu allererst eine Rolle in einem Team. Und so wie jeder Spieler seinen Beitrag gegenüber dem Team zu leisten hat, so hat der Projektmanager seine speziellen Aufgaben und *dient* zu allererst der Aufgabenstellung und dem Projektteam. Er hat dabei wie ein Kapitän stets Vorbildfunktion und an ihn werden besondere Erwartungen gestellt. Der Projektleiter steht deshalb immer unter besonderer Beobachtung.

Als selbstverständlich werden die fachlichen Kompetenzen für die jeweiligen Projekte vorausgesetzt. Das sind neben den bereits diskutierten Projektmanagementfertigkeiten die Kompetenzen im Bereich der relevanten Branche sowie des Geschäftsmodells und des Leistungsangebotes des jeweiligen Unternehmens. Gerne wird in der Praxis nun versucht (wider oben bereits erläuterter Erkenntnis), Eigenschaften zu definieren, die – am besten per Fragebogen oder Test abgeprüft und dokumentiert – eine Aussage über die Eignung des Kandidaten für das Projektmanagement zulassen. Folgende Eigenschaften und Fähigkeiten werden regelmäßig genannt und hier den drei Dimensionen individueller Kompetenz zugeordnet:

---

[78] Jay A. Conger, Rabindra N. Kanungo: Toward a behavioral theory of charismatic leadership in organizational settings, in: Academy of Management Review,12, 1987, S. 637-647

Kognitive Dimension

- Blick für das Ganze
- Urteilsfähigkeit (basierend auf der strategischen Kausalkette)
- Abstraktionsvermögen zwischen den Linien-, Management- und Projektzielen
- Flexibilität und Unabhängigkeit im Denken
- Positiv kritische Grundeinstellung gegenüber Veränderungen

Technische Dimension

- Integratives Führungsverhalten
- Kenntnisse der Techniken und Methoden des PM
- Projektspezifisches Fachwissen
- Unabhängigkeit im Handeln

Affektive Dimension

- Zuhören können
- Situationsgespür, Intuition
- Fähigkeit zur Selbstkritik
- Konfliktfähigkeit
- Freude am intensiven Umgang mit Menschen (Kooperations-/ Kommunikationsfähigkeit)
- Leidenschaft, Schaffensdrang von Neuem

Darüber hinaus gibt es Menschen, die die Fähigkeit der „Beobachtung der zweiten Ordnung" besitzen. Dieser Ansatz wurde von den Systemtheoretikern Heinz von Foerster und Niklas Luhmann beschrieben. Es geht darum zu verstehen, warum ein Beobachter der ersten Ordnung, der die Dinge so sieht wie sie ihm erscheinen, so und nicht anders sieht. Ein Projektmanager mit dieser Fähigkeit kann die Sichtweisen seiner Gesprächspartner auf einer anderen Ebene hinterfragen (Hinweis auf den blinden Fleck) und scheinbar in Stein gemeißelte Ansichten ins Wanken bringen. Außerdem kann er diese Fähigkeit bei sich selbst anwenden. Aus dem bewussten Brechen der eigenen Muster ergeben sich oftmals neue Perspektiven[79]. Projektmanager mit dieser Fähigkeit haben einen Wettbewerbsvorteil und können somit einen Mehrwert für das Unternehmen im Rahmen der Strategieumsetzung schaffen. „Können“, weil die Schaffung dieses Mehrwertes ganz wesentlich davon abhängt, ob die Organisation kompetent genug ist, mit dieser individuellen Projektmanagementkompetenz umzugehen.

Es gibt allerdings keinen empirischen Beweis dafür, dass das Vorhandensein dieser Eigenschaften die Erfolgsaussichten erhöht. Das ist relativ leicht nachvollziehbar, wenn man sich vor Augen führt, dass jede dieser Eigenschaften sowohl für als auch gegen die Aufgabe verwendet werden kann. Die Menschheitsgeschichte ist voll von grausamen Tyrannen, von denen viele mit besonderen Eigenschaften ausgestattet waren, die man landhäufig gern so manchem Projektmanager wünschen würde. Daraus folgt natürlich im Umkehrschluss, dass es keinesfalls ausgeschlossen ist, dass ein Projektmanager ohne die vorgestellten Eigenschaften erfolgreich sein kann und viele es auch sind.

Auf der anderen Seite haben wir in unserem Berufsleben verschiedenste Situationen erlebt, in denen hochdekorierte und erfolgreiche Manager bei neuen aber einfachen Aufgaben versagt haben.

Die Lösung kann in Anknüpfung an das vorherige Kapitel in einer stärker an der Metaebene orientierten Betrachtungsweise liegen. Es kommt darauf an, dass der Projektleiter ein Wertesystem vorlebt und sich diesem verpflichtet; das wird vom Projektteam als authentisch und verlässlich so wahrgenommen, dass das Team dem Projektleiter folgen möchte. Es ist dabei nicht notwendig, dass der Projektleiter keine Fehler macht oder perfekt ist. Das Team muss ihm diese Defizite nur vergeben können.

---

79 Chris Argyris: Double-loop learning and implementable validity. In: Hari Tsoukas und Nikolaos Mylonopoulos (Hrsg.): Organizations as knowledge systems, New York, 2004

Single-, double-, deutero-loop Lernen

Es handelt sich hierbei um Begriffe aus der Lerntheorie[80], in der verschiedene Lernmodi definiert werden. Single-loop-Lernen, auch sog. Einkreislernen beschreibt das Lernen innerhalb des von der Organisation festgelegten und als „wahr" definiereten Bezugsrahmens, ohne die hinter diesem Bezugsrahmen liegenden Basisannahmen für Lernimpulse zu öffnen.

Double-loop-Lernen, auch sog. Zweitkreislernen, beschreibt die selbstkritische Hinterfragung von bisher unter Umständen erfolgreichen Basisannahmen und Orientierungsmustern mit dem Ziel, die „blinden Flecken" einer Organisation sichtbar und für Veränderungen fruchtbar zu machen. Deutero-loop-Lernen, auch sog. Metalernen, beschreibt die übergeordnete Fähigkeit, über die Lernprozesse selbst nachzudenken und daraus abgeleitet das „Lernen des Lernens" zu verstehen.

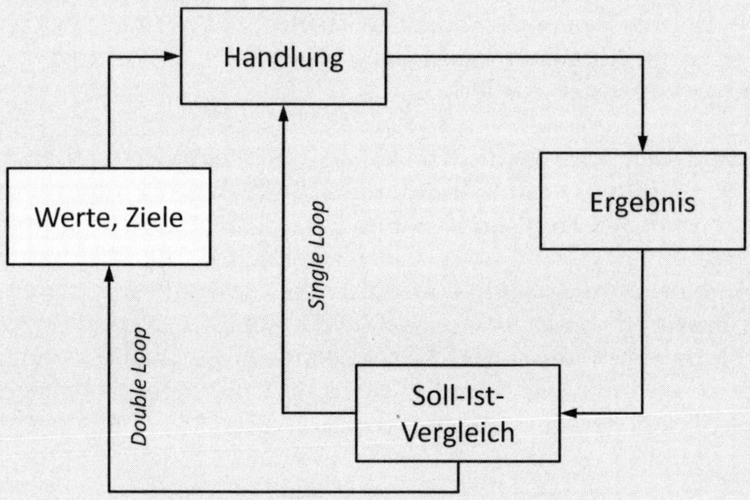

80 Nach Chris Argyris, Donald A. Schön: Organizational learning: A theory of action perspective, Reading, Mass., 1978

In letzter Konsequenz ist es nicht wichtig, ob der Projektleiter mit den beispielhaft genannten Eigenschaften den Erfolg sicherstellt oder auf eine völlig andere Art und Weise. Selbst wenn das Projektteam kein gutes Haar an seinem Projektleiter lässt, aber die Aufgabe im Sinne des Auftrags erfüllt, hat der Projektleiter alles richtig gemacht – vielleicht nur das richtige Team ins Rennen geschickt[81].

Es zeigt sich, dass die Besetzung von Projektleitungsrollen und auch die Auswahl von zukünftigen Projektmanagern ein anspruchsvolles Unterfangen ist, das Unternehmensführung und Personalbereich üblicherweise zusammen angehen. Zumindest kann hier ein Denkanstoß gegeben werden, vielleicht beim nächsten Mal nicht automatisch den Abteilungsleiter, in dessen Linienbereich ein Projekt überwiegend stattfindet, mit der Projektleitung zu betrauen, oder den Kollegen, der das „doch immer schon gemacht" hat. Alle Beteiligten sollten sich die Existenz und das immerwährende Wirken der vorstehenden Zusammenhänge bewusst machen. Für strategische Projekte und Initiativen ist ein Projektleiter ein Drehkreuz zwischen Geschäftsführung, den Ebenen des Linienmanagements und dem Projektteam. Erfolgreiche Arbeit wird nur dann möglich sein, wenn die Person aufgrund ihrer Kompetenz auf allen Ebenen gleichermaßen akzeptiert wird oder die Aufgabe so aufteilt, dass auf jeder Ebene ein akzeptierter Ansprechpartner existiert.

Betrachtet man den zeitlichen Ablauf eines strategischen Projektes bzw. einer Initiative, so fällt auf, dass die diskutierten individuellen Aspekte und die damit im Zusammenhang stehenden Kompetenzen im Projektmanagement sich überwiegend auf die Projektvorlauf- bzw. Initialisierungsphasen konzentrieren. Genau diesen Phasen wird in der Praxis zu wenig Aufmerksamkeit geschenkt.

Stellung und Einfluss des Projektleiters sowie die Bedeutung von strategischen Initiativen und Projekten im Unternehmen hängen, wie mehrfach angedeutet, nicht nur von individuellen Kompetenzen ab.

---

81 Es soll schon Vorstände gegeben haben, die die Auswahl der zentralen Mitarbeiter und damit indirekt der Kompetenzen als die einzige relevante Aufgabe ihrer Tätigkeit neben der Erfüllung der gesetzlichen Funktionen gesehen haben.

Ganz maßgeblich sind die organisationalen Kompetenzen; diese bilden ja den Rahmen für die Nutzbarmachung der individuellen Kompetenzen (siehe Abschnitt 2.1). Dementsprechend ist es für die erfolgreiche Umsetzung strategischer Projekte unabdingbar, über das Zusammenspiel von individuellen Kompetenzen und der organisationalen Kompetenz nachzudenken. Nach der Betrachtung der individuellen Kompetenzen des Projektmanagements wollen wir uns in diesem Kapitel abschließend mit der Beziehung des Projektmanagements zu den Komptenzen der Organisation auseinandersetzen.

2.3 Projektmanagement und organisationale Kompetenzen

Die Ausgangssituation stellt sich häufig wie folgt dar: Auf der einen Seite befindet sich die etablierte Linienorganisation, die insbesondere auf effiziente Abwicklung ihres Aufgabenfeldes getrimmt ist. Projekte werden zwangsläufig als Störung empfunden und sind es letztlich auch. Gleichzeitig hat die Linienorganisation ein spezifisches Kompetenzbündel aufgebaut, welches, wie in Kapitel 2.1 thematisiert, eher verteidigt als in Frage gestellt wird (erfolgsbedrohende Kernrigidation[82]). Die Anreizsysteme (einschließlich der Entlohnungssysteme) der Linienorganisation sind in erster Linie auf die Einhaltung von Controllinggrößen aus dem Tagesgeschäft ausgerichtet. Strategische Projekte und Initiativen gefährden deren Zielerreichung durch jede Art von Zielkonflikten. Auch besteht regelmäßig eine inhaltliche und persönliche Konkurrenzsituation zwischen den verschiedenen Bereichen der Linienorganisation und deren Managern. Fachabteilungen warten nicht darauf, Projekte „unterstützen zu dürfen". Erschwerend kommt hinzu, dass die Geschäftsführung als Verantwortungsträger der strategischen Projekte häufig viel zu weit von der Umsetzung entfernt agiert. Die Verantwortlichen verlassen sich auf die Informationen aus der ersten und zweiten Führungsebene der Linie und übersehen dabei, dass diese Manager bisweilen ihre eigenen Interessen verfolgen (in der Prinzipal-Agenten-Theorie wird in diesem Zusammenhang der schöne Begriff der "hidden agenda"

[82] Im Gegensatz zu erfolgsfördernden Kernkompetenzen

und der "hidden information" gebraucht)[83]. Die Geschäftsführung steht also vor dem Problem, sich einerseits auf die Expertise und objektive Informationsweitergabe durch die damit beauftragten Mitarbeiter und Manager verlassen zu müssen, andererseits genau durch diese Vorgehensweise das Risiko der Fehlinformation einzugehen. Diese potenziellen Fehlinformationen führen wiederum zu Fehlentscheidungen in Bezug auf die Umsetzung (oder den Abbruch) strategischer Projekte.

Auf der anderen Seite finden wir oft nur einen Beschluss zur Durchführung eines Projektes vor, mit etwas Glück gibt es auch ein erstes Organigramm und hoffentlich eine verabschiedete Strategie, aus der das Projekt hervorgegangen ist. Typischerweise zeigen sich in Unternehmen im weiteren Verlauf zwei Varianten. Entweder wird das Projekt vom Top-Management gefördert und unterstützt (in der Realität und nicht nur theoretisch) und es gibt ein Machtverhältnis zugunsten des Projektes, oder das Projekt steht als eine Aktivität unter vielen anderen da und es gibt in der Folge ein Machtungleichgewicht zugunsten der Linienorganisation. Ganz selten gibt es aber ein Gleichgewicht, sodass mikropolitische „Spiele" in den häufigsten Fällen vorprogrammiet sind.

In dieser Situation tritt nun der designierte Projektmanager an, der entweder als externer Berater in der Regel einen Unterstützer aus dem Linienbereich hat (meist ein Linienverantwortlicher, der den Umsetzungsauftrag erhalten hat) oder als interner Mitarbeiter aus einem Linienbereich selbst kommt. Aufgrund der unterschiedlichen Interessen zwischen Linie und Projekt ist der Projektleiter bereits beim Aufsetzen seines Projektes in einer schwierigen, von Konflikten geprägten Situation. Er wird möglicherweise von „seiner" Linie unter Druck gesetzt, verbunden mit dem gut gemeinten Ratschlag: „Sie wissen ja, Karrieren werden bei mir im Fachbereich gemacht und nicht in diesen Projekten". Bezüglich Personalanforderungen erhält der Projektleiter unabhängig von den Kompetenzerfordernissen gerne die „freien" Kollegen zugeteilt. Frei sind diese selten, weil sie die besten Voraussetzungen für die Projektaufgabe mitbringen.

---

[83] Stephen A. Ross: The economic theory of agency: The principal's problem. In: American Economic Review, 63, 1973, S. 134-139

Mikropolitische Prozesse

Mit Hilfe des mikropolitischen Ansatzes wird untersucht, wie Entscheidungen in Organisationen tatsächlich ablaufen. Entscheidungen werden als das Ergebnis von Prozessen erklärt, die durchzogen und beeinflusst sind von Interessenkonflikten, Machtstreben, Karrieremotiven und Prestigestreben. Neben der Beobachtung, dass Individuen darauf aus sind, ihren individuellen Nutzen zu maximieren, ist Knappheit von Ressourcen (Zeit, Geld, Aufmerksamkeit) der Auslöser für die Entfaltung politischer Entscheidungsprozesse[84].

Bleibt also zur Deckung der benötigten Kompetenzen und Personalkapazitäten des Projektes noch der Einsatz externer Dienstleister. Der Auswahlprozess unternehmensexterner Ressourcen genügt ebenfalls selten den Ansprüchen eines strategischen Projektes. Legendär sind die Produktkataloge größerer Firmen, die die Position „Berater" als Bestellprodukt kennen und die Eingaben von „drei Viertel Stück" Berater erlauben. Leider kann man dies nicht als „technisches" Problem eines Bestellsystems abtun, da sich allzu oft eine entsprechend ausgerichtete Geisteshaltung der Verantwortlichen verbirgt. Die Erfolgsaussichten des Projektes werden dadurch jedenfalls nicht gesteigert.

Zwei weitere erschwerende Faktoren kommen hinzu: Die Festlegung der Ziel- und Ergebnisdefinition erfolgt regelmäßig gefiltert z.B. durch Linienmanager an die Geschäftsführung und ist häufig erschreckend allgemein und beinahe beliebig interpretierbar. Wenn es ein Dokument hierzu gibt, dann findet sich gern der Hinweis darauf, dass die notwendigen Detaillierungen im Projekt erfolgen. Alle Kon-

---

[84] Oswald Neuberger: Mikropolitik, Stuttgart, 1995;
Wolfgang Küpper, Günther Ortmann: Mikropolitik in Organisationen, in: Die Betriebswirtschaftslehre, 46, 1986, S. 590-602

fliktlinien werden somit verschleiert und an eine Stelle überwiesen, die diese in der Regel nicht lösen kann.

Der zweite verschärfend wirkende Einfluss stammt aus den Vorgaben, die aus manchen Projektportfolioprozessen resultieren. Eine ursprünglich gute Absicht, nämlich die Setzung von wichtigen Rahmenbedingungen verbindlich zu erklären, wird in der Praxis faktisch in das Gegenteil verkehrt. Die Linie bemächtigt sich u.U. dieser Regelungen und versucht, den ihr fremden Projektansatz und den nirgendwo so richtig hingehörenden Projektleiter durch starke Formalisierung in ein ordentliches tagesgeschäftliches Korsett zu zwingen. Inhaltliche Aspekte werden nachrangig behandelt. Dafür ist genau geregelt, welche Berichte wann und in welcher Form an welche Abteilung zu geben sind. Ob das einem strategischen Projekte Rechnung trägt, ist dabei unerheblich.

Organisationale Kompetenzen sollten so ausgeprägt werden, dass sie einem ausgewogenen Machtverhältnis entgegenkommen. Fehlentwicklungen lassen sich auf ein falsches Verständnis von Projektmanagement in Verbindung mit einem unzureichenden Verständnis der Verantwortlichkeiten von Geschäftsleitung und Linienmanagern zurückführen. Es mangelt an der nötigen Kompetenz der Organisation.

Nach diesen ernüchternden Erkenntnissen aus der Praxiswelt des Projektmanagements werden nachfolgend beispielhaft drei Ansatzpunkte vorgestellt, die den Rahmen für ein erfolgreicheres Management von strategischen Projekten und Initiativen schaffen, indem sie die Entfaltung individueller Kompetenzen der Projektmanager und ihrer Projektteams ermöglichen und damit organisationale Kompetenzen aufbauen helfen. Die Ansatzpunkte resultieren dabei aus den Einsichten zur Bedeutung der Dimensionen organisationaler Kompetenzen bei der erfolgreichen Umsetzung strategischer Projekte (siehe Abschnitt 2.1). Konkret handelt es sich um die folgenden drei Ansatzpunkte:

- Geschäftsführung und Unternehmenskultur,
- Ziel- und Anreizsysteme sowie
- Organisationsstruktur und Einordnung der Projektleiters.

Die Zielstellung lautet in allen drei Fällen die Überwindung, zumindest aber Abschwächung der dysfunktionalen Zielkonflikte zwischen Linienorganisation und den Anforderungen des Projektmanagements an eine erfolgreiche Implementierung startegischer Projekte.

2.3.1 Geschäftsführung und ihre Verantwortung für die Unternehmenskultur

Da die Summe der strategischen Projekte die Veränderung des Unternehmens zur strategischen Zielerreichung zum Gegenstand hat, gibt es kaum eine wichtigere Aufgabe der Geschäftsführung. Neben der Sicherstellung eines ordnungsgemäßen und performanten Tagesgeschäftes hat die Geschäftsführung somit hauptsächlich eine Projektverantwortung.

Das einzelne strategische Projekt ist mit verschiedenen Formen von Unsicherheit belastet und erfordert ein vorausschauendes Denken, das Chancen wie Risiken gleichermaßen berücksichtigen muss. Davon hängt in besonderem Maße der Umsetzungserfolg ab. Die fortlaufende aktive Einbindung der Geschäftsführung in die strategischen Projekte ist daher zwingend. Im Sinne der situativen Führung können Aufgaben zwar bewusst auf die nachfolgenden Hierarchieebenen delegiert werden, doch die Verantwortung verbleibt bei der Geschäftsführung. Wird an Personen oder Organisationseinheiten delegiert, die nicht oder nur unzureichend geeignet sind, so liegt der Fehler und damit auch die Verantwortung dafür allein bei der Geschäftsführung. Werden Aufgaben delegiert, so muss sichergestellt sein, dass die untergeordneten Leitungsebenen hinter den Strategien und Vorgaben der Geschäftsführung stehen, obwohl diese selten Gelegenheit haben werden, die Logik hinter den Strategien und Vorgaben vollständig zu verstehen. Dies ist jedoch aufgrund der Komplexität von Unternehmen und egoistischer Handlungsweisen einzelner Mitarbeiter eher die Ausnahme als die Regel. Zumindest sollte sich die Geschäftsführung der Ziel- und Interessenkonflikte der Linien- und Projektmanager bewusst sein und diese bewusst handhaben.

Die Geschäftsführung muss also dafür sorgen, dass sie sich ein eigenes Urteil über die Strategieumsetzung bilden kann. Daher sind sinnverändernde Komplexitätsreduzierungen in der Berichterstattung nicht erlaubt, auch dann nicht, wenn die allokierbare Zeit der Geschäftsführung naturgemäß sehr eng bemessen ist. Die Geschäftsführung kann ihrer eigenen Verantwortung nur gerecht werden, wenn sie eine eigene Position zum Stand, zum Vorgehen und zu den Rahmenbedingungen entwickelt. Außerdem hat die Geschäftsführung auch den Interessenausgleich zwischen den Projektanforderungen und den Bedürfnissen der Linienorganisation zu ermöglichen. Daraus leiten sich zwei Forderungen ab:

- Jedes strategische Projekt braucht einen Verantwortlichen in der Geschäftsführung, der als Verantwortlicher das Projekt nach außen vertritt *und* im Innenverhältnis die weichenstellenden Entscheidungen trifft.
- Dieser (häufig irreführend als Sponsor bezeichnete) Verantwortliche muss aktiv in die Umsetzung eingebunden sein, d.h. er nimmt sich täglich, mindestens jedoch wöchentlich die notwendige Zeit, um sich im persönlichen Kontakt zu den verantwortlichen Managern und der Projektleitung ein eigenes Bild zu machen und auf dieser Grundlage (auch einschneidende) Entscheidungen treffen zu können.

Die tatsächliche Sichtbarkeit der Geschäftsführung im Projektteam von Zeit zu Zeit ist keine billige Marketingmaßnahme, sondern Ausdruck der Verantwortung und ernsthaften Verbundenheit mit den selbst initiierten Projekten. Eine Geschäftsführung, die Distanz zur Durchführung der strategischen Projekte hält, vergibt die Chancen, diese zu führen, und wird damit den Anforderungen der Eigentümer und der Aufgabe nicht gerecht.

Bei der Erörterung des Nutzens von Projektmanagementmethoden wurde das „Zielgerichtete Projektmanagement" beispielhaft erläutert. Die dort abgebildete Verantwortlichkeitsmatrix eignet sich gut, um die Verantwortung und Aufgaben der Geschäftsführung gegenüber dem strategischen Projekt zu regeln und zu dokumentieren. Wenn dieser Ansatz ein Standard für die Geschäftsführung darstellt, dann wird er Teil der Führungskultur und damit in der Unternehmenskultur sukzessive manifestiert werden. Dieser verantwortliche Umgang mit den strategischen Projekten und der damit im Zusammenhang stehenden Kernkompetenz des Projektmanagements wird somit durch die Geschäftsführung vorgelebt und so auch verbreitet und akzeptierter Standard. Die Führungs- und Unternehmenskultur verändern sich nicht schlagartig – es bedarf einer glaubwürdigen und erfolgreichen Kontinuität über längere Zeiträume. Gelingt dies aber, so lösen sich auch die angesprochenen Konfliktsituationen auf. Die Geschäftsführung wird dann zukünftig der Strategieumsetzung die Bedeutung beimessen, die ihr insbesondere im Vergleich zur Strategieentwicklung zusteht.

Zusammenfassend wird deutlich, dass die Einbindung der Geschäftsführung ein wesentlicher Schlüsselfaktor für einen erfolgreichen Projektverlauf darstellt und somit als Ausdruck der projektsensiblen Unternehmens- und Führungskultur (kognitive Dimension der Kompetenz des Unternehmens) verstanden werden kann.

2.3.2 Ziel- und Anreizsysteme

Bei der Darstellung der in der Praxis immer wieder auftretenden Zielkonflikte zwischen Projektanforderungen und Linienorganisation fällt auf, dass insbesondere die beteiligten Manager in den Linienfunktionen selten positiv motiviert werden, sich für die Projektziele und -arbeit einzusetzen. Das ist besonders dann überraschend, wenn die benötigten aufgabenbezogenen Kompetenzen eigentlich vorhanden sind und auch entsprechende Ziel- und Anreizsysteme im Unternehmen für die Linienziele ganz selbstverständlich eingesetzt werden.

Genau wie die Unternehmenskultur ist auch die Ausgestaltung von Anreizsystemen ein potenzieller Anknüpfungspunkt für den Aufbau einer organisationalen Kompetenz für die umsetzungsorientierte Steuerung. Diese (kollektive) Kompetenz kann sich allerdings nur dann entfalten, wenn die Anreizsysteme auf die Besonderheiten strategischer Projekte zugeschnitten sind (siehe Kapitel 2.1).

Mit Blick auf die praktische Auswirkung dieser Einsicht sind folgende drei Basisszenarien vorstellbar:

- Szenario 1: Das Anreizsystem fördert die erfolgreiche Durchführung strategischer Projekte, indem es die erfolgreiche Umsetzung (oder auch den sinnvollen Abbruch eines Projektes) höher wertschätzt als das Festhalten an „Bewährtem". Diese Förderung kann über die drei Dimensionen der organisationalen Kompetenz erfolgen, z.B. über spezfische kulturelle Basisannahmen und Normen, über eine fördernde strukturelle Verankerung des Projektmanagements oder über die verlässliche Gewährleistung von Commitment und qualitativ hochwertiger Mitarbeiter.

- Szenario 2: Das Anreizsystem verhält sich neutral und steht quasi unabhängig neben den strategischen Projekten und Initiativen. Dies entweder, weil das Anreizsystem strategische Projekte und deren Umsetzung gar nicht erst umschließt (Szenario 2a), oder, weil die gesetzten Anreize strategische Projekte und Initativen zwar einschließen, diese jedoch in gleicher Weise wie das Tagesgeschäft und Linienaktivitäten behandeln (Szenario 2b).
  Es erfolgt somit keine aktive Fehlsteuerung im negativen Sinne, aber auch keine Förderung im positiven Sinne. Zudem reicht bereits eine kleine Störung für eine Fehlsteuerung aus, wenn z.B. bei den Organisationsmitgliedern Unsicherheit über die „echte" Gleichbehandlung strategischer Projekte aufkommt. Bei einer empfundenen Ungleichbehandlung (fehlende Glaubwürdigkeit) setzen die meisten Menschen automatisch (also unbewusst) ihre Energie auf die Erfüllung der vermeintlich bevorteilten Ziele. Obwohl objektiv eine Gleichbehandlung vorgehsehen ist, fehlt den strategischen Projekten dann trotzdem die Unterstützung.der Mitarbeiter.
- Szenario 3: Das Anreizsystem behindert die Umsetzung strategischer Projekte.
  In diesem Szenario wird der Bezug zu den weiter oben im Kapitel beschriebenen Rigiditäten (Stichwort "Musterbildung" und "Kompetenzfallen") deutlich. Das in der Vergangenheit bewährte Anreizsystem ist (meist unbewusst) so gestaltet, dass es die bestehenden Strukturen, Prozesse und Kompetenzzuweisungen bewahrt. Die Umsetzung von "Neuem" bzw. die Umsetzung der mit strategischen Projekten typischerweise einhergehenden Neuerungen wird über die Anreizsysteme „ausgebremst", konformes Verhalten jedoch belohnt.
  Damit dies nicht geschieht, müsste folglich das Anreizsystem rund um die Arena der Umsetzung strategischer Projekte anders gestaltet werden.

Es ist daher nicht einzusehen, warum die Anreiz- und Zielsysteme nicht dahingehend dynamisiert werden, dass neu aufgesetzte strategische Projekte (in der Geschäftsführung angefangen) unmittelbar ihren Niederschlag in den Jahreszielen und der Incentivierung z.B. durch variable Bezüge finden. Derartige Ansätze sind auch bereits in der Praxis verbreitet. Warum sich das einfache Teammitglied für die

Projektziele engagieren sollte, ist die konsequente nächste Frage. Nur an der Steigerung des externen Marktwertes des Mitarbeiters sollte der Arbeitgeber kein allzu hohes Interesse haben. Auch wenn es gut vorbereitet und durchdacht sein will, so ist die Aufnahme von Projektaufgaben in das Karrieremodell und die Jahreszielvereinbarungen des Unternehmens kein Hexenwerk. Projektmanagement als Karrierepfad treffen wir immer häufiger in der Praxis an – eine wirklich gute Entwicklung.

Hilfreich kann auch die Nutzung bereits vorhandener Instrumente der Steuerung im Sinne eines Perspektivenwechsels sein. Was beispielsweise spräche dagegen, die gern genutzte Stundenaufschreibung zum Nachweis, dass nur genau 50% der Arbeitszeit im Projekt verbracht wurden, umzukehren. Der Linienvorgesetzte müsste nun nachweisen, dass seine Mitarbeiter mindestens die Hälfte der Arbeitszeit für die Strategieumsetzung tätig waren. Das funktioniert natürlich nur dann, wenn es keine unauflösbaren betrieblichen Zielkonflikte gibt.

Bezogen auf die Kompetenzbeurteilung einer Organisation kommt den Ziel- und Anreizsystemen eine Schlüsselrolle zu. Sie berühren alle drei Dimensionen der organisationalen Kompetenz bzw. sind der Ausdruck deren Entwicklungs- und Reifegrades im Unternehmen. Wir werden dies noch im Folgenden vertiefen.

2.3.3 Organisationsstruktur und Einordnung der Projektleiters

In der Literatur finden sich verschiedene Überlegungen zur strukturellen Einordnung von Projekten[85]. In der "reinen Projektorganisation" richtet sich die disziplinarische Struktur vollständig an dem Projekt aus[86]. Für eine große Anzahl an Unternehmen wird allerdings eine linienartige Struktur zur Bewältigung des Tagesgeschäfts auf

---

[85] Sebastian Dworatschek: Die Entwicklung des Projektmanagements , in: Brigitte Werners, Roland Gabriel (Hrsg.): Operations Research – Reflexionen aus Theorie und Praxis (399-411), Berlin, 1994;
Eberhard Dülfer (Hrsg.): Projektmanagement – International (1-30), Stuttgart, 1982

[86] Oskar Grün: Projektorganisation, in: Erich Frese (Hrsg.): Handwörterbuch der Organisation, 3. Aufl. Stuttgart, 1992, S. 2102-2116

absehbare Zeit die Realität bleiben, da die betriebswirtschaftlich sinnvolle Aufgabenteilung dies verlangt.

Da die Fortentwicklung eines Unternehmens, wie auch im Kapitel 1 gezeigt wurde, über strategische Projekte und Initiativen erfolgt und dafür das Projektmanagement eine der wichtigsten Schlüsselkompetenzen darstellt, bietet sich eine Verankerung des strategischen Projektes in der Organisationsstruktur an. Damit kann die berechtigte Koexistenz zwischen Linie und strategischen Projekten auch organisatorisch dokumentiert werden. Maßnahmen zur Förderung der Projektkultur im Karrieremodell finden eine glaubhafte Umsetzung in der sichtbaren Struktur. Dabei gilt es, einen Ansatz zu finden, der die Unabhängigkeit vom typischen Tagesgeschäft der Linienorganisation garantiert und gleichzeitig inhaltliche Zuständigkeiten eindeutig zuweist. Zwei Modelle bieten sich an, die je nach Unternehmen ausgestaltet werden können. Nachhaltig wirksam sind sie nur dann, wenn sie (von der Geschäftsführung unterstützt und gefördert) sukzessive Teil der Unternehmenskultur werden.

- Die erste Überlegung knüpft an die Verantwortlichkeit der Geschäftsführung für die Unternehmensentwicklung an. Folgerichtig müsste eine Stabsabteilung für Projektmanagement, der die Projektleiter angehören, direkt der Geschäftsführung unterstellt sein. Die Geschäftsführung erhält auf diese Art auch gleich einen Pool an Mitarbeitern, die sich aufgrund ihrer breiten Erfahrungen aus Projekten in verschiedenen Unternehmensbereichen als Kandidaten für Führungsfunktionen empfehlen. Somit verbreiten sich Wertschätzung und Wissen über die Anforderungen des Projektmanagements in der Organisation.
- Als zweiten Ansatz sehen wir den Aufbau eines Inhouse-Consultings, das einer typischen Unternehmensberatungsorganisation nachempfunden werden kann. Gerade für größere Unternehmen mit erheblichem Bedarf an Projektmanagementkompetenz kann über diesen Weg auch ein Karrieremodell „Projektmanagement“ attraktiv für verschiedenste Kandidaten (z.B. von traditionellen Unternehmensberatungen) gestaltet werden.

Beide Lösungsansätze ermöglichen es, Projektmanagementkapazitäten sachgerecht auch in die unterstützenden Abteilungen wie Personal, Einkauf und Controlling zu tragen. So werden Schulungsmaßnahmen spezifischer, Einkaufsprozesse dem Thema Beratung angemessener ausgestaltet und auch Controlling- und Projektportfolioprozesse bekommen einen inhaltlich geprägten Zuschnitt gemäß den Anforderungen von strategischen Projekten und Initiativen. Gleichwohl gilt es auch hier wieder, ein Gleichgewicht zu finden und nicht das Pendel nun zu weit in die andere Richtung ausschlagen zu lassen. Der aktuelle Erfolg eines Unternehmens bzw. einer Organisation liegt vor allem in der effizienten Beherrschung des Tagesgeschäftes begründet. Die aktuellen operativen Kompetenzen sind genauso wichtig für den zukünftigen Erfolg wie die Fähigkeit zur Strategieumsetzung. Schließlich kostet die Entwicklung der zukünftigen Kompetenzen Geld, welches im Tagesgeschäft verdient werden muss.

Aus den vorstehenden Überlegungen folgt zwingend, dass ein Projektleiter Zugang zur Geschäftsführung und Freiheitsgrade gegenüber der Linienorganisation benötigt. Anderenfalls wird er nicht gestalterisch im Rahmen seiner Aufgabenstellung wirken können, was vor dem Hintergrund der Anforderungen von strategischen Projekten unverzichtbar ist. Auch an diesem Punkt manifestiert sich das problematische Nebeneinander von Projekt- und Linienorganisation. Für viele Linienmanager erscheint ein solch mächtiger Projektmanager als Störgröße, als der Inbegriff eines Bedrohungsszenarios.

Die Einbindung der Geschäftsführung ist ebenso Teil der organisationalen Kompetenz wie die Stellung und Rolle des Projektleiters.

Die Kompetenz, Kompetenzen systematisch zu entwickeln, manifestiert sich in der Durchführung strategischer Projekte und Initiativen. Eine Schlüsselkompetenz hierzu ist das Projektmanagement, welches wiederum aus verschiedenen Kompetenzbestandteilen besteht. Allerdings schafft erst das Zusammenwirken von individuellen und organisatorischen Kompetenzen den *hinreichenden* Boden für die erfolgreiche Durchführung strategischer Initiativen und Projekte. Der systematische Kompetenzaufbau ist also das wesentliche Element bei der Weiterentwicklung des Unternehmens bzw. der Organisation.

Werden die Einzelaspekte in den Kontext der Kompetenzdimensionen gesetzt, so entsteht die in Abbildung 2-10 dargestellte Spezifizierung. Die indivudellen und organisationalen Kompetenzdimensionen stehen dabei nicht nebeneinander, sondern entfalten sich in wechselseitigem Zusammenspiel.

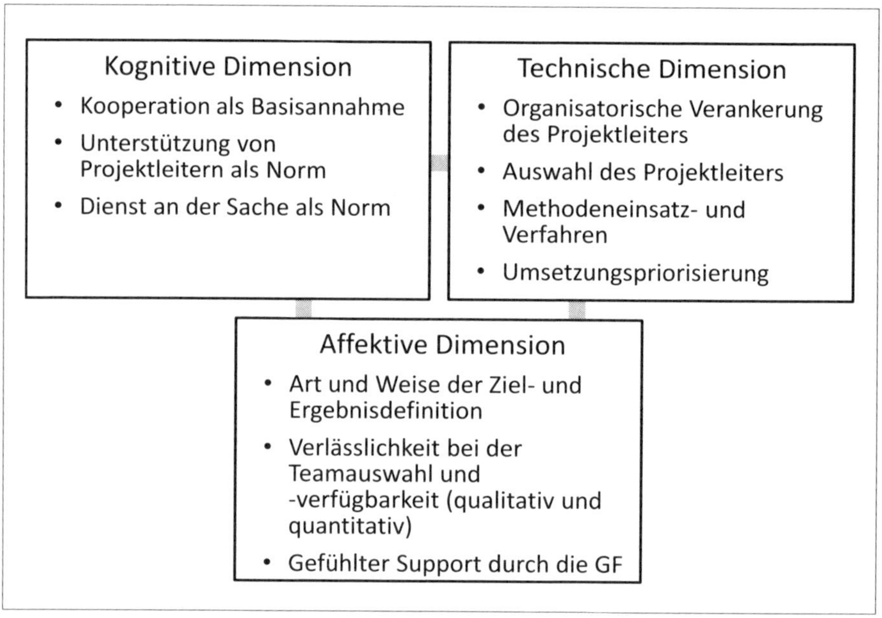

Abbildung 2-10: Ansatzpunkte zur umsetzungsorientierten Steuerung der Organisation in den Dimensionen der Kompetenz

Diese Darstellung dient als Anregung; eine derartige Struktur sollte jedes Unternehmen für sich als Landkarte entwickeln. Sie bildet die Grundlage, um systematisch die für die Strategieumsetzung notwendigen Kompetenzen aufzubauen und im Unternehmen zu verankern.

In jedem Fall sollten die vorangegangenen Ausführungen eines deutlich gemacht haben: Strategische Projekte können als Mittel für die strategische Veränderung und Neupositionierung von Unternehmen nur dann dienen, wenn das Unternehmen die Kompetenz für die Steuerung strategischer Projekte aufbaut. Hierzu bedarf es mindestens eines strategischen Projektes. Dass es mit einfachem Toolboxwissen und „Schema-F" nicht getan ist, das liegt auf der Hand und wurde in diesem Kapitel gezeigt.

Insgesamt steht hier als Zwischenfazit, dass ein projektorientiertes Management sich nicht der Illusion hingeben darf, dass die Veränderung der strategischen Position des Unternehmens über das bloße Aufsetzen von strategischen Projekten einen sicheren und effektiven Weg darstellt. Von dieser Aussage unberührt ist die Tatsache, dass für das Management strategischer Projekte immer eine entsprechende Fach- und Methodenkompetenz unabdingbar ist. Es ist aber eben „mehr“ als das notwendig.

Kernbotschaften des Kapitels 2

Durch die umsetzungsorientierte Steuerung strategischer Projekte kann sich ein Unternehmen nachhaltig von der Konkurrenz abheben (Stichwort „Wettbewerbsvorteil").

Die Art und Weise der umsetzungsorientierten Steuerung strategischer Projekte wird maßgeblich vom Zusammenspiel organisationaler und individueller Kompetenzen geprägt und beeinflusst die Erfolgswahrscheinlichkeit der Umsetzung.

Kompetenzen zur Umsetzung strategischer Projekte bedürfen einer systematischen und nachhaltigen Entwicklung.

Die wichtigsten Projektmanagement-Kompetenzen im Rahmen von Strategieumsetzungen werden in der Praxis erworben. Der Wert der Zertifizierung von Projektmanagern wird überschätzt.

Selten sind alle notwendigen Kompetenzen zur Strategieumsetzung innerhalb eines Unternehmens zu finden. Unrealistisch ist, dass diese auch verfügbar oder rasch aufbaubar sind.

Die Unternehmensführung muss sich intensiv um die Auswahl und Zusammenstellung von Kompetenzen für Umsetzungsprojekte kümmern.

Zur Vertiefung empfehlen die Autoren folgende Fachliteratur:

Giovanni Dosi, Richard R. Nelson, Sidney G. Winter:
The nature and dynamics of organizational capabilities
Oxford University Press, New York, 2000

Die Autoren zählen zu den prägenden Köpfen der theoretischen Debatte um Kompetenzen und haben in diesem Werk zentrale Beiträge zu organisationalen Kompetenzen zusammengestellt. Die Bearbeitung von komplexen Herausforderungen über Routinen und deren Dynamisierung ist Thema aller Beiträge.

Pankaj Ghemawat:
Commitment – The dynamic of strategy
Free Press, New York, London, 1991

Dieses Werk ist ein Klassiker der Organisations- und Strategielehre. Untermauert durch zahlreiche Beispiele führt Pankaj Ghemawat in die Welt der Identifikation mit und Hingabe für strategische Wege ein und legt in beeindruckender Weise die Risiken („Schattenseiten") selbiger dar.

Edgar Schein:
Organizational culture and leadership: A dynamic View
Jossey-Bass, San Francisco, 1985

Dieses bekannte Werk des Organistionspsycholgen Edgar Schein informiert über die Bedeutung und Struktur der Unternehmenskultur und verflechtet diese Überlegungen mit dem Aspekt der Analyse und Veränderung von Kultur durch Führungskräfte.

Mikael Krogerius, Roman Tschäppeler:
50 Erfolgsmodelle
Kein & Aber, 13. Auflage, Zürich, 2010

Dieser kleine Praxisratgeber erfindet kein Rad neu, sondern führt verschiedene bekannte Modelle und Darstellungsweisen intelligent zusammen. Der Praktiker wird auf die angenehme Weise indirekt zur selbstkritischen Reflexion seiner praktizierten Verhaltensweisen angeregt. Das Format passt in jedes Reisegpäck und verbindet das Angenehme mit dem Nützlichen.

„Wenn man einem Menschen trauen kann, erübrigt sich ein Vertrag. Wenn man ihm nicht trauen kann, ist ein Vertrag nutzlos", Jean Paul Getty

Oder: Warum das Verhältnis zwischen Auftraggeber und Auftragnehmer mehr als ein Vertrag ist.

Zusammenfassung Kapitel 3

Es ist schon sonderbar mitzuerleben, mit welcher Akribie Verträge mit Dienstleistern abgeschlossen werden, während Schlüsselrollen der Strategieumsetzung intern häufig mit „Kompromisspersonen" oder „besten Freunden und guten Bekannten" besetzt werden.

Gleichgültig, ob Positionen intern oder extern besetzt werden: Die Verantwortlichen und Schlüsselpersonen einer Strategieumsetzung müssen immer Vertrauenspersonen sein, da die Eigentümer des Unternehmens diesen ihr Geld anvertrauen und der „Auftraggeber" ihnen einen Teil seiner eigenen Karriere anvertraut. Vor diesem Hintergrund mutet die Kompromisslosigkeit in der Einhaltung formaler Einkaufsprozesse[87] einerseits und die Kompromissbereitschaft durch Aushebeln wichtiger Kriterien bei interner Besetzung andererseits schon merkwürdig an.

Machtspiele verhindern, dass der Fokus einzig auf der Maximierung des Erfolges der Strategie liegt. Wirtschaftliche Suboptimierung ist die Folge.

Wir zeigen in Kapitel 3, dass zwischen Unternehmensführung und den Projekten zur Strategieumsetzung ein Auftraggeber-Auftragnehmer-Verhältnis entsteht (auch dann, wenn die formalen Kriterien dafür nicht erfüllt sind) und welche Aspekte bei der Optimierung dieser Beziehung eine wichtige Rolle spielen. So wird viel zu selten über die Projektzielsetzungen nachgedacht, Incentivierungen folgen den vorhandenen Standards und werden selten der Bedeutung der Strategieumsetzung gerecht. Die in der Anfangsphase von Umsetzungsprojekten gemachten Fehler treten erst zutage, wenn die Probleme bereits eingetreten sind und der Misserfolg der Strategieumsetzung absehbar ist.

Wir beschreiben die ersten Schritte beispielhaft und werfen die entscheidenden Fragen auf, um für eine besser vorbereitete Vorgehensweise zu werben.

---

[87] Die Verantwortung für diesen Misstand liegt natürlich nicht beim Einkauf, der lediglich seinen Vorgaben folgt.

3. Auftraggeber-Auftragnehmer-Beziehung

Nach der Entwicklung einer Unternehmensstrategie wird diese in die Umsetzung überführt: Die Aufgaben werden in bearbeitbaren Projekten, ggf. auch Initiativen organisatorisch strukturiert, Projektleiter werden benannt, Detailplanungen erstellt, Ressourcen- und Mitarbeitereinsatz geplant, Teams gebildet und Projekte begonnen. Während eine Strategie vom Top-Management verabschiedet wird, liegen die Umsetzungsprojekte meist in den Händen von Bereichs- und Projektleitungen. Aus dieser Konstellation entwickelt sich häufig eine Beziehung wie zwischen Auftraggebern und Auftragnehmern. Das Top-Management als Auftraggeber legt die Rahmenbedingungen fest und sichert die Mittelbereitstellung ab, während Bereichs- und Projektleitungen den Fortschritt der Projektausführung nachweisen und entsprechende Berichte darüber für den „Auftraggeber" erstellen. Diese Auftraggeber-Auftragnehmer-Beziehung entwickelt sich auch dann, wenn keine externen Dienstleister beauftragt werden.

Wir beschreiben in diesem Kapitel an einem hypothetischen Beispiel, wie sich dieses Verhältnis von Strategieentwicklung und Strategieumsetzung zu einer Auftraggeber-Auftragnehmer-Beziehung entwickelt. Unser hypothetischer Fall ist bewusst etwas überzeichnet, orientiert sich aber konsequent an der gängigen Praxis. Wir möchten den Leser mit diesem Kapitel sensibilisieren, dass der Schritt zwischen der Entscheidung für eine Strategie und den ersten Wochen der Umsetzung ganz wesentlich für den Erfolg der Strategieumsetzung ist und es sich lohnt, viele typische Verhaltens- und Vorgehensweisen zu überdenken.

Das Beispiel: Ein Führungsteam unter Beteiligung einer Stabsabteilung hat eine neue Unternehmensstrategie entwickelt und diese entscheidungsreif dokumentiert; die Entscheidung im obersten operativen Gremium des Unternehmens (z.B. Vorstand) fällt, die vorgeschlagene Strategie umzusetzen. Stellen wir uns des Weiteren vor, dass die Strategie tatsächlich auch mit genauer Beschreibung der „strategischen Kausalkette" (wie in Kapitel 1 beschrieben) vorliegt.

Prinzipiell wäre wünschenswert, wenn die Verantwortung in einer Hand bliebe und damit der Umsetzung die gleiche Wichtigkeit beigemessen werden würde, wie der Entwicklung der Strategie. Doch der Vorstand sowie das entsprechende Führungsteam sind weder dazu ausgebildet, die Umsetzung zu steuern, noch scheint die Zeit dazu vorhanden zu sein. Und genau deshalb ist es „gute" Tradition, die Umsetzung z.B. in die Hände des hauptsächlich betroffenen Fachbereiches zu geben, der wiederum dafür entweder einen Dienstleister sucht oder einen eigenen Projektmanager auf das Umsetzungsprojekt ansetzt. Alternativ - wenn dem Vorstand die Bedeutung des Umsetzungsprojektes sehr bewusst ist - wird direkt vom Vorstand ein Projektmanager beauftragt.

Üblicherweise wird eine Strategie nicht nur in einem Projekt umgesetzt, es sind Maßnahmenbündel in verschiedenen Bereichen abzuarbeiten, die zu mehreren Projekten „geschnürt" werden, welche von verschiedenen Verantwortlichen umgesetzt werden. Geschieht das koordiniert, so gibt es dafür in der Regel ein sogenanntes Programmmanagement.

3.1 Die konkrete Erfassung der Projektaufgabe

In Abbildung 3-1 haben wir die notwendigen Schritte zwischen Strategieentscheidung (also abgeschlossener Strategieentwicklung) und Umsetzungsbeginn dargestellt.

Die erste Aufgabe des jeweiligen (für ein Maßnahmenbündel verantwortlichen) Projektmanagers ist es, die eigentliche Aufgabenstellung zu erfassen und so zu definieren, dass das gewünschte Ergebnis erreicht wird. Wir haben das bereits im Kapitel 2.2.1 unter dem Aspekt der Kompetenz des Projektmanagers ausgeführt. Hier trifft der Projektmanager auf die erste Hürde: Eine aus der Strategie abgeleitete Aufgabe ist in der Regel nicht sehr genau beschrieben, Eckdaten fehlen und die Lösung einiger Schwierigkeiten wird „der Umsetzung" überlassen. Was möchte also das Top-Management mit seinen Entscheidungen genau erreichen? Spekulationen lassen sich nicht ganz verhindern. Diese treffen auf eigene Meinungen und werden zu einem Projektauftrag. Je genauer jetzt die „strategische Kausalkette" im Rahmen der Strategieentwicklung formuliert und dargestellt wurde, desto genauer wird die Interpretation (in einem Projektauftrag) gelingen. Klarheit kann z.B. durch eine grafische Darstellung erreicht werden. Ein Gespräch zwischen dem „Auftraggeber" und dem „Auftragnehmer" könnte zur Klärung beitragen, dieses Gespräch wird aber erstaunlich oft nicht geführt; das liegt an der bereits in Kapitel 2.2 angesprochenen, häufig fehlenden herausgehobenen Stellung des Projektleiters in der Organisation. Diesem fehlt häufig genug der direkte und unkomplizierte Zugang zum Top-Management. Gespräche werden in Einzelfällen auch bewusst missinterpretiert, um Auslegungs- und damit in der Umsetzung Handlungsspielräume zu erhalten.

Stellen wir uns also vor, wir haben mehrere Umsetzungsprojekte, die so oder so ähnlich entstanden sind. Einige werden innerhalb eines Fachbereiches ausgeführt und gesteuert, andere werden direkt vom Vorstand oder in dessen direktem Auftrag gesteuert (verschiedenste Varianten finden sich in der Praxis). Was bedeutet in diesem Zusammenhang in der Praxis „Steuerung"? Es bedeutet in den allermeisten Fällen, dass ein Steuerungsgremium, Lenkungskreis oder Review Board eingerichtet wird. In diesem Gremium wird in regelmäßigen Abständen über den Fortschritt und ggf. Probleme berichtet sowie über den Stand der Umsetzung unterrichtet. Außerdem werden nun fortan die meisten Entscheidungen dort adhoc getroffen (in Kapitel 5 zeigen wir, warum das zu einer nur sehr begrenzt wirksamen Governance-Struktur führt). Nur im Falle einer außerordentlichen Abweichung vom Plan (sofern ein Plan vorliegt) wird dieses Umsetzungsprojekt Gegenstand einer wirklich substanziellen Diskussion im Top-Management werden, da Informationen über das Steuerungsgremium hinaus nur in seltenen Ausnahmefällen weitergegeben werden.

3.2 Das Projekt als Auftragnehmer

Ein strategisches Projekt wird somit zum Auftragnehmer: Vorstand bzw. Geschäftsführung beauftragen einen Fachbereich oder eine neu zu gründende Projektorganisation, obwohl die formalen Kriterien für einen definierten Projektauftrag häufig (aufgrund der bestehenden Unsicherheiten) nicht erfüllt werden. Die Beziehung zwischen dem Auftraggeber und dem Auftragnehmer wird in der Praxis mit allen Konsequenzen so verfolgt, als würde ein externer Dienstleister mit der Strategieumsetzung beauftragt werden. Dies entspricht dem Rollenverständnis vieler Führungsetagen; man beschäftigt sich mit dem Thema der Strategieumsetzung nur dann, wenn es zu Abweichungen kommt („Management by Exception"). Für die Abweichungen gibt es Verantwortliche und sollte die Strategie nicht erfolgreich sein, gibt es auch schon Schuldige. Warum wird es wohl in dieser Konstellation mit der Erreichung der Ziele schwierig werden?

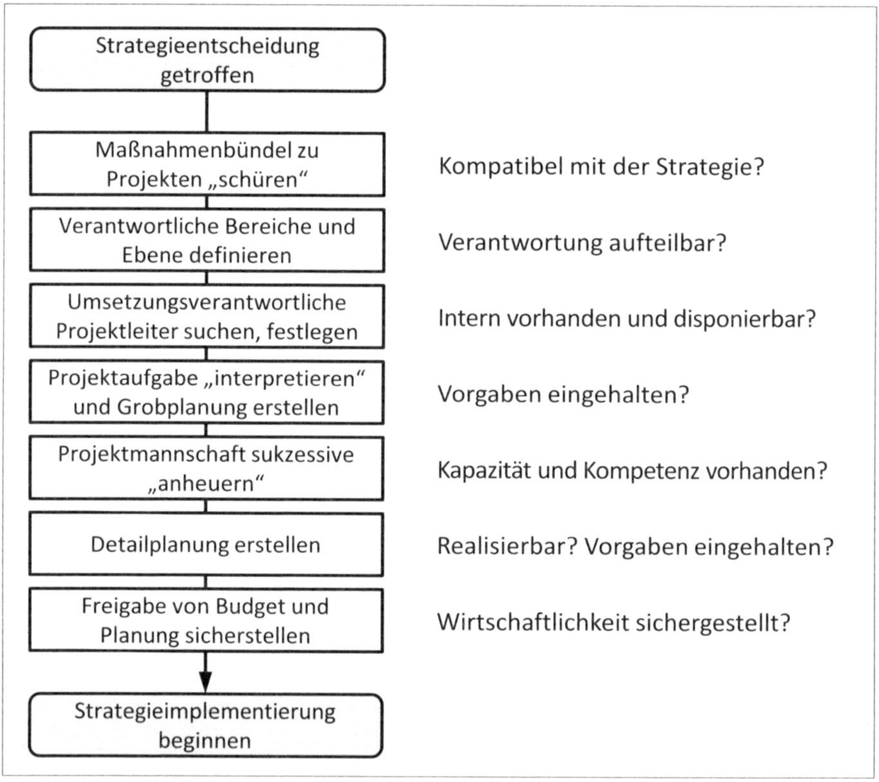

Abbildung 3-1: Typischer Ablauf von der Strategieentscheidung zum Umsetzungsbeginn

Zunächst sind wir in unserer kleinen Praxisgeschichte implizit davon ausgegangen, dass genügend Kapazitäten und die richtigen Kompetenzen innerhalb des Unternehmens vorhanden sind. Ist das wirklich realistisch?

Es gibt immer wieder den tatsächlich (bis zu einem gewissen Grad) erfolgreichen Ansatz, eine Organisation (mit ihren bestehenden begrenzten Ressourcen) mit einer größeren Arbeitsmenge zu belasten und festzustellen, dass diese größere Arbeitsmenge auch (zumindest teilweise) abgearbeitet werden kann. Wir behandeln hier aber nicht eine einstudierte tägliche Arbeit, die nur effizienter abgearbeitet werden soll, wir betrachten hier eine einmalige und komplexe Aufgabe, für die in der Regel zusätzliche Kompetenzen benötigt werden und die einen sehr hohen Stellenwert besitzt, weil davon die Veränderung des Unternehmens sowie die Erreichung strategischer Ziele abhängen.

Die Unternehmensführung oder der verantwortliche Fachbereich sollten die Umsetzung der Strategie so ernst nehmen, dass eine gezielte Ergänzung von Kapazitäten und Kompetenzen von vornherein geplant wird. Das betrifft auch die Rolle des Projektleiters. Noch bevor ein Projektmanager ernannt wird, muss die Unternehmensleitung sich darüber im Klaren sein, ob im eigenen Unternehmen eine geeignete Führungspersönlichkeit entbehrlich ist und dem Projekt zugewiesen werden kann. Diese überaus wichtige Entscheidung kann nicht guten Gewissens in einen Fachbereich delegiert werden, da dieser naturgemäß über noch weniger Spielraum hinsichtlich einsetzbarer Führungspersönlichkeiten verfügt als die Unternehmensführung.

Es sei der Hinweis ergänzt, dass ein Umsetzungsprojekt selbstverständlich auch durch einen externen Projektmanager verantwortet werden kann. Doch gleichgültig, ob intern oder extern, es ist wichtig, dass die gewählte Person hoch motiviert ist; eine formale Verantwortung hilft selten und dient nur einigen typischen Verhaltensweisen, z.B. nach dem Muster „Delegation-Misserfolg-Schuldiger“; ein trauriger und ganz sicher nicht erfolgreicher Managementansatz.

3.3 Zielvereinbarungen und Incentivierung

Ein Projektmanager, der für ein Umsetzungsprojekt verantwortlich zeichnet, wird sich entsprechend der gesetzten Motivationsfaktoren verhalten (wir haben die Incentivierung bereits im Kapitel 2.3.2 als Teil der organisationalen Kompetenz angesprochen, Abbildung 2-10), sofern überhaupt Ziele vereinbart wurden. Sind die Ziele unrealistisch hoch, so erfolgt ein Check-out (Ziele verlieren ihre Bedeutung als Orientierung und Maßstab) selbst dann, wenn eine Incentivierung außerordentlich hohe persönliche Erträge verspricht. Doch was würden Sie einem Projektleiter als Ziel mitgeben und wie würden Sie diese incentivieren? Ein grob umrissenes Projekt „liegt auf dem Tisch", es handelt sich noch nicht um ein detailliert geplantes Projekt. Somit fehlen Einschätzungen über die wesentlichen Eckdaten wie benötigtes Budget, Projektdauer und Ressourcenbedarf.

Das Prinzip der Balanced Scorecard[88] (BSC) ist weit verbreitet und bekannt: Es geht darum, die Zielsetzungen in einen kausalen Zusammenhang zu zerlegen. Nicht nur das finale übergeordnete Ziel, sondern auch Teilzielerreichungen werden so zur Beurteilung der Zielerreichung und der Leistungen herangezogen. In der Balanced Scorecard sind bereits Kategorien vorgegeben, die man verwenden kann, aber nicht muss. In Abbildung 3-2 zeigen wir eine Beispielstruktur einer BSC für einen Projektmanager im Bereich der Strategieumsetzung. Entscheidend ist, dass nicht nur die strategischen Unternehmensziele erreicht werden, sondern auch die richtigen Voraussetzungen für eine erfolgreiche Strategieumsetzung geschaffen werden, um damit die strategischen Ziele erreichen zu können. Meist sind dazu auch Abhängigkeiten zwischen Umsetzungsprojekten zu berücksichtigen. Diese Abhängigkeiten müssen in den Zielvereinbarungen aller entsprechend betroffenen Projektleiter aufgeführt werden, auch dann, wenn ein einzelner Projektleiter allein die Ziele nicht erreichen kann. Die Projektleiter werden auf diese Weise motiviert, mit den anderen Verantwortlichen zusammenzuarbeiten – das

---

88 Robert S. Kaplan, David P. Norton: Focusing your Organization on Strategy – with the Balanced Scorecard, Harvard Business Review OnPoint Collection, September-Oktober 1993

macht einen entscheidenden Unterschied für die Strategieumsetzung. Die Zielvereinbarung soll also nicht nur die Project Deliverables[89] enthalten, sondern auch die strategischen (Teil-)Ziele (also den eigentlichen Zweck des Projektes) sowie die zu schaffenden Voraussetzungen.

Um hier keine Verwirrung zu stiften: Es geht um strategische (Teil-) Ziele, die im Laufe des Projektes *erreicht werden können*, beispielsweise:

> *„80% der Vertriebsmitarbeiter nutzen die mit dem neuen XYZ-System eingeführten Prozesse für 90% der Sales-Opportunities".*

Im Gegensatz zu einem operativen Ziel, mit dem nicht wirklich etwas erreicht wurde, beispielsweise:

> *„80% der Vertriebsmitarbeiter haben Zugang zum neuen XYZ-System und wurden geschult".*

Gerade mit dem Blick auf die eigentlichen strategischen Unternehmensziele wird vermieden, dass ein gefährliches Vakuum zwischen Projekt und eigentlichen Zielen entsteht[90]. Strategisches Ziel könnte in diesem Beispiel das folgende sein:

> *„Umsatzsteigerung um xyz % durch Einsatz eines neuen in einem IT-System implementierten Vertriebsprozesses auf Basis besserer Kundendaten".*

---

89 Mit „Project Deliverables" sind die vom Projekt zu liefernden Ergebnisse gemeint. Derartige englische Begriffe haben sich (eigentlich unnötigerweise) in den deutschen Sprachalltag eingeschlichen und durchziehen heute in weiten Teilen die „amputierte Wirtschaftssprachkultur". Wir verwenden diese Begriffe dann, wenn sie wegen ihrer Verbreitung zur Verständlichkeit beitragen. Der Begriff „Project Deliverables" suggeriert bereits, dass es sich hauptsächlich um eine gegenständliche Lieferung handelt, während die eigentlichen Projektziele sehr viel weiter gehen.

90 Zielformulierungen sind „eine Wissenschaft für sich". Wir hoffen, dass das kleine Beispiel klar macht, worum es in der Strategieumsetzung hauptsächlich geht.

Das Vakuum wäre in unserem Beispiel die tatsächliche Nutzung des Systems. Ob diese Nutzung aber zu einem höheren Umsatz führen wird, liegt in der Verantwortung derjenigen, die sich für diese Strategie entschieden haben; das kann das Umsetzungsteam nicht leisten. Sind jedoch weitere Voraussetzungen zu schaffen, damit die Umsatzsteigerung – um bei dem Beispiel zu bleiben – erreicht wird, so sollten diese Voraussetzungen ebenfalls Teil dieses (oder eines anderen) Umsetzungsprojektes sein und gehören damit ebenfalls zu den in einer Scorecard zu verankernden Zielen.

Es sollte immer allen Beteiligten klar sein, dass die Verantwortung für die Entscheidung für eine bestimmte Strategie nicht bei dem Projektmanager des Umsetzungsprojektes liegt,

hier ist das Top-Management gefordert, Fairness[91] zu zeigen. Wir erleben das häufig in der Praxis, dass Fairness bewusst verweigert wird, indem auch das Ziel der Strategie in die Scorecard des Projektleiters mit nicht unerheblichem Gewicht einfließt, obwohl dieser nicht annähernd über die notwendigen Informationen aus dem Strategieentwicklungsprozess verfügt, um sich überhaupt ein Urteil über die Qualität der Strategie zu bilden. Auch das zeigt, wie wichtig es ist, die richtigen Kompetenzen in der Unternehmensorganisation zu entwickeln; eine sehr wichtige Kompetenz für die Strategieumsetzung ist die Einbettung der Fairness in die Unternehmenskultur[92]. Um das

---

91 Unter „Fairness" verstehen wir hier ein von den verschiedenen betroffenen Parteien geteiltes Verständnis individueller Gerechtigkeit. Weicht das Gerechtigkeitsverständnis der Parteien signifikant voneinander ab, so wird es keine „faire Verhandlung" geben, da die Verhandlung von den verschiedenen Seiten nicht die gleichen Grenzen kennt. Zur Bedeutung von „Fairness" im Management siehe: Harry J. van Buzen III: Fairness and the Main Management Theories if the Twentieth Century: A Historical Review, 1900-1965, in: Journal of Business Ethics, 82, 2008, S. 633-644

92 Constant D. Beugré: Managing Fairness in Organizations, Westport, 1998

Problem grundsätzlich zu umgehen, ist es auch denkbar, potenzielle Projektleiter von Umsetzungsprojekten bereits in die Strategieentwicklung einzubeziehen.

Ein Projektmanager muss auch motiviert werden, neue Erkenntnisse zur Tauglichkeit der Strategie mitzuteilen. Die Bedeutung dieser Motivation beschreiben wir weiter unten in Kapitel 3.4.

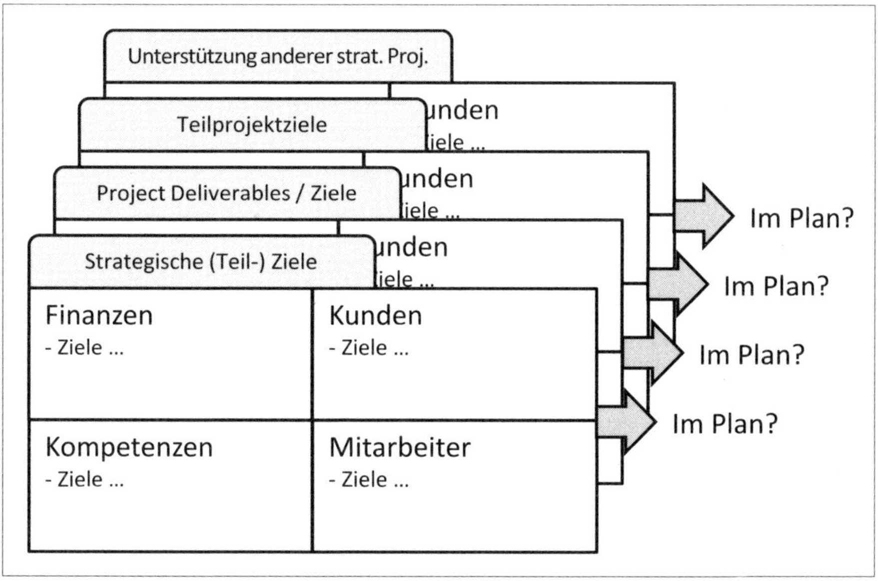

Abbildung 3-2: Scorecard für einen Projektmanager eines Strategieumsetzungsprojektes

Wir halten fest: Die Incentivierung des Projektmanagements sollte der strategischen Bedeutung der Projekte entsprechen. Allerdings muss eine Incentivierungsvereinbarung immer auch den potenziellen Misserfolg berücksichtigen: Wenn ein strategisches Ziel *verschuldet* nicht oder nur ungenügend erreicht werden kann, dann darf der Verantwortliche kein Incentive erhalten. Auf der anderen Seite muss ein Incentive als teilweise verdient gelten, wenn alle Voraussetzungen für die Erreichung der strategischen Ziele geschaffen wurden, die Rahmenbedingungen sich aber dermaßen verändert haben, dass sich die Ziele so wie ursprünglich geplant damit nicht mehr erreichen lassen. In diesem Zusammenhang muss sehr sensibel entschieden werden, welche sinnvollen und den verschiedenen Stakeholdern vermittelbaren Möglichkeiten ein Unternehmen (z.B. in einer Krise) zu Incentivierungen überhaupt hat, denn hohe Incentives müssen immer mit einem wirtschaftlichen Unternehmenserfolg einhergehen.

Auch für externe Dienstleister und Unternehmensberatungen gilt es, geeignete Incentivierungsmechanismen zu finden; ein Verhandeln eines Vertrages zwischen Einkaufsabteilung und Dienstleister mag aufgrund firmeninterner Regelungen zwingend sein und einigen Verantwortlichen sogar aufgrund der sportlichen Herausforderung attraktiv erscheinen, die inhaltlichen Aspekte und die Incentivierung sollten jedoch dabei nicht zu kurz kommen. Eine Einkaufsabteilung kann und soll die Erfahrung eines formalen Prozesses einbringen, sie kann aber in den seltensten Fällen die Erfahrung zur Bewertung externer Projektmanager oder Projektmitarbeiter einbringen. Es besteht hier die Gefahr, dass bei der Entscheidung zur „Auftragsvergabe" Formalismen schwerer wiegen als die inhaltlichen Aspekte. Das Ansehen der Strategieumsetzung im Unternehmen leidet zudem, wenn nur allzu deutlich wird, dass Skaleneffekte und Einzelpreise wichtiger sind als die Qualität (Effizienz *und* Effektivität) der externen Unterstützung. Nur allzu oft verstecken sich die Beteiligten hinter vorgegebenen Einkaufsprozessen, um den Unternehmensstandards zu entsprechen. Damit erfolgt aber auch in gewisser Weise eine Sozialisierung der Verantwortung für die Entscheidung.

Wie wir auch in Kapitel 7 ausführen, können die Produktivitätsunterschiede zwischen verschiedenen Mitarbeitergruppen oder Dienstleistern den Faktor zehn (!!!) ausmachen; hinzu kommen Effektivitätsunterschiede, die natürlich für sich genommen schon entscheidend für Erfolg oder Misserfolg eines Projektes sind. Das macht deutlich, dass die Gewichtung des Einzelpreises (z.B. Tagespauschalen oder Stundensätze) viel zu hoch angesetzt wird. Ein Feilschen um 10% ist der Bedeutung der Aufgabe in keinem Fall angemessen, aber natürlich legitim. Wird dadurch die Motivation zur Spitzenleistung gesteigert? Jedes Unternehmen muss hier seinen eigenen Kompromiss zwischen „wirtschaftlichem Handeln" und „Fokus auf den Erfolg der Strategieumsetzung" finden.

Sicher ist, dass eine schier unglaubliche Energie auf „billigen Einkauf" verwendet wird und die Bilanz der Strategieumsetzungserfolge weiterhin sehr schlecht ist.

Aber auch die Dienstleister müssen sich fragen lassen, warum sie „dieses Spiel" mitmachen – der Ausgang ist doch vorprogrammiert: Ein hauptsächlich nach dem Tagessatz ausgewählter und schließlich eingekaufter Berater kann nicht der geeignetste sein (es sei denn, man hatte Glück). Wenn man sich den üblichen Auswahl- und Einkaufsprozess vor Augen führt, wird deutlich, dass auch die „Slide-shows" während der von der Einkaufsabteilung gesteuerten Angebotspräsentationen nicht zielorientiert sind. Viel wichtiger ist es herauszufinden, für welche inhaltlichen und methodischen Überzeugungen ein Berater (und nicht sein Unternehmen) steht und welche Kompetenzen er (und nicht sein Unternehmen) einbringen kann. Notwendig sind z.B. Fähigkeiten des Zuhörens und einer ausgleichenden Wirkung sowie analytisches Denkvermögen bis hin zur Abdeckung fachlicher Anforderungen (vgl. hierzu Kapitel 2.2.2).

Ein vierfacher Preis ist günstig für einen Erfolg, ein Rabatt von 50% ist immer noch sehr teuer für einen Misserfolg.

Diese Erkenntnis kann nicht von einer Einkaufsabteilung erwartet werden, die Bedeutung der Strategieumsetzung und ihres Erfolges muss vom „Auftraggeber" (der Unternehmensführung) kommen. Die am Einkaufsprozess Beteiligten handeln völlig legitim nach ihrer eigenen Incentivierung ... und die ist mit großer Wahrscheinlichkeit an einem niedrigen Einkaufspreis ausgerichtet. Niemand würde heute auf den Gedanken kommen, einen Flugzeugrumpf aus Stahl zu produzieren, nur weil Stahl einen günstigeren spezifischen Preis hat als Aluminium. Externe Berater werden aber häufig in erster Linie nach ihrem „Stückpreis" ausgewählt.

Wir können dies deshalb nicht oft genug betonen: Bei der Wahl der Projektmanager und des Schlüsselpersonals der Umsetzungsprojekte sollten nur wenig Kompromisse eingegangen werden. Nur so kann ausgeschlossen werden, dass ein Umsetzungsprojekt nicht zu einem reinen Glücksspiel wird.

3.4 Zusammenstellung des Teams

Entwickeln wir nun unser Beispiel weiter: Bisher haben wir einen Projektmanager und einige Mitarbeiter für Schlüsselpositionen im Projekt. Die Projektaufgabe ist nach wie vor nur grob beschrieben, wir haben jedoch Ziele und geplante Projektergebnisse und damit die wesentlichen Elemente auch einer Scorecard festgelegt, so dass wir davon ausgehen können, dass das Projektteam *nicht nur* auf die operative (sture) Umsetzung „gepolt ist", sondern auch die Erreichung der strategischen Ziele im Blick hat. Wir haben bereits erläutert, dass die Verantwortung des Top-Managements an dieser Stelle nicht aufhört, da die Entscheidung für genau diese Strategie ja nicht vom Projektteam getroffen wurde, das im Übrigen ja meist weder über das notwendige Wissen noch die Fähigkeiten verfügt, darüber zu urteilen und zu entscheiden.

Ein häufiger Fehler ist es nun, das Projektteam auf genau diese Strategie so einzuschwören, dass keine anderen Meinungen mehr zugelassen werden. Das führt - völlig unnötigerweise - dazu, dass im Falle wichtiger Gegenargumente oder neuerer Erkenntnisse diese „totgeschwiegen" werden, da die Strategie nicht in Frage gestellt werden darf[93]. Das Projektteam sollte motiviert werden, diese möglicherweise aufkommenden neuen Erkenntnisse weiterzugeben, so dass eine Neubewertung von der Fachbereichsleitung oder dem Vorstand erfolgen kann. Das Management braucht das Umsetzungsprojekt auch als Frühwarnsystem, falls sich Rahmenbedingungen verändern oder schlicht falsche Annahmen während der Strategie*entwicklung* getroffen wurden. Eine besonders kritische Einstellung eines Projektteams ist auf der anderen Seite genauso unerwünscht, da sich die Einstellung schnell auf andere Mitarbeiter überträgt und

93 Siehe hierzu den Klassiker von Irving Janis: Groupthink – Psychological Studies of Policy Decisions and Fiascoes, Boston, 1982

daraus nur unnötige Hürden entstehen. Im Idealfall ist das Projektteam daher objektiv, neutral und dabei so professionell, dass die Strategie im Rahmen der Umsetzungsarbeit als die einzig richtige vertreten wird. Sobald jedoch im kleinen Kreis über den Fortschritt oder Optionen gesprochen wird, gibt es keine Tabus.

Wie unschwer zu erkennen ist, spricht diese gewünschte Einstellung eher für ein Kernteam externer (und handverlesener) Projektmitarbeiter, die sich einfacher dem Zwang zur „vorgeschriebenen Meinung" entziehen können. Abbildung 3-3 soll dies plakativ in einer Gegenüberstellung zeigen. Im Einzelfall sind die extremen Ausprägungen natürlich so nicht zutreffend. Es geht in der Darstellung lediglich um eine Tendenzaussage, die ein Überdenken der internen Besetzungen anregen soll. Die praktischen Erfahrungen zeigen: „Die Mischung macht's".

Aus der Herausforderung, Kapazitäten und die richtigen Kompetenzen an das Umsetzungsprojekt zu binden, wird schnell ein Budget-Problem, noch bevor das Projekt richtig begonnen hat. Der taktische Umgang mit diesem Problem hat schon so manches Projekt um den Erfolg gebracht.

3.5 Das Budgetproblem zum Projektstart

Ein Budgetproblem zum Projektstart entsteht häufig dann, wenn optimistische Annahmen über die personelle Besetzung eines Umsetzungsprojektes getroffen wurden. Fehleinschätzungen zu dem Projektumfang etc. treten in der Regel erst mit einer detaillierten Planung zutage. Entscheidend ist, dass in dieser Startphase des Projektes die Last eines Budgetproblems nicht beim Projektleiter oder dem Umsetzungsteam liegen darf, der die Probleme einer finanziellen Restriktion allein lösen soll. Der Auftraggeber muss zu seiner Verantwortung stehen, wenn die Ersteinschätzung zu den Projektkosten falsch war. Diese Ersteinschätzung wurde im Rahmen der Strategieentwicklung (Wirtschaftlichkeitsnachweis) oder der Definition der Projekte getroffen.

Einige Aspekte eines Projektmanagement-Kompetenzprofils	intern	extern
Angemessene Projektmanagement-Methodenadaption	Es werden in der Regel nur intern erprobte Methoden angewendet. Gibt es keine Unternehmensstandards, so unterliegt die Auswahl dem Zufall.	Externe Dienstleister verwenden oftmals bevorzugt ein bestimmtes Vorgehen, kennen jedoch aus der Praxis verschiedenste methodische Ansätze.
Zum Projektnutzen einsetzbare Projekterfahrungen	Meist liegen nur unternehmensinterne Projekterfahrungen vor. Eine hohe Fluktuation mildert den Effekt.	Erfahrungen aus verschiedensten Projekten und mit den unterschiedlichsten Problemen liegen in aller Regel vor.
Neutralität bei Abwägungen zur zielgerichteten Entscheidungsfindung	Jeder interne Projektleiter und Projektmitarbeiter ist an die interne Machtverteilung gebunden und wird sich entsprechend zur eigenen Nutzenoptimierung daran orientieren.	Externe Mitarbeiter sind ihrem Arbeitgeber verbunden und fühlen sich meist auch dem Auftraggeber gegenüber verantwortlich. Ein Taktieren aufgrund der internen Machtverteilung wird eher die Ausnahme sein.
Vorhandene und einsetzbare Wissensbasis	Die Wissensbasis ist an die Erfahrungen und das Wissen der eigenen Mitarbeiter gebunden und daher sehr begrenzt.	Die interne Wissensbasis kann von einem Dienstleister genauso genutzt werden wie externe Quellen aus dem Dienstleistungsunternehmen.

Abbildung 3-3: Interne vs. externe Projektmanagement-Besetzung

Es gibt immer wieder persönliche Erfolgsgeschichten, die auch unter sehr harten Budgetauflagen entstanden sind. Dazu zwei Anmerkungen: Sie werden von den vielen Misserfolgen naturgemäß wenig erfahren und natürlich müssen auch harte Budgetrestriktionen eingehalten werden; allerdings dort, wo das auch sinnvoll ist ... und es ist sicher nicht sinnvoll, die „zweite Garde" an die Spitze eines strategischen Projektes zu setzen.

Also sollten Projektmanagement und Schlüsselpositionen weitgehend unabhängig von Sparzwängen besetzt werden. Eine Beteiligung an zusätzlichen Erträgen aus einer erfolgreich umgesetzten Strategie könnte ein guter Kompromiss sein zwischen aktuellen Sparzwängen und dem berechtigten Interesse von Spitzenkräften auf eine Spitzen-Kompensation ihrer Leistung; das sollte zu keinem Zeitpunkt ein Thema sein, um nicht von den anstehenden Aufgaben abzulenken.

Bisher waren nur Budgetrestriktionen ein Thema, nicht aber, wo die Budgets eigentlich herkommen. Entsprechend der verschiedenen Strategieschulen (siehe dazu Kapitel 1) gibt es unterschiedliche Zeitpunkte während des Strategieentwicklungsprozesses, zu denen das Budget spezifiziert wird.

Da eine Strategieentwicklung ein kreativer Prozess ist, wird während dieses Prozesses versucht, restriktive Parameter wie z.B. die Finanzierung der Umsetzung möglichst weitgehend auszublenden. Die Attraktivität einer Strategie hängt aber auch (und das ganz entscheidend) von der Wirtschaftlichkeit ab. Um die Wirtschaftlichkeit unterschiedlicher Strategien gegenüberstellen zu können oder diese von nur einer Strategie nachweisen zu können, ist eine Planung der Umsetzung (mindestens eine Grobplanung) sowie der eingesetzten Mittel und der erforderlichen Zeit notwendig. Je nach Strategieschule wird hier unterschiedliches Gewicht auf diesem Schritt liegen. Aus der ermittelten Wirtschaftlichkeit ergeben sich zusätzlich grobe Anhaltswerte für ein maximales Budget.

Der zu Projektbeginn eingesetzte Projektmanager (gleichgültig, ob Vollzeit-Projektmanager oder Bereichsleiter/Bereichsvorstand in Personalunion) hat mit seinem Kernteam die Aufgabe, die Grobplanung (sofern man das zu diesem Zeitpunkt schon so nennen kann) zu verfeinern und damit auch die Annahmen der Beauftragung der Strategieumsetzung zu validieren. Diese Aufgabe ist bereits ein weiterer Test, inwiefern die Beteiligten es wirklich ernst meinen mit der Umsetzung der gewählten Strategie. Der Projektmanager muss zeigen, dass es ihm (oder ihr) nicht nur um ein „Aufblasen" von Zeit- und Kostenrahmen zum eigenen Vorteil (einfachere Zielerreichung) geht. Auf der anderen Seite muss auch der beauftragende Manager zeigen, dass er (oder sie) lernfähig ist, d.h. im Falle neuer Erkenntnisse nicht auf den ursprünglichen Annahmen beharrt. Wichtig für beide Seiten ist, dass es nicht den Anschein haben sollte, als müsse man die jeweils andere Seite mühsam überzeugen. Ist das nämlich der Fall, so wird es während des Umsetzungsprojektes ständig ein mühsames Ringen um Details geben, das sowohl unnötig Zeit wie auch Energie kostet. Man sollte sich dagegen einschätzen und vertrauen können – nur so wird die gemeinsame Kraft sinnvoll in dem Umsetzungsprojekt gebündelt werden.

3.6 Verbindlichkeit einer Wertebasis

In dieser Phase der „Auftraggeber-Auftragnehmer- Beziehung" kann ein Kodex helfen, das Verhalten der Beteiligten in die richtige Richtung zu lenken. Viel zu oft treffen übersteigerte Erwartungen aufeinander. Letztlich ist jedoch nur wichtig, dass beide Seiten den notwendigen Willen zu einem guten Kompromiss zeigen. Die „Auftraggeberseite" kann sich nicht aus der Verantwortung stehlen, die „Auftragnehmerseite" muss zeigen, dass sie auch ein echtes Interesse an der erfolgreichen Umsetzung der Strategie bzw. eines Teiles der Strategie hat und nicht systematisch den Scope des Projektes auf ein Minimum reduzieren möchte. Denn das Ergebnis des Projektes ist in der Regel noch nicht gleichbedeutend mit einer umgesetzten Strategie, es ist ein Teil zur Erreichung der Ziele, nicht jedoch die Zielerreichung selbst. In Beispiel 3-1 zeigen wir, welche Bestandteile ein solcher Kodex enthalten sollte. Ziel ist das gemeinsame Verständnis, nicht zwangsläufig ein „Vertrag".

Mit der Erstellung des Projektplanes können nun sowohl die Machbarkeit als auch die Wirtschaftlichkeit des Vorhabens an sich ansatzweise nachgewiesen werden. Darüber hinaus sind vage Zeitvorstellungen in eine konkrete Zeitplanung überführt worden. Auf die im Rahmen der Strategieumsetzung notwendigen Anpassungsprozesse ist besonders zu achten (you may remember: „senk ju for träwwelling wis ..."), diese werden ihre Zeit in Anspruch nehmen, also seien Sie ehrlich zu sich selbst (und damit verantwortungsbewusst Ihren Mitarbeitern gegenüber). Die Strategieumsetzung und damit auch die Umsetzungsprojekte sind erst nach diesen Anpassungsprozessen beendet. Es sei hier auch auf das Kapitel 7 verwiesen, in dem es u.a. um die Mitarbeitermotivation geht, ein Erfolg stellt sich nur *mit,* nicht gegen die Belegschaft ein.

Nach der Planung muss die ursprüngliche Scorecard angepasst werden; die detaillierte Projektplanung liefert die entsprechend anzupassenden Daten. Doch wie geht man mit den immer detaillierteren und stärker fixierten Zielen sinnvoll um? Sollte man z.B. einen Puffer in Budgets und Zeiten einbauen?

Kodex

Chancen und Risiken werden realistisch eingeschätzt (nicht kleingeredet, aber auch nicht „aufgeblasen"). Unsicherheit wird nicht zur Hürde, bevor die Risiken dies aufzeigen. Chancen werden nicht übertrieben dargestellt.

Die Logik des Planes stimmt (und enthält alle wichtigen Abhängigkeiten). Alle Beteiligten haben sich damit ausreichend auseinandergesetzt.

Einen „Plan B" gibt es für alle relevanten Chancen und Risiken. Es gibt keine wichtigen Absicherungslücken.

Über einen „Plan B" wird „öffentlich" erst dann geredet, wenn über die Verfolgung dieses Planes formell entschieden wurde. Eine Verunsicherung der Belegschaft wird auf jeden Fall vermieden.

Alle Rahmenbedingungen gelten als „gesetzt", bis diese belegbar widerlegt werden. Neue Erkenntnisse werden in einem dafür definierten Kreis aber unmittelbar ausgetauscht.

Beispiel 3-1: Bestandteile eines Kodex zur Vereinbarung in der ersten Phase der Strategieumsetzung

An diesen Fragen zeigt sich wieder, wie ernst es beiden Seiten (Auftraggeber und Auftragnehmer) wirklich ist, die Strategie erfolgreich umzusetzen. Natürlich möchte und braucht ein Projektmanager z.B. einen Zeit-Puffer und natürlich möchte ein beauftragender Vorstand möglichst keinen zusätzlichen Zeit-Puffer geben, da dieser ja in dem Moment des Entstehens erfahrungsgemäß gedanklich schon verbraucht ist; soweit die typischen Positionen. Wichtig in dieser Phase ist ein *gemeinsames ganzheitliches* Verständnis der Strategie und der Umsetzungsplanung. Aus diesem Verständnis kann ein Zeitpunkt abgeleitet werden, bis zu dem die Strategieumsetzung voraussichtlich gerade noch als erfolgreich angesehen werden kann. Das sollte der Minimum-Incentive-Punkt sein. Dann gibt es noch einen idealtypischen Verlauf der Umsetzung mit einem Minimum-Puffer für unvorhersehbare Ereignisse (dieser darf nicht Null sein!) - das ergibt dann den Score für ein normatives Maximal-Incentive, dass aber durch noch schnellere oder günstigere Erreichung überschritten werden können muss. Hierbei ist jedoch „quick and dirty"-Lösungen kein Vorschub zu leisten.

Mit einer derartigen Vereinbarung (Scorecard mit Incentivierungsvereinbarung) müssen beide Seiten gut leben können. Die Schwierigkeit der Umsetzung resultiert in erster Linie aus mangelndem Vertrauen. Haben also entweder Auftraggeber oder Auftragnehmer hier bereits ihren Ruf verspielt, so steht ihnen kaum noch der Weg offen, einen fairen Ausgleich der Interessen zu erreichen – es läuft dann immer auf ein Feilschen unter Zugrundelegung von Halbwahrheiten hinaus. Man kann sich schließlich nicht gegenseitig die Richtigkeit aller Annahmen „beweisen"; der Spielraum für Varianzen ist zu groß.

Besonders herausfordernd sind derartige Vereinbarungen mit externen Mitarbeitern oder Partnern, die Zwängen der Risikoabsicherung innerhalb ihrer eigenen Organisation unterliegen; diese Zwänge sind nachvollziehbar und sprechen auf keinen Fall gegen diese Partner. Umso schwieriger wird es, eine vertragliche Vereinbarung zu erreichen. Der Auftraggeber muss sich entscheiden, ob eine vergleichsweise geringe Incentivierung (und damit verbunden ein geringes Risiko für den Dienstleister) für ihn akzeptabel ist. Letzteres ist leider auch damit verbunden, dass „nur" die Aufgabe erfüllt wird und spätere Anpassungen des Auftrages zu Lasten des Auftraggebers gehen werden, auch dann, wenn die Erfüllung der Aufgabe nicht mehr zur Zielerreichung beiträgt. Auf der anderen Seite müssen sich auch Dienstleister fragen, ob Premium-Preise nachhaltig ohne Risiko und echte Verantwortungsübernahme erzielbar sind. Beiden Seiten muss also bewusst sein oder werden, dass hierbei hartes Verhandeln nur mit dem Ziel, ein Ungleichgewicht zu eigenen Gunsten zu erzeugen, letztlich zu dem Preis erkauft wird, die Zielerreichung ganz zu riskieren, weil die Motivation beider Parteien auseinander läuft. Wir haben es gerade nicht mit einem vielfach erprobten Projekt wie z.B. dem des Hausbaus[94] zu tun, und daher sind Veränderungen während der Projektlaufzeit in aller Regel zu erwarten.

Strategieumsetzung lässt sich zwar in Bestandteile zerlegen, die, jeder für sich betrachtet, vielfach erprobt sind. Das ist aber in den seltensten Fällen realistisch, auch wenn einzelne Dienstleister oder auch interne Abteilungen dieses Bild gern vermitteln, so ist es doch für diese oft auch eine echte Herausforderung, zum gewünschten Projektergebnis zu gelangen. Das liegt nicht zuletzt daran, dass die in der Angebotspräsentation dargestellten Methoden, Tools und Erfahrungen so nicht sinnvoll zum Einsatz kommen werden. Darüber ist man sich vielfach auch bewusst und lässt sich trotzdem immer wieder auf das gleiche Spiel des „Beauty Contest" (der Angebotspräsentationen) nach immer den gleichen Spielregeln ein.

Lösen Sie sich von der Vorstellung, dass eine Strategieumsetzung „billig" zu bekommen ist, und zwar völlig unabhängig davon, ob die Umsetzung extern unterstützt wird oder eine interne Teambesetzung ausreicht. Es ist natürlich Ihr Recht und Ihre Pflicht, darauf zu achten, dass die Strategieumsetzung wirtschaftlich sinnvoll ist. Nach unserer Überzeugung helfen dabei hauptsächlich variable Vergütungsbestandteile - schließen Sie einfach keinen Vertrag mit jemandem, der dazu nicht zu für Sie akzeptablen Bedingungen bereit ist. Für die Rolle der Dienstleister wiederum spielt die Offenheit eine große Rolle, um die Risiken eines Auftrags möglichst gut abschätzen zu können. Ist diese nicht in ausreichendem Maße gegeben, so muss man sich

---

94 In Relation zu strategischen Projekten ist ein Hausbauvorhaben nahezu trivial. Und doch weiß jeder, der selbst Bauherr war, wieviele Probleme sich auch im Rahmen eines Hausbauprojektes ergeben können.

über die mangelnde Bereitschaft zur Flexibilisierung der Kompensation nicht wundern.

Der Fokus sollte deshalb viel stärker auf den qualitativen Aspekten der Leistung von Teammitgliedern und externen Partnern und den sich daraus ergebenden Anforderungen liegen:

- Gibt es (für den Business Case) wichtige Termine?
- Wie können diese möglichst optimal erreicht werden?
- Welche Verhaltensänderungen sollen wie und wann erreicht werden?
- etc.

Die Verhandlungsphase sollte dabei nicht unnötig kompliziert werden. Sonst fängt das Projekt nie an. Eine angemessene Zeitspanne für diese Phase muss in der Planung auf jeden Fall berücksichtigt werden.

Eine Anpassung einer Scorecard kann mit einem externen Dienstleister nur dann erreicht werden, wenn das nach vorgegebenen und bereits vereinbarten Regeln erfolgt. Deshalb empfehlen wir reine Dienstleistungsverträge ohne Incentivierung für die Planungsphase und die Vereinbarung sowohl des Vorgehens als auch eines Schemas für die anschließende Incentivierung der Umsetzungsunterstützung. Es wird ein einfacher Mechanismus benötigt, z.B.: Vereinbarung eines Preises ohne Erfolgsabhängigkeit als Basisvergütung (akzeptables Minimum-Kompensationsniveau), z.B. + 20% für die vereinbarte Zielerreichung, weitere z.B. 20% gibt es bei klar übererfüllten Kriterien. Allerdings muss auch versucht werden, einen Endspieleffekt[95] zu vermeiden.

Für interne Kräfte wie auch externe Partner gleichermaßen gilt, dass sie bereit sein sollten, sich anteilig auch am Gesamterfolg der Strategie messen zu lassen. Nur so kann sichergestellt werden, dass eine Zusammenarbeit und damit die *gemeinsame* Zielerreichung für alle Beteiligten erstrebenswert ist. Trennen Sie sich rechtzeitig von Teammitgliedern oder externen Partnern, die sichtbar diesen Weg

---

[95] Der Endspieleffekt tritt auf, wenn in den letzten Perioden eines betrachteten Zeitraums sich das Handeln an den Bewertungsparametern stärker oder schwächer orientiert, z.B. weil Ziele schon erreicht sind oder nicht mehr erreicht werden können.

nicht mitgehen möchten. Wirklich jeder ist ersetzbar, unter Umständen nur nicht kurzfristig. Aber: Ihre Vorstellungen sollten auch realistisch sein. Jeder muss seine Rechnungen bezahlen können und daher ist es völlig nachvollziehbar und nur fair, einen fixen Anteil zu *erträglichen* Konditionen zu vereinbaren. Sprechen Sie darüber offen mit den Beteiligten.

Beruht das Verhältnis zwischen Auftraggeber und Auftragnehmer auf einem ausgeglichenen „Geben und Nehmen", so wird das Verhältnis trotzdem dadurch kompliziert, dass sich Projekte der Strategieumsetzung in den seltensten Fällen so „schneiden" und so definieren lassen, dass nach dem Projektstart die komplette Verantwortung beim Projekt liegt. Vielmehr erfordert die besondere Situation der strategischen Relevanz und der damit häufig verbundenen Unsicherheiten immer wieder auch die Verantwortungsübernahme durch den Auftraggeber. Er muss Richtungsentscheidungen treffen, wenn es z.B. um unterschiedliche Realisierungsalternativen geht, und beeinflusst damit wieder die Möglichkeit der Zielerreichung nach der vereinbarten Scorecard.

In der Praxis werden Scorecards bereits in vielen Projekten als Grundlage der Incentivierung verwendet. Eine Anpassung erfolgt informell auch bereits häufig dann, wenn Ziele nicht mehr erreichbar sind, die Verantwortung dafür aber nicht bei dem Projektleiter, sondern außerhalb seines direkt beeinflussbaren Umfeldes liegt. Hat der Projektleiter trotz Veränderung von Rahmenparametern alle sinnvollen Maßnahmen zur Erfolgssicherung ergriffen, so ist es nur fair, die Scorecard auch in seinem Sinne anzupassen. Eine Verhaltensweise, Manager regelmäßig auszutauschen, wenn etwas nicht entsprechend der Scorecard umgesetzt wurde, obwohl die Verantwortung dafür in ganz anderen Bereichen oder Ebenen liegt, ist keine brauchbare Vorgehensweise. Sie untergräbt substanziell eine auf den gemeinsamen Erfolg ausgerichtete Unternehmenskultur.

Wenn es um den viel zitierten Hausbau ginge, so sind die Risiken meist bekannt und die Projektumsetzung lässt sich hinreichend genau planen und entsprechend auch umsetzen (trotz aller Schwierigkeiten in der Praxis). Handelt es sich dagegen um eine Strategieumsetzung, so sind Menschen davon betroffen, deren Verhalten nicht so einfach vorhersagbar ist, es werden Teilaufgaben erfüllt werden müssen, für die Erfahrungswerte noch fehlen. Die Bereitschaft zur Lücke in den zu treffenden Vereinbarungen ist ein wesentlicher Faktor für den

Erfolg der Strategieumsetzung. Dies spricht im Übrigen grundsätzlich eher gegen den von vielen so geliebten Werkvertrag.

Auftraggeber-Verantwortung

Motivation derjenigen Mitarbeiter, die von der Strategieumsetzung betroffen sein werden

Überwachung der Gültigkeit von Annahmen, die der Strategie zugrunde liegen

Anpassung der Strategie an neue Erkenntnisse

Kommunikation über Erfolge und Misserfolge der Strategieumsetzung

Entscheidungen über die (auch personelle) Ausstattung der Strategieumsetzung

Schaffung von Voraussetzungen für eine möglichst effiziente und effektive Zusammenarbeit und Koexistenz zwischen Tagesgeschäft und Strategieumsetzung

Rechtzeitige Bereitstellung der benötigten Budgets

Sicherstellung von Planungssicherheit für interne wie externe Projektmitarbeiter

Rechtzeitige Bereitstellung von Organisationsmitteln und Räumen sowie von Abrechnungs- und Beschaffungsprozessen für das Projekt

Sicherstellung des regelmäßigen Zugangs der Projektleitung zur Geschäftsführung

Definition und Abstimmung der Zugänge des Projektes in die Linienfunktionen

Abbildung 3-4: Vom Auftraggeber verantwortete Teilaufgaben

Jede Veränderung der Leistungsbeschreibung wird mühevoll verhandelt werden müssen und sicher nicht günstig eingekauft werden können. Es ist doch die Regel und nicht die Ausnahme, dass sich Projektinhalte substanziell ändern (z.B. durch neue Erkenntnisse).

Zusammenfassend zeigt Abbildung 3-4 diejenigen Teilaufgaben, für die der Auftraggeber die Verantwortung nicht abgeben kann.

Die Steuerung einer möglichst erfolgreichen Strategieumsetzung bekommt durch Abhängigkeiten zwischen mehreren Projekten sowie zu Aktivitäten der Linienorganisation einen zusätzlichen Komplexitätsgrad. Üblicherweise wird eine Strategie durch ein Maßnahmenbündel umgesetzt, dass wiederum zu einem Portfolio an Projekten führen wird, in dem die Maßnahmen sinnvoll zusammengefasst werden. Der theoretische Fall einer Unabhängigkeit der Projekte voneinander wird so in der Praxis nicht anzutreffen sein (im Beispiel 3-2 zeigen wir Abhängigkeiten zwischen Projekten).

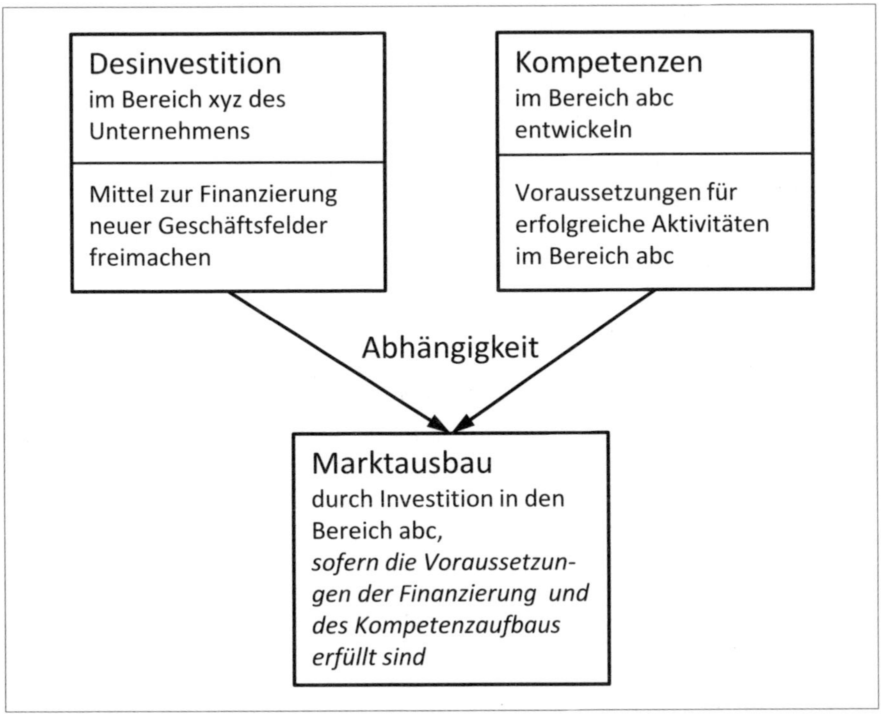

Beispiel 3-2: Voneinander abhängige Maßnahmenpakete

Und damit wird eine erfolgsabhängige Komponente bei der Bindung von Teammitgliedern ungleich schwieriger.

Schon deshalb sprechen wir uns partiell für die Verwendung von nur gemeinsam erreichbaren Zielen aus; das fördert nicht nur die Zusammenarbeit, es schafft auch eine Sensibilität für die Belange der Projekte untereinander und fördert so auch das Ergebnis und die gegenseitige Unterstützung. Niemand lehnt eine Abhängigkeit der Incentivierung vom Gesamtunternehmensergebnis in der Praxis ab, niemand lehnt eine Incentivierung in Abhängigkeit von einem Bereichsergebnis ab, da diese Regelungen einleuchten. Deshalb muss es auch möglich sein (und im Zweifelsfall eingefordert werden), einen Teil der Incentivierung von einer gemeinsamen Zielerreichung mehrerer miteinander verknüpfter Projekte abhängig zu machen.

Zusammenarbeit ist bereits zwischen verschiedenen Projekten eine seltene Erscheinung, gegenseitige Unterstützung ist kaum anzutreffen, weil genau das Gegenteil des hier Gesagten oft bewusst versucht wird: Die komplette Abgrenzung der Projekte voneinander und die getrennte Steuerung verbunden mit getrennten und eindeutig unterscheidbaren Zielen. Dahinter verbirgt sich die Sehnsucht, Verantwortungen akademisch und sauber zu trennen („you get what you measure") – jeder würde sich darüber freuen, wenn die Strategieumsetzung deterministisch (also ohne Risiken umsetzbar „bis zur letzten Schraube") planbar wäre, das ist sie aber nicht. Die meisten Unternehmen würden ihre strategischen Ziele erreichen und wir bräuchten dieses Buch nicht. Natürlich könnte man dann die Leistungen des Einzelnen wirklich quasi „ausrechnen" - und zusammen mit einem 360-Grad-Feedback[96] und anderen Instrumenten der Personalführung wäre dann vielleicht eine individuelle Personalsteuerung möglich. Menschen folgen jedoch keinem deterministischen Muster - selbst mit Maschinen würde das nicht funktionieren, weil diese noch viel stringenter ihre „eigene" Zielerreichung opti-

[96] Siehe dazu: Mary Carson: Saying it like it isn't: The pros and cons of 360-degree feedback, in: Business Horizons, Volume 49, Issue 5, September–October 2006, Seiten 395-402

mieren würden und man daher sehr schön beobachten könnte, wie diese sich gegenseitig „das Leben schwer machen".

Der hier aufgezeigte Konflikt kann nicht vollständig aufgelöst werden. Er zeigt, wie wichtig es ist, die Verantwortlichkeiten zu regeln. Ein Hilfsmittel dafür ist die in Kapitel 2 eingeführte Verantwortlichkeitsmatrix. Diese Matrix stellt ein „lebendes Dokument" dar, das während der Strategieumsetzung regelmäßig angepasst werden sollte.

Kernbotschaften des Kapitels 3

Bei der Besetzung strategischer Projekte entsteht immer ein Auftraggeber-Auftragnehmer-Verhältnis, faktisch auch bei interner Besetzung.

Auftraggeber können die Verantwortung für die Strategieumsetzung nicht abgeben, sie können lediglich die Ausführung von Aufgaben übertragen.

Der Preis des Schlüsselpersonals ist sekundär: Für die Umsetzung einer Strategie sollten die bestmöglich geeigneten Personen eingesetzt und ggf. durch externe Fachleute ergänzt werden.

Individuelle Scorecards für Projekte und Projektleiter können die Voraussetzung für eine zielgerichtete Motivation schaffen. Anpassungen der Scorecards müssen während der Projektlaufzeit aber möglich sein, wenn sich Rahmenbedingungen stark verändern (und nur dann).

Ein Kodex kann helfen, eine den Projekterfolg unterstützende Projektkultur auszuprägen. Der Kodex bezieht sich auf die Verantwortung gegenüber dem Unternehmen und sollte Fairness fördern.

Zur Vertiefung empfehlen die Autoren folgende Fachliteratur:

Robert S. Kaplan, David P. Norton:
Focusing your Organization on Strategy – with the Balanced Scorecard
Harvard Business Review OnPoint Collection,
September-Oktober 1993

Das Instrument der Balanced Scorecard wird bereits in vielen Unternehmen eingesetzt. Doch der Einsatz entspricht häufig nicht den Anforderungen an ein strategisches Führungsinstrument. In dem hier zitierten Artikel beschreiben die „Erfinder" der Balanced Scorecard nicht nur das Instrument, sie geben auch Hinwese darauf, wie der Einsatz des Instrumentes gedacht ist, und damit einen Einblick in die tiefere Logik. Die Autoren haben eine Reihe sehr ähnlicher Artikel verfasst, die meisten erfüllen den hier beschriebenen Zweck.

Reinhard P. Oechtering:
Die Rolle des Auftraggebers im Projektmanagement – Teil 1 - Aufgaben und Verantwortung in internen Projekten
Projektmagazin, Ausgabe 12/2007, Sonderdruck

Dieser Artikel beschreibt die Rolle des Auftraggebers am Beispiel des internen Projektes. In vielen Büchern über Projektmanagement finden sich vergleichbare Abschnitte oder Kapitel, in denen auf das Problem eingegangen wird, dass in vielen Projekten der Auftraggeber seiner Verantwortung nicht gerecht wird. Für Anregungen hinsichtlich einer Verantwortungsaufteilung sind die vielen Veröffentlichungen gut geeignet. Die Entscheidung für eine konkrete Aufteilung kann den verantwortlichen „Auftraggebern" aber nicht abgenommen werden. Wir haben deshalb in unserem Kapitel 3 auf die wesentlichen Elemente aufmerksam gemacht und die Beziehung aus beiden Richtungen betrachtet (vonseiten des Auftraggebers und des Auftragnehmers).

Weitere Fachliteratur können wir Ihnen an dieser Stelle nicht empfehlen, da es sich bei unserer Abhandlung um unsere eigens entwickelte Sichtweise handelt. Die vielen Bücher über das Projektmanagement, die diesen Aspekt der Auftraggeber-Auftragnehmer-Beziehung streifen, gehen in aller Regel nicht auf die Besonderheiten der Strategieumsetzung und damit auf die uns besonders interessierenden Aspekte ein.

„Wenn du eine Entscheidung treffen musst und du triffst sie nicht, ist das auch eine Entscheidung“, William James

Oder: Welche Entscheidungen zu Beginn einer Strategieumsetzung getroffen werden sollten.

Zusammenfassung Kapitel 4

Strategieentwicklung ist ein schwieriger Prozess, Strategieumsetzung eine Qual, und zwar besonders dann, wenn wichtige Entscheidungen zum Beginn der Umsetzung nicht getroffen wurden. Die Gründe des Entscheidungsunwillens sind vielfältig, manchmal ist schlicht nicht klar, worüber bereits in der Startphase zu entscheiden ist, oft gibt es noch andere Hürden. Denn viele Fragen müssten geklärt werden und das kostet Zeit und Geld; weder die Zeit noch das Geld dafür möchte die Unternehmensführung in aller Regel zur Verfügung stellen, es soll schließlich endlich „losgehen".

Die Ungeduld wird später in der Regel teuer bezahlt. Selten werden strategische Projekte eingestellt, obwohl längst klar ist, dass der erwünschte Nutzen nicht zu erzielen ist. Projekte verselbständigen sich, da sie ihr eigenes Ökosystem entwickeln (z.B. durch projektinterne Personalentwicklung und damit auch Motivation innerhalb des Projektes). Projektberichterstattungen sind nur in Ausnahmefällen wirklich ehrlich *und* vollständig.

Daher ist es wichtig, sich dem Entscheidungsraum zu stellen. Die Konsequenzen der Besonderheiten von strategischen Projekten (insbesondere der diesen Projekten anhaftenden Unsicherheiten) für die Projektorganisation, die Projektkommunikation und die Projektplanung sind zu berücksichtigen. Die Strategiekonformität muss sichergestellt werden. Abhängigkeiten innerhalb des Unternehmens z.B. von anderen Aktivitäten müssen bewertet und Alternativen zum Vorgehen angemessen berücksichtigt werden.

In diesen Bereichen sind Entscheidungen zum Projektstart oder in unmittelbarer Nähe zum Umsetzungsstart zu treffen. Werden sie nicht getroffen, ist das auch eine Entscheidung, nur keine, die der eigenen Verantwortung gerecht wird und sicherlich nicht im Sinne der Eigentümer des Unternehmens ist.

In Kapitel 4 beleuchten wir deshalb nacheinander die entscheidungsorientierten Aspekte, also Aspekte der Umsetzung, die möglichst zu Beginn der Umsetzungsaktivitäten zu Entscheidungen führen sollten.

4. Entscheidungsorientierte Aspekte der Strategieumsetzung

Mit einer Entscheidung zur Strategieumsetzung und der initialen Organisation der Arbeiten (z.B. in Projekten wie in Kapitel 3 beschrieben: Es ist also geklärt wer, was bis wann und zu welchen Konditionen macht!) für die Umsetzung scheint aus Sicht vieler ein Erfolg nur noch an der Projektsteuerung zu liegen. Dass dies nicht so ist, liegt in erster Linie daran, dass zum Zeitpunkt der Entscheidung für eine Strategie selten alle Rahmenbedingungen bereits untersucht und geklärt wurden. Das ist kein Makel, sondern liegt in der Natur der Sache. Wie bereits in Kapitel 1 ausgeführt, sind Strategien mit viel größerer Unsicherheit verbunden als andere Anpassungsmaßnahmen in Unternehmen. Diese Unsicherheiten führen dazu, dass nicht deterministisch geplant werden kann, sondern ein Plan diese Unsicherheiten berücksichtigen können muss. Darüber hinaus wird die Unsicherheit leider auch allzu oft dazu benutzt, kritische Entscheidungen in ein Projekt zu delegieren, um ggf. die Verantwortung nicht selbst tragen zu müssen; also ist auch Missmanagement eine Ursache für nicht oder zu spät getroffene Entscheidungen.

In diesem Kapitel werden wir deshalb diejenigen Aspekte beleuchten, die einen kritischen Einfluss auf die für den Umsetzungserfolg wichtigen Entscheidungen haben. Dies sind:

- der Besonderheits- und Einmaligkeitscharakter der strategischen Projekte,
- Ausgewogenheit und Abhängigkeiten des Projektportfolios und
- die Berücksichtigung relevanter Alternativen.

4.1 Aspekt der Einmaligkeit und seine Folgen

Die Professionalität im Projektmanagement hat in den letzten 20 Jahren stark zugenommen. Viele Organisationen, u.a. auch Berufsverbände, haben sich dieses wichtigen Themengebietes angenommen, um einheitliche Voraussetzungen für den ungeschützten Begriff des Projektmanagements zu schaffen. Die Notwendigkeit für projektartiges Vorgehen hat durch die Verstärkung des Dienstleistungssektors deutlich zugenommen. Deshalb baut Projektmanagement heute weitgehend auf Standards auf und ist schon lange nicht mehr nur in rein technischen Bereichen im Einsatz.

Ein noch so perfektioniertes Projektmanagement kann jedoch kein Ergebnis abliefern, wenn dieses nicht klar definiert wurde. Insofern tragen die oben erwähnten Unsicherheiten dazu bei, dass ein Projektmanagement - sei es noch so professionell - kein Garant für eine erfolgreiche Strategieumsetzung ist (vgl. hierzu Kapitel 2). Hinzu kommt, dass die Weiterentwicklung und -verbreitung des Wissens über Projektmanagement-Vorgehen zu einer „Industrialisierung" geführt hat, die wiederum für wirklich anspruchsvolle Vorhaben zwar notwendig (im Sinne einer Effizienz) aber nicht hinreichend (im Sinne einer Effektivität) ist. Wir können also heute Projekte höchst effizient „am laufenden Band" abwickeln, sind aber häufig überfordert, wenn es sich um ein außergewöhnliches Projekt (wie das eines Teiles einer Strategieumsetzung) handelt. Wie bereits an früherer Stelle definiert, zeichnet sich ein Projekt durch folgende Merkmale aus:

> *„Ein Projekt ist ein Vorhaben, das im Wesentlichen durch Einmaligkeit der Bedingungen in ihrer Gesamtheit gekennzeichnet ist, wie z. B.: Zielvorgabe, zeitliche, finanzielle, personelle oder andere Bedingungen, Abgrenzungen gegenüber anderen Vorhaben und projektspezifische Organisation."* [97]

Die entwickelten Vorgehensweisen und Methoden sind dagegen bereits so weit standardisiert, dass diese für einzigartige Projekte eher weniger geeignet sind. So weist ein zertifizierter Projektmanager mit

---

[97] Deutsches Institut für Normung e.V.: DIN 69901-1:2009-01

seiner Zertifizierung die Kenntnis der standardisierten Methode sowie eine „gewisse Erfahrung“ nach. Nicht in Form eines Zertifikates nachweisbar ist jedoch die Fähigkeit, mit unvollständigen Informationen, (noch) nicht getroffenen Entscheidungen oder Unsicherheiten umzugehen (siehe dazu auch die Ausführungen in Kapitel 2.2). Im Gegenteil wird ein sehr erfahrener Projektleiter viele Methoden sehr effizient einsetzen. Aufgrund dieser Erfahrung der Applikation von Projektstandards wird er jedoch nicht in gleich-professioneller Weise ein Projekt managen, dass nicht die typischen Eigenschaften von „Massen-Projekten“ aufweist.

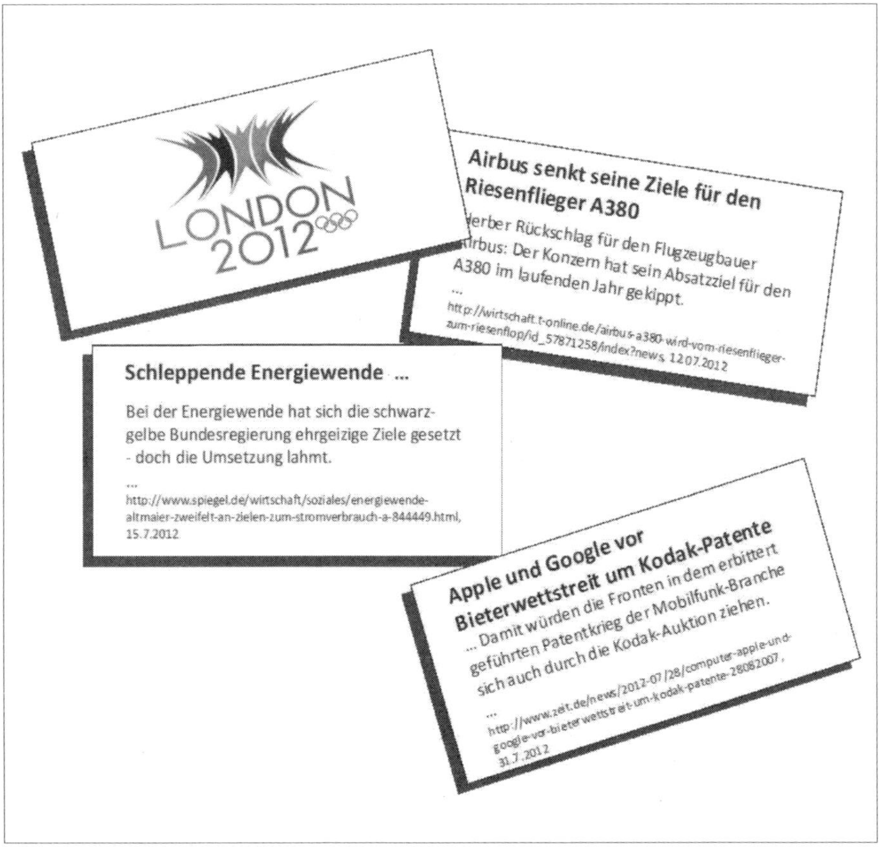

Beispiel 4-1: Beispiele für Projekte unter hoher Unsicherheit

Ein erfahrener Projektmanager ist deshalb nicht grundsätzlich gut für die Verantwortung einer Strategieumsetzung geeignet. Beispiel 4-1 zeigt vielfältige, sehr unterschiedliche Projekte, die einen hohen Einmaligkeitscharakter aufweisen.

Man kann sich leicht vorstellen, dass Projektmanagement-Kenntnisse und -Erfahrungen helfen, derartige Projekte zu meistern, ein Garant dafür sind sie nicht.

Eine Strategieumsetzung wird sich aus Maßnahmen, die die betrachtete Organisation beherrscht, und solchen, die sie nicht beherrscht, zusammensetzen. So wird beispielsweise ein Automobilbauer sicher die Entwicklung eines neuen Modells beherrschen; möchte dieses Unternehmen jedoch ein neues, bisher nicht verwendetes Kundenbindungsinstrument einsetzen, so kann das weit außerhalb der Kompetenzen der Organisation und seiner Mitarbeiter liegen. Einen Projektmanager in der eigenen Organisation zu finden, der Erfahrung in der Strategieumsetzung und zusätzlich noch in dem nicht im Kompetenzgebiet der Organisation liegenden Fachgebiet hat, ist in solchen Fällen oft unmöglich. Und doch wird die Verantwortung meist innerhalb der Organisation vergeben, und zwar mit dem Ziel, dass die gewählte Person die Umsetzung erfolgreich gestaltet. Wird dann ein externer Dienstleister für die operative Umsetzung hinzugezogen, so ist die Erwartung wiederum, dass die Umsetzung lediglich exekutiert wird (dieses Dilemma haben wir in Kapitel 3 bereits beschrieben).

Unternehmen sollten mit Unsicherheiten und Besonderheiten umgehen lernen. Dennoch bedarf es auch eines methodischen Rahmens, aus den Besonderheiten und Unsicherheiten ein geeignetes Vorgehen abzuleiten. Das wollen wir hier skizzieren.

Wir sehen drei wichtige Bereiche, in denen bewusst über ein Vorgehen entschieden werden sollte: Organisation, Kommunikation und Planung. Bevor also ein Projekt initiiert wird, sollten über Projektorganisation, Projektkommunikation und Projektplanung *Grundsatzentscheidungen* gefällt werden. Um diese Grundsatzentscheidungen treffen zu können, werden zunächst die Projektbesonderheiten herausgearbeitet:

- Welche kritischen und mit Unsicherheiten behafteten Bereiche weist die Strategie auf, gibt es Unsicherheiten bezüglich der Maßnahmen und deren Wirkung, ist mit besonderem Widerstand zu rechnen?
- Welche Umfeldparameter sind als Voraussetzung für die Strategieumsetzung wichtig und wie sicher ist deren Entwicklung? Welche Konsequenzen hätte eine andere (als die vorausgesetzte) Entwicklung dieser Umfeldparameter?
- Welche Mittel sind zur Umsetzung der Strategie notwendig, sind diese im Unternehmen erprobt? Sind die Kompetenzen in den betreffenden Fachgebieten im Unternehmen vorhanden, können die Kompetenzen (schnell) aufgebaut werden?

Bei der vollständigen Beantwortung dieser Fragen kann z.B. die Szenariotechnik[98] helfen, denn es ist jeweils die Wirkung der Maßnahmen und Ereignisse „vorauszudenken".[99] Das Ziel ist es herauszufinden, welche Rahmenbedingungen das Projekt vorfindet und wie flexibel die Strategieumsetzung sein muss.

4.1.1 Strategische Kausalkette

Um die Abhängigkeiten einer Strategieumsetzung transparent zu machen, kann eine netzwerkähnliche Darstellung verwendet werden: Die strategische Kausalkette. Wir haben diese Darstellungsart einer Strategie bereits in Kapitel 1.4 eingeführt. Diese Kausalkette zeigt, wie die verschiedenen Maßnahmen (strategische Initiativen und Projekte) aufeinander aufbauen. So kann z.B. ein Desinvestment eine Voraussetzung für die Investition und den Aufbau eines neuen Produktbereiches oder die Expansion in einen neuen Regionalbereich sein, um damit den Finanzierungsbedarf zu sichern (siehe Beispiel 3-2). Diese logische Abhängigkeit wird in Form eines Netzplanes aufgezeichnet. Jede Maßnahme ist wiederum von Entwicklungen

---

98 Horst Geschka, Richard Hammer: Die Szenario-Technik in der strategischen Unternehmensplanung, in: Ansätze zur strategischen Unternehmensplanung, Batelle-Institut, Frankfurt am Main, 1980

99 Christian Neuhaus: Zukunft im Management. Orientierungen für das Management von Ungewissheit in strategischen Prozessen, Heidelberg, 2007

innerhalb und außerhalb des Unternehmens abhängig und jede unerwünschte Entwicklung kann dazu führen, dass die Kausalkette unterbrochen wird und damit die Strategie zumindest nicht mehr in geplanter Weise umgesetzt werden kann.

Baut man die Darstellung z.B. so wie in Abbildung 4-1 gezeigt auf (Ereignisse sind die Knoten des Netzplanes), so können in der Folge den Kanten (Pfeilen) des Netzplanes die Aktivitäten zugeordnet werden. Damit hat man nicht nur bereits einen ersten Meilensteinplan an der Hand, sondern auch eine Grundlage für die Abgrenzung eines einzelnen Projektes. An den Schnittstellen zu anderen Projekten können die Abhängigkeiten transparent gemacht und Vereinbarungen dazu getroffen werden.

Die somit herausgearbeiteten Interdependenzen (u.a. auch von notwendigen Kompetenzen) machen bereits den größten Teil der Besonderheiten des Projektes aus. Im Prinzip können alle Projektbesonderheiten als Abhängigkeiten dargestellt werden, was den Vorteil hat, dass jeweils Verantwortliche für die Schaffung der notwendigen Voraussetzungen[100] benannt werden können und müssen. Das ist selbst dann wichtig, wenn man vermeintlich nur für einen Ausschnitt der strategischen Kausalkette verantwortlich ist, um transparent zu machen, welche Herausforderungen auch außerhalb dieses Projektes zu meistern sind.

4.1.2 Folgen für Organisation und Kommunikation

Für die Organisation von Projekten und die Grundregeln der Kommunikation (innerhalb eines Projektes sowie nach außen) haben sich in der Projektmanagementpraxis eine Reihe an Standards etabliert. Der Appell, diesen Standards nicht blind zu folgen, basiert darauf, dass es keinen „one size fits all"-Ansatz gibt, der den vielen verschiedenen Projektsituationen gerecht wird.

---

[100] Eine Abhängigkeit zwischen zwei Projekten bedeutet, dass mindestens eines der Projekte Voraussetzungen schaffen muss, die für das andere Projekt wichtig sind.

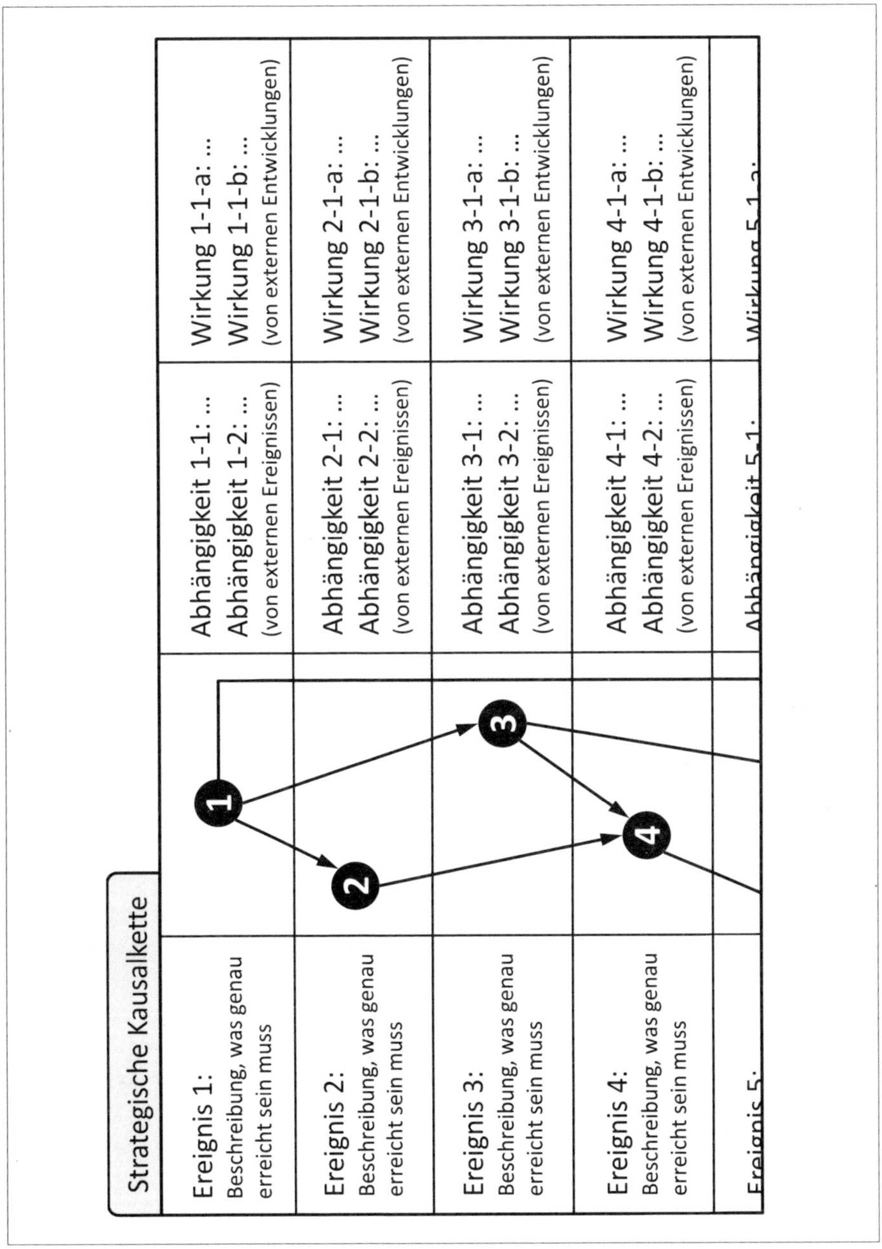

Abbildung 4-1: Strategische Kausalkette zur Darstellung von Abhängigkeiten

Die Unsicherheit über die Projektwirkungen und die Unsicherheiten über das Eintreffen von Ereignissen sind nicht geeignet, ein Strategieumsetzungsprojekt so aufzustellen wie ein Standard-Bauprojekt oder ein Standard-IT-Projekt.

In die Organisation der strategischen Projekte muss die notwendige Flexibilität „eingebaut" werden.

Ein Weg der Umsetzung dieser Anforderung ist die perspektivische Kommunikation von Projektzielen und -ergebnissen.

Damit ist gemeint, dass der Weg und die Richtung des Projektes nicht nur in Form *einer* "Wahrheit" kommuniziert wird (in Form von fixierten Projektzielen oder -ergebnissen), sondern von vornherein kommuniziert wird, dass dieser Weg und diese Richtung mit einer gewissen Wahrscheinlichkeit wieder verlassen werden müssen, um geänderten Umständen Rechnung zu tragen.

Für die Wahl der geeigneten Umsetzungsorganisation ist es wichtig, sich über mindestens die folgenden Aspekte Klarheit zu verschaffen:

- Welche Anforderungen an die Flexibilität werden an die Organisation gestellt? Welche Aspekte erfordern diese Flexibilität? Welches sind denkbare und wahrscheinlich notwendige Änderungen der Organisation im Falle einer Anpassungsnotwendigkeit?
- Welche Anforderungen an das Know-how der Umsetzungsorganisation werden gestellt? Welche Auswirkungen hat das auf eine sinnvolle Organisationsform? Welche Möglichkeiten bestehen im Zusammenhang mit Know-how-Engpässen?
- Ist es notwendig und sinnvoll, ein begleitendes Change Management in die Umsetzungsorganisation zu integrieren? Welchen Stellenwert hat ein Change Management für den Erfolg des Projektes und der Strategie?
- Ist mit Änderungen der Ressourcenzuordnung zum Projekt zu rechnen? Wie wird die Ressourcenzuordnung organisiert? Welchen Einfluss soll das Projekt auf das Ergebnis der Zuordnung ausüben (können)?

- Welche Mitbestimmungsanforderungen müssen qua Gesetz erfüllt werden? Welche Anforderungen sollen aus dem Leitbild des Unternehmens, der Überzeugung oder Unternehmenskultur heraus erfüllt werden? Wie wird die Mitbestimmung eingebunden?
- Welche weiteren Governance-Anforderungen bestehen? Wie wird die Governance organisiert? Wer trägt dabei genau welche Verantwortung?

Diese Fragenliste zeigt bereits, wie vielfältig die Gründe für ein Hinterfragen einer ersten Organisationsidee sein können. Die Vielfältigkeit führt aber auch dazu, dass kaum eine allgemeingültige Empfehlung für eine Umsetzungsorganisation gegeben werden kann, außer der, diese Aspekte gründlich zu untersuchen und daraus sukzessive eine Organisationsform „zusammenzubauen" (siehe dazu auch Kapitel 2.2.1, PSO-Ansatz).

Eine vergleichbare Liste an relevanten Fragen für den Kommunikationsansatz muss zu Grundregeln der Kommunikation führen, die schriftlich fixiert werden und anschließend für alle Mitglieder der Umsetzungsorganisation als verbindlich gelten. Nur so kann die Glaubwürdigkeit hergestellt werden, der es bedarf, einschneidende Veränderungen zu einem Erfolg zu führen. Hier nun die Liste der Kommunikationsaspekte:

- Das „Warum?" ist immer die erste Frage, weil eine Rechtfertigung für die Notwendigkeit einer Änderung transparent sein sollte, noch bevor die Frage aufkommt, was genau verändert werden soll. Also: Was ist der Anlass der Veränderung? Ist es wirklich dringlich (man spricht auch von einer „Burning Platform", siehe dazu auch Kapitel 1.6)?
- Wohin sollen die Veränderungen führen? Gibt es eine Vision und wie sieht diese aus? Gemessen an welchen Zielen führen diese Veränderungen zu einem besseren Zielzustand?
- Wie sieht die Logik der Strategie aus, sind das die richtigen Schritte (strategische Kausalkette)? Wie werden die kritischen Teile der Strategie gemeistert? Gibt es einen „Plan B"?
- Wie werden sich die Verbesserungen auf die verschiedenen Stakeholder auswirken? Sind die Veränderungen überhaupt relevant für alle Stakeholder? Wie sieht der Nutzen für die Stakeholder aus?

- Gibt es Gründe für einen vertraulichen Umgang mit der Strategieumsetzung (z.B. aus Wettbewerbsgründen)? Welche Informationen sind davon betroffen? Wie können trotzdem die notwendigen Informationen innerhalb des Unternehmens weitergegeben werden?

Ziel der Beantwortung dieser Fragen ist es, Klarheit darüber zu bekommen, wie die Regeln der Projektkommunikation aussehen sollen. Die Projektkommunikation beeinflusst ganz wesentlich die Motivation der Beteiligten, seien sie Projektmitarbeiter oder Betroffene. Auch in Kapitel 2.2.1 haben wir mit dem Drexler-Sibbet Team-Performance-Modell erklärt, warum das Verständnis über das „Warum“ notwendig ist. Die Motivation wiederum hat einen wesentlichen Einfluss auf das Erzielen gewünschter Ergebnisse und damit auf den Projekt- und Strategieerfolg.

Ein ganz wesentlicher Aspekt der Motivation ist die Glaubwürdigkeit. Um diese nicht zu verspielen, ist mit Richtungsänderungen in der Strategieumsetzung sehr vorsichtig umzugehen - was umso schwieriger ist, je mehr Unsicherheiten in der Strategieumsetzung und der „Projektabwicklung“ liegen. Es spielt in diesem Zusammenhang keine Rolle, ob es gute Gründe für die Richtungsänderungen gibt oder nicht, denn mit den Feinheiten beschäftigen sich die wenigsten Beteiligten. Es zählt die erste Reaktion und das, was letztlich in Erinnerung bleibt. Mit der Motivation einher geht die möglichst klare Vorstellung über die Zielsetzungen. Da die Strategieumsetzung mit Unsicherheiten behaftet ist und damit der „Weg zum Ziel“ nicht immer genau im Vorhinein beschrieben werden kann, ist es umso wichtiger, die Zielsetzungen klar zu formulieren und die Kommunikation so zu gestalten, dass jederzeit Klarheit hergestellt werden kann. Nur so kann die Zielsetzung auch erreicht werden. Über den Detaillierungsgrad und die Freiheitsgrade in der Kommunikation muss bewusst entschieden werden.

4.1.3 Folgen für die Projektplanung

Sowohl die Projektbesonderheiten als auch der Organisations- und Kommunikationsansatz haben einen Einfluss auf den Planungsansatz und hängen direkt mit diesem zusammen. Zu dem Planungsansatz gehört eine Grobplanung, der beabsichtigte Umgang mit den bereits angesprochenen Unsicherheiten sowie die Berücksichtigung von

Planalternativen (die mit „Plan B“ bezeichneten Alternativen). Besondere Bedeutung erlangt der Planansatz dadurch, dass er üblicherweise auch als Grundlage für die zu vereinbarenden Ziele dient. Budgetrahmen, erwünschte Projektergebnisse und eine zeitliche „Deadline“ lassen sich schwerlich korrigieren. Daher ist es wichtig, die grundlegenden Annahmen und Ansätze der Planung gut informiert festzulegen. Folgende Liste verdeutlicht, worum es dabei geht:

- Welcher Zeit- und Budgetrahmen ist mindestens einzuhalten, damit das Umsetzungsprojekt noch sinnvoll ist? Was passiert, wenn sich abzeichnet, dass dieser Rahmen nicht eingehalten werden kann?
- Wie genau lässt sich das erwünschte Projektergebnis beschreiben? Welcher Zielsetzung soll das Projekt folgen, wenn sich Annahmen der Planungsphase als falsch herausstellen?
- Zu welchen Meilensteinen ist das Umsetzungsprojekt einer besonderen Abhängigkeit von projektexternen Ereignissen und Ergebnissen ausgesetzt? Welche notwendigen Entscheidungen lassen sich zu diesen Meilensteinen daraus ableiten?
- Wie werden ein Change Management sowie die Beeinflussung von projektexternen Einflussfaktoren (Projektlobbyismus) in der Planung berücksichtigt?
- Wie sehen die Eckdaten einer „ehrgeizigen Planung“ aus (Budget, Zeit, Ergebnis)? Wie sehen die Eckdaten der „Normplanung“[101] des Projektes aus? Welche Incentivierungen sollen an welche Planungsvariante mit ihren Eckdaten gebunden werden? Was passiert bei unverschuldetem schlechterem Ergebnis? Wer trägt die Verantwortung für die Richtigkeit der Strategie und wie wird das Projektteam damit belastet bzw. davon entlastet?
- Wie sieht der „Plan B“ für verschiedene Situationen aus? Welche Pufferzeiten und Budgetpuffer werden geplant? Wie offen (im Sinne der Kommunikation) wird mit den Puffern umgegangen?

Die Beantwortung dieser Fragenliste führt zu einem „Planungsansatz“, der die besonderen Eigenschaften einer Strategieumsetzung

---

[101] Unter der „Normplanung“ verstehen wir diejenige Plan-Variante, auf deren Basis Abweichungsberichte erstellt werden.

würdigt, ohne dabei einen zu engen Rahmen vorzugeben, da es auch hier wieder keinen Standard gibt; keine Strategieumsetzung gleicht einer anderen.
Projektleiter und Unternehmensmanager:

Macht Euch den Einfluss der Besonderheiten und der Projekteinmaligkeit auf Organisations-, Kommunikations- und Planungsansatz bewusst, dokumentiert dies und sorgt für eine regelmäßige Fortschreibung.

Diese Dokumentation enthält wesentliche Richtungsentscheidungen. Jenseits dieser Richtungsentscheidungen für die Projektabwicklung wissen wir aus Beobachtungen, dass bei Entscheidungen bezüglich Auswahl und Inhalt von Projekten der Aspekt der Strategiekonformität häufig unterschätzt wird. Werden aus einer Strategieentscheidung die notwendigen Maßnahmen abgeleitet und diese in Form von Projekten organisiert, so kann es durchaus vorkommen, dass wichtige Teile „unter den Tisch fallen" und neue Ideen aufgenommen und unter dem Deckmantel der Strategie umgesetzt werden. Unternehmen sollten sich hier keine Blöße geben und sicherstellen, dass vorrangig an der Umsetzung der Strategie gearbeitet wird.

4.2 Sicherstellung der Strategiekonformität

Studien[102] haben gezeigt, dass solche Projekte, die sich im Bereich etablierter Kompetenzen bewegen, besonders gute Chancen haben, umgesetzt zu werden (wir haben dieses Phänomen in Kapitel 2.1 ausführlich beschrieben).

---

[102] Dorothy Leonard-Barton: Core Capabilities and Core Rigidities – A Paradox in Managing new Product Development, in: Strategic Management Journal, Vol. 13, 1992, S. 111-125

Die Projektlandschaft in einem Unternehmen hat die Strategie aber unabhängig davon zu unterstützen. Es gibt grundsätzlich zwei Pfade, dies zu erreichen:

- Verlassen der vorhandenen Kompetenzbasis oder
- Verbleiben im Bereich der bestehenden Kompetenzbasis.

Das Verbleiben in der bestehenden Kompetenzbasis ist der am meisten beobachtbare Ansatz in Unternehmen und führt dazu, dass bestehende Machtgefüge zur Förderung von Lieblingsprojekten bestehen bleiben, was selten strategiekonform ist. Es sei denn, die Strategie konzentriert sich auf Optimierung und wenig Änderung.

4.2.1 Feststellung der Strategiekonformität

Strategien wirken immer mindestens auf ein Objekt, das es zu verändern gilt; dieses Objekt ist das Geschäftsmodell des Unternehmens in all seinen Facetten bzw. ein Teil davon. Auch vermeintlich einfache Geschäftsmodelle lassen sich, wenn man sich mit ihnen im Detail auseinandersetzt, nicht leicht darstellen, d.h. man wird schnell erkennen, dass ein einfaches Geschäftsmodell auf Teilen aufbaut, die nicht simpel, sondern komplex sind. Schließlich sehen gute Geschäftsmodelle häufig einfach aus, sind aber nicht einfach von der Konkurrenz erfolgreich zu kopieren.

Möchte man mit einer Strategie das aktuelle Geschäftsmodell eines Unternehmens noch erfolgreicher machen, so sollten die verschiedenen Teile der Strategie, die in strategische Initiativen und Projekte übersetzt wurden, kompatibel mit der Gesamtstrategie sein. Das ist in einem ordentlichen Strategie- und Planungsprozess ein wichtiges Kriterium. Noch wichtiger wird es in der Praxis dadurch, dass auch Projekte außerhalb des stringenten Denkprozesses der Strategieentwicklung entstehen. Diese Projekte werden aus den verschiedensten Gründen gestartet - so können in einem Großkonzern schnell hunderte an Projekten zum Portfolio gehören, ohne dass das Top-Management wirklich erklären könnte, ob und wie diese Projekte in Summe der Umsetzung der verabschiedeten Strategie dienen. Deshalb ist eine Strategie-Konformitätsanalyse ein wichtiger, bereinigender Schritt. Diese Analyse ist Voraussetzung für die überaus wichtige Entscheidung, welche Projekte gestartet und welche weitergeführt werden sollen.

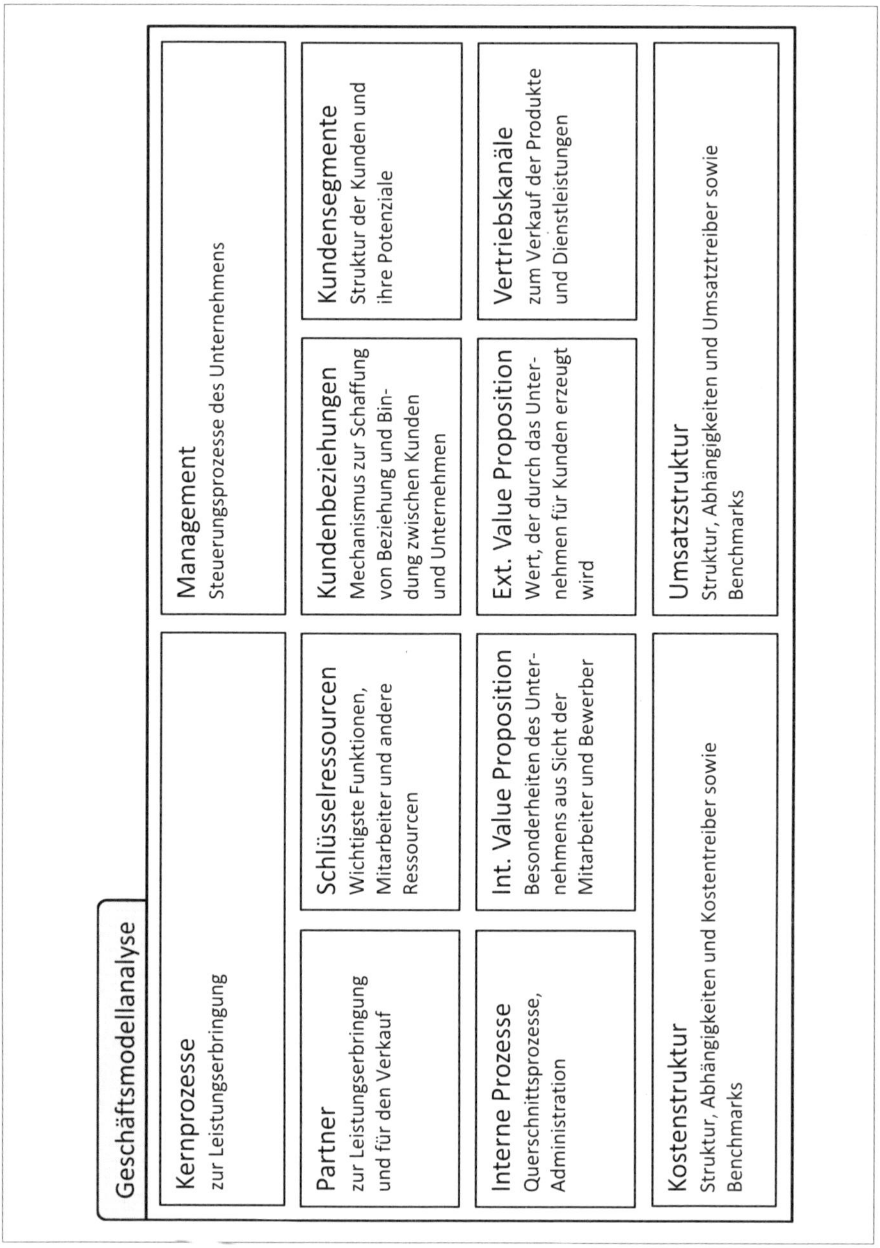

Abbildung 4-2: Schema zur Geschäftsmodell-Darstellung

Die Geschäftsmodellanalyse steht hier nicht im Zentrum der Betrachtung, sondern die Analyse, ob eine oder mehrere Projekte strategiekonform sind. Deshalb verwenden wir in diesem Buch ohne umfangreiche Erläuterung das Schema zur Geschäftsmodellierung (entsprechend unserer Erfahrung) wie in der Abbildung 4-2 dargestellt.

In dieser Geschäftsmodelldarstellung werden die wesentlichen Elemente des Modells mit ihren vom Markt differenzierenden Merkmalen abgebildet. In den Kategorien

- externe Value Proposition[103],
- interne Value Proposition,
- Kostenstruktur,
- Umsatzstruktur,
- Kundenbeziehungen,
- Vertriebskanäle,
- Kundensegmente,
- Schlüsselressourcen,
- Kernprozesse,
- Geschäftspartner,
- Interne Prozesse und
- Management

wird sowohl das aktuelle Geschäftsmodell als auch das der Vision entsprechende Modell dargestellt. Das Geschäftsmodell bildet damit einen Teil der organisationalen Kompetenz ab.

Die Differenzbetrachtung zwischen Ist-Geschäftsmodell und Vision zeigt die Bereiche auf, in denen das Geschäftsmodell von der Strategie verändert werden soll. Trägt man in dieser Darstellung alle wesentlichen geplanten Projekte jeweils in den Geschäftsmodell-Kategorien ein, in denen diese Projekte zu einer Wirkung führen sollen oder Nebenwirkungen zeigen werden, so hat man damit einen ersten guten Überblick darüber, ob die Projekte auch in den Bereichen

---

[103] „Value proposition" kann mit „Nutzenversprechen", „Leistungsversprechen" oder „Wertbeitrag" übersetzt werden. Der Ausdruck ist in seiner englischen Form Teil des betrieblichen Wortschatzes geworden.

verändernd wirken, in denen die Vision dies erfordern würde (siehe Abbildung 4-3).

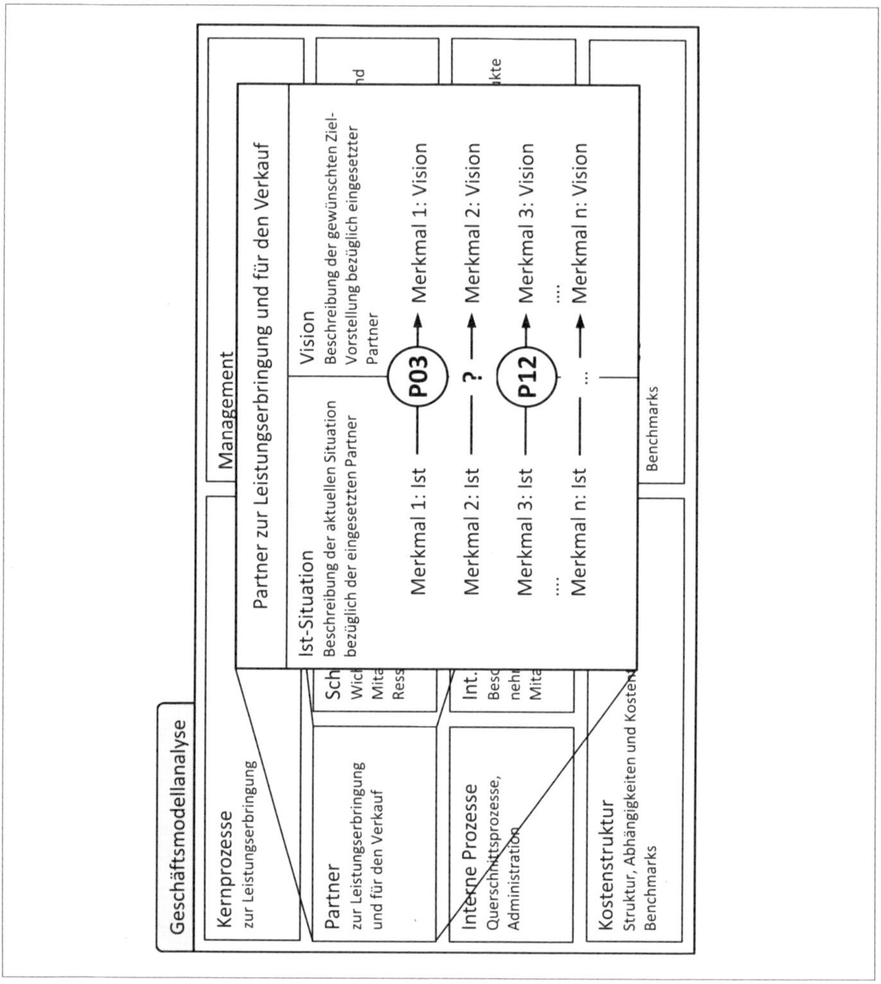

Abbildung 4-3: Strategische Projekte[104] im Kontext des Geschäftsmodells

[104] Die strategischen Projekte sind hier mit einem „P" gekennzeichnet, ein „L" kennzeichnet ein von einer Linienorganisation abzuwickelndes Projekt (siehe

Ebenso werden Lücken in der Strategie und der Umsetzungsplanung feststellbar, und zwar an den Stellen, an denen zwar zwischen Vision und Ist-Zustand eine zu überbrückende Lücke besteht, diese jedoch durch kein strategisches Projekt geschlossen wird.

Bekanntlich ist ja Transparenz ein wichtiges Merkmal einer guten Analyse. Mit der Strategie-Konformitätsanalyse wird nun den Verantwortlichen und Beteiligten an den verschiedenen Projekten und Initiativen deutlich, wer alles an der Modifikation eines Bereiches des Geschäftsmodells arbeitet. Überschneidungen und Lücken können so herausgearbeitet werden. Daraus wiederum können Abgrenzungen und Schnittstellen zwischen Projekten erarbeitet werden.

Um noch einen Schritt weiter zu gehen, empfehlen wir die Ableitung von Messgrößen (sogenannten Indikatoren) für die „Messung" erreichter Geschäftsmodell-Modifikationen. Diese dienen als Grundlage für die Beschreibung von Zielen und Zwischenzielen. Die Analyse wird mit der Aufstellung der Projekt-Scorecard abgeschlossen. In der Scorecard werden insbesondere auch die Aspekte von Schnittstellen, gegenseitigen Behinderungen und Förderungen berücksichtigt und auf der Basis der Geschäftsmodellbetrachtung beschrieben. Ein Projekt, für das sich eine Projekt-Scorecard im Sinne der Strategie darstellen lässt, kann als strategiekonform dann gelten, wenn das Projekt auch in dem Projekt-Portfolio seinen Stellenwert hat und verteidigen kann.

4.2.2 Herstellung der Strategiekonformität

Bereits in der Projektdefinition und Projektauswahl kann mit Hilfe der Darstellung von „Ist" und „Vision" auf Basis des Geschäftsmodells festgestellt werden, ob und inwieweit die betrachteten Projekte einen Beitrag zur Strategieumsetzung leisten. Projektprofile lassen sich schon in dieser Phase anpassen oder korrigieren. Es kostet uns keine Mühe, diese Forderung hier aufzuschreiben, in der Praxis

---

dazu auch Kapitel 4.3). Ein „?" kennzeichnet, dass die Vision hier offensichtlich nicht umgesetzt wird, zumindest sind keine Aktivitäten bekannt. Die Pfeile stellen in dem jeweiligen Teil des Geschäftsmodells den sich aus dem Unterschied zwischen „Ist" und „Vision" ergebenden Veränderungsbedarf dar.

jedoch gibt es durch die verschieden ausgerichteten Motivationen immer eine Tendenz zur Verselbständigung. Das hat zur Folge, dass eine Anpassung von Projektprofilen mindestens mit „intensiven Diskussionen" einhergehen wird.

Eine folgende Berücksichtigung dieser Erkenntnisse bei der Projektbudgetierung versteht sich von selbst. Das bedeutet aber wiederum, dass bereits festgelegte Rahmenbedingungen ihr Fundament verlieren. Denn Änderungen des Gesamtbudgets können die ganze Strategie in Frage stellen, sofern eine Gesamtwirtschaftlichkeit dann nicht mehr gegeben ist.

Je breiter die Strategie angelegt ist und je mehr Projekte in der Folge aufgesetzt werden müssen, um diese Strategie umzusetzen, desto wichtiger wird es, zusätzlich auf eine Ausgewogenheit des Projektportfolios zu achten.

4.3 Ausgewogenheit des Projektportfolios

Leider verhindert vorhandenes „Silo-Denken" meist eine hohe unternehmensübergreifende Transparenz, die notwendig ist, um Strategiekonformität zu überprüfen und herzustellen und ein sinnvolles Zusammenwirken aller Projekte sicherzustellen. Dabei ist es gerade die konsequente Bündelung von Energie, die ein erfolgreiches Unternehmen ausmacht. Zur erfolgreichen Gestaltung der Strategieumsetzung ist die Bündelung solcher Energien schlicht eine Notwendigkeit.

Die strategische Projektportfolioanalyse soll dabei helfen, die übergreifenden Aspekte der Umsetzung in den Fokus zu rücken, also dem "Silo-Denken" entgegenzuwirken. Es geht im ersten Schritt darum, eine vollständige Strategieabdeckung sicherzustellen. In der Strategiekonformitätsanalyse haben wir dazu einen Überblick erhalten und festgestellt, welche Strategiebestandteile auf Ebene des Geschäftsmodells nicht durch strategische Projekte abgedeckt sind. Durch die systematische Aggregation der in diesem Schritt ermittelten Projekt-Scorecards kann eine vollständige Überprüfung dadurch erreicht werden, dass die Aggregation der Scorecards mit den strategischen Zielen verglichen werden. Abbildung 4-4 zeigt diese Systematik.

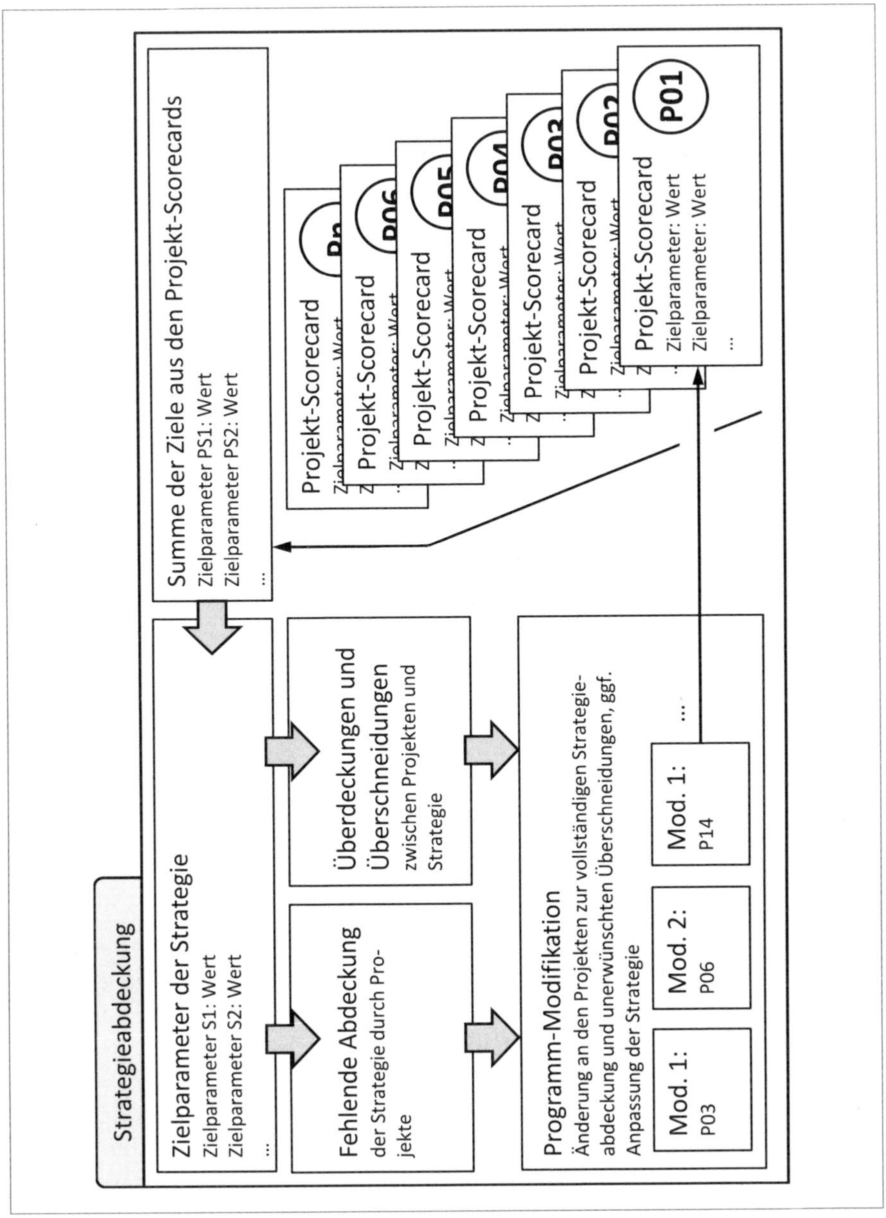

Abbildung 4-4: Analyse der Strategieabdeckung durch Vergleich der aggregierten Projekt-Scorecards mit den strategischen Zielsetzungen

Die Projekte und Initiativen sind um diejenigen Aktivitäten und Maßnahmen zu ergänzen, die auch zur Strategieumsetzung beitragen, aber nicht in Form von strategischen Initiativen und Projekten organisiert sind. So können durchaus strategische Aufgaben in einer Linienabteilung, die die entsprechenden Kapazitäten und Fähigkeiten dafür hat, durchgeführt werden. Voraussetzung ist allerdings, dass die Linienabteilung derartige Aufgaben regelmäßig bearbeitet, also diese auch in der Linie professionell abwickeln kann. Es müssen dort die entsprechenden Kompetenzen vorhanden sein. Es muss unbedingt vermieden werden, dass Aufgaben einfach schnell verschoben werden, die betroffene Linienorganisation aber nicht die Expertise zur Abwicklung der Aufgaben hat und damit eine ungeeignete Organisationseinheit mit der Aufgabe betraut wird.

Abbildung 4-5 zeigt das Ergebnis schematisch. Alle strategischen Aufgaben sind hier mit Kürzeln dargestellt:

- „P" = strategisches Projekt,
- „I" = strategische Initiative und
- „L" = in die Linienorganisation delegierte Aufgabe.

Die grafische Darstellung nennen wir „strategischer Organisationsplan". Dieser Plan zeigt in der Übersicht die Organisation der Strategieumsetzung im Zusammenhang mit der Strategiedarstellung im Geschäftsmodell. „Ps" sind die strategischen Projekte, „Ls" diejenigen Projekte, die von bestehenden Einheiten der Linienorganisation bearbeitet werden. Strategische Initiativen „Is" haben die Aufgabe, die Voraussetzungen dafür zu schaffen, dass strategische Projekte initiiert werden können. Daher modifizieren diese Initiativen noch nicht das Geschäftsmodell.

An dieser Stelle schließt sich der Kreis wiederum zur Betrachtung des Silo-Denkens: Um das Silo-Denken möglichst weitgehend auszuschließen, empfehlen wir die Vereinbarung dieser Darstellung mit jedem Umsetzungsprojekt. Daraus ergeben sich Verpflichtungen, die über die einzelne Scorecard hinausgehen. Eine notwendige Zusammenarbeit kann dann nicht verneint werden, wenn transparent wird, dass mehrere Aktivitäten an *einem* „Geschäftsmodellobjekt" durchgeführt werden. Das individuelle Projektziel ist natürlich der Fokus des einzelnen Projektes, das übergeordnete und für jeden Beteiligten damit verbindliche Ziel ist und bleibt aber die Umsetzung der Gesamtstrategie.

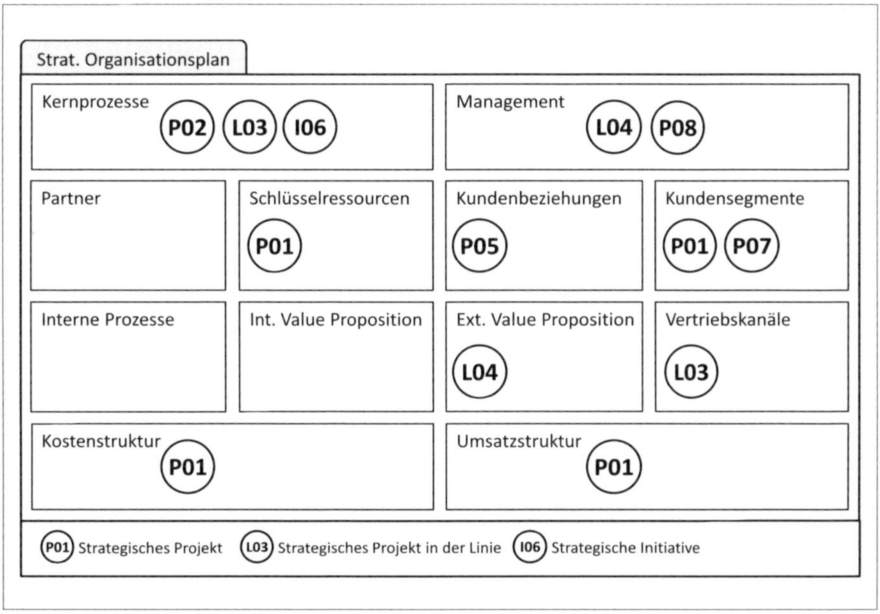

Abbildung 4-5: Strategischer Organisationsplan

Auch dann, wenn eine Strategie in ihrer Grundlinie festgelegt wurde, gibt es viele Freiheitsgrade in der Umsetzung. Oder negativ formuliert gibt es viele Möglichkeiten, daraus einen Misserfolg zu machen. Deshalb ist die Analyse der Strategieabdeckung nur der erste Schritt der Portfolioanalyse. Es folgen die Bestimmung der Rangfolgen in der Wirtschaftlichkeit und die Kalkulation der notwendigen Mittel, die aufgrund ihrer Einfachheit hier nicht weiter vertieft werden sollen.

4.3.1. Feststellung von Abhängigkeiten zwischen Projekten

Eine Interdependenzanalyse folgt zur Ermittlung der Abhängigkeiten der Projekte und Initiativen untereinander; diese wird durch paarweisen Vergleich, wie in Abbildung 4-6 dargestellt, abgebildet.

Als Beispiel mag eine Unterstützung eines Vertriebsprozesses durch ein IT-System dienen. Gibt es ein weiteres strategisches Projekt, das z.B. die Verschlankung der IT-Organisation zum Inhalt hat, so kann man leicht erkennen, dass diese beiden Maßnahmenbündel nicht unabhängig voneinander ausgeführt werden können. Vermutlich erwarten wir in diesem Beispiel eher Behinderungen als eine gegenseitige Förderung der Zielerreichung.

In einem paarweisen Vergleich wird jeweils beurteilt, welchen Einfluss die Ausführung der einen betrachteten Aktivität auf die anderen Aktivitäten ausübt. Förderung wird positiv dargestellt, Behinderung wird mit einem negativen Vorzeichen versehen. Je nachdem, wie genau man die Wirkungen einschätzen kann, wird die Skala der normierten Beurteilung ausfallen.

Jede Aktivität ist demnach „Sender" wie auch „Empfänger" von Förderungen und Behinderungen.

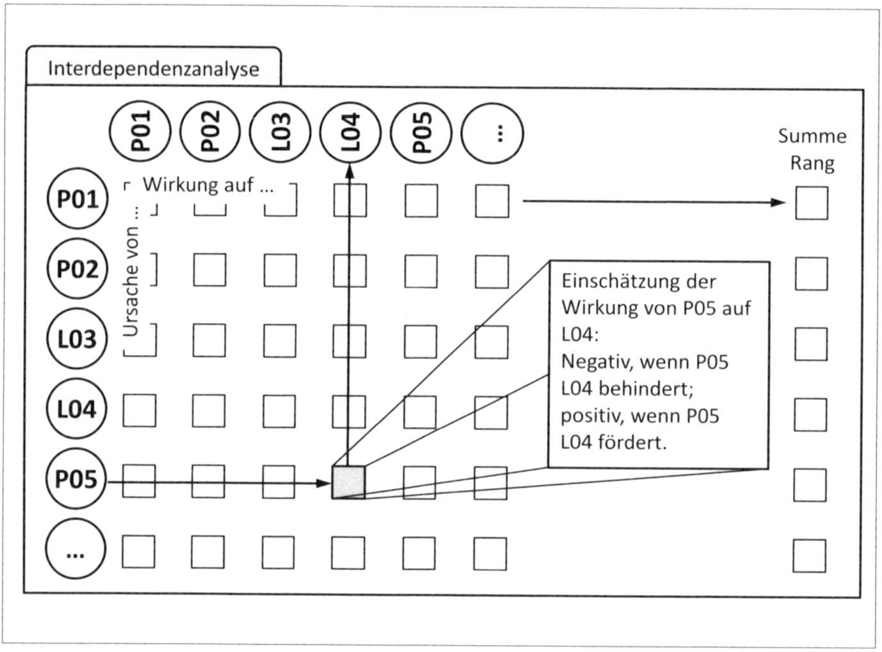

Abbildung 4-6: Interdependenzanalyse der Maßnahmenbündel einer Strategieumsetzung

Man kann nun durch Addition der Sendewerte der Aktivitäten beispielsweise transparent machen, welche Aktivitäten über die projektinterne Wirkung hinaus den größten Einfluss auf die Strategieumsetzung haben und welche Aktivitäten eher unabhängig von der übrigen Strategieumsetzung sind. Diese Erkenntnisse können ebenfalls zielgerichtet zur Modifikation des Umsetzungsprogramms, mindestens aber zur Ergänzung der Scorecards eingesetzt werden. Das Umsetzungsprogramm kann nun entsprechend modifiziert werden: Die Interdependenzen können entweder akzeptiert und in der Planung der einzelnen Projekte berücksichtigt werden oder es werden zusätzliche Maßnahmen geplant, die z.B. die negativen Interdependenzen minimieren können.

4.3.2 Sicherstellung der Ausgewogenheit eines Portfolios

Ein weiterer (bereits angesprochener) Aspekt der Portfolioanalyse ist die Ausgewogenheit des Programms. Man mag vielleicht meinen, dass das bereits während der Strategieerarbeitung ein wesentlich zu berücksichtigendes Merkmal hätte sein müssen. Diese Annahme ist auch richtig, und doch ist die Ausgewogenheit an dieser Stelle nochmals einzuschätzen. Das liegt daran, dass während der Strategieentwicklung die Umsetzung bestenfalls nebulös erscheint und damit deutlich weniger Informationen darüber vorliegen als nach einer initialen Organisation der Umsetzung. Wir haben bis hierher eine deutlich konkretere Vorstellung davon, wie die Umsetzung ablaufen könnte und sollte. Daher ist dies der richtige Zeitpunkt zu einer neuerlichen Einschätzung, ob das Portfolio ausgewogen ist. Zur Ausgewogenheit gehören drei wichtige Aspekte:

- die Balance zwischen Chancen und Risiken,
- die Balance zwischen „Fleiß und Mut“ und
- eine Balance zwischen „Evolution und Revolution“.

Beispielsweise kann es durchaus sinnvoll sein, ein risikolastiges Projektportfolio zu befürworten, wenn das bewusst geschieht. Daher steht bei der Untersuchung die Transparenz im Vordergrund der Bestrebungen. Eine Vorgehensweise soll hier keine Vorgaben zur Ausrichtung des Portfolios machen. Lediglich eine subjektive Ausgewogenheit ist zu empfehlen, wie auch immer das jede Organisation für sich bewertet.

Eine Grundsatzerkenntnis steht immer am Anfang: Mit der Entscheidung für eine Strategie ist bereits auch eine Entscheidung für bestimmte Maßnahmen zur Umsetzung gefallen. Da eine Strategie aber nicht die Detailplanung von Maßnahmen beinhaltet, gibt es eine große Zahl an möglichen Projektportfolio-Zusammenstellungen. Beispielsweise kann eine Entscheidung für neue Vertriebsprozesse, die mit Hilfe eines IT-Systems umgesetzt werden sollen, zu einer Einführung eines individuell entwickelten Systems, zu einer Einführung eines Standard-Systems (auch dazu gibt es viele mögliche Varianten) oder der Nutzung eines SaS-Angebotes[105] führen. Diese alternativen Projektmöglichkeiten führen innerhalb *einer* Strategie zu sehr unterschiedlichen Chance-Risiko-Profilen.

Eine Einschätzung des Portfolios bezüglich Chancen und Risiken bedeutet, dass zunächst für jede einzelne Aktivität (Projekt oder Teilprojekt) diese Einschätzung vorgenommen wird. Hierbei sollte man so konkret wie möglich sein, auch dann, wenn dazu grobe Einschätzungen notwendig sind. Chancen wie auch Risiken sind zunächst ungeplante (positive und negative) Wirkungen, die mit einer Wahrscheinlichkeit behaftet sind. Sowohl der quantitative Umfang der möglichen Wirkung als auch die Höhe der Eintrittswahrscheinlichkeit müssen abgeschätzt werden, bevor man für jede Aktivität die Chancen und Risiken einstufen kann, denn Risiko ist als Schadenshöhe multipliziert mit der Eintrittswahrscheinlichkeit definiert (entsprechend ist Chance das Produkt aus Nutzen und Eintrittswahrscheinlichkeit). Jede relevante Chance und jedes relevante Risiko können nun in einer Matrix (siehe Abbildung 4-7) eingetragen werden, woraus ein guter Überblick darüber entsteht, ob die Balance des gesamten Portfolios angemessen ist.

Ein weiterer Aspekt ist der bereits mehrfach diskutierte Grad an Unsicherheit. Strategische Initiativen und Projekte können einen hohen Ertrag versprechen, der jedoch vielleicht nur unter großer Unsicherheit erreicht werden kann. Fußt die gewählte Strategie nur auf derartigen (riskanten) Initiativen und Projekten, so ist der Ausgang insgesamt ungewiss. Ist eine Strategie dagegen auch angereichert mit Projekten, die mit wenig Unsicherheit behaftet sind und

105 SaS = Software as a Service sind (meist vorkonfigurierte) Standard-Anwendungen, die in Form einer Dienstleistung genutzt werden können und in der Regel nur geringe Anforderungen an die Hardware beim Kunden haben.

deren Umsetzung lediglich der Entscheidung und der Mittel bedarf, so wird die Strategie mit großer Sicherheit mindestens zum Teil erfolgreich umgesetzt werden. Darum geht es bei der Beurteilung, ob das Portfolio eine gute Balance zwischen „Fleiß" und „Mut" aufweist.

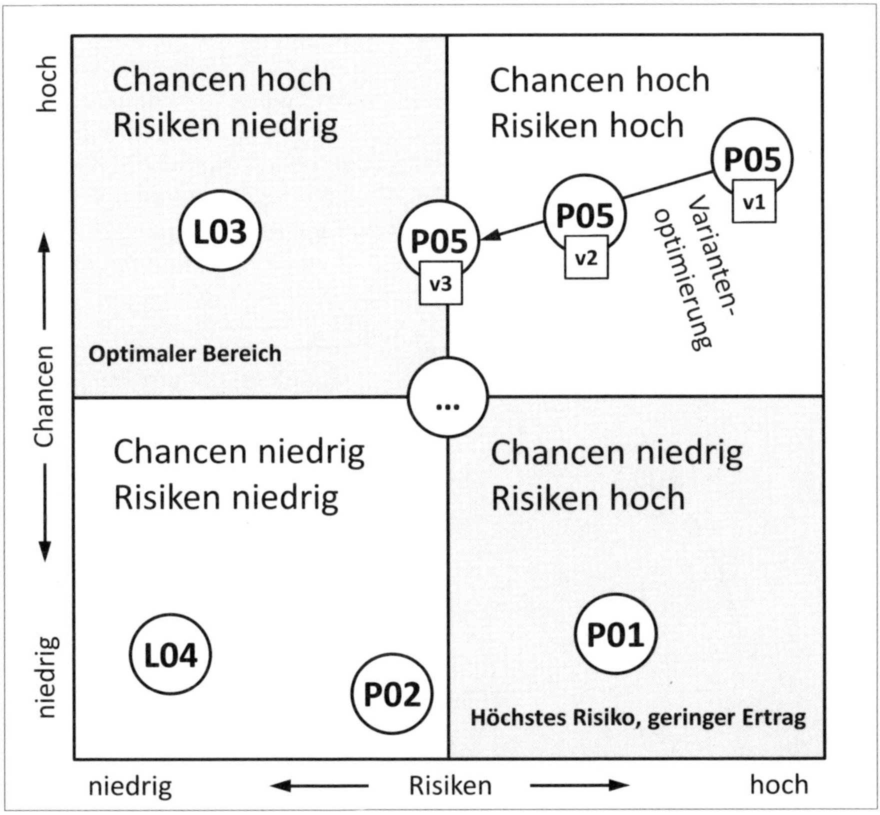

Abbildung 4-7: Chancen-Risiko-Balance-Matrix

Kann man Großes auch ohne „Mut" erreichen, spricht natürlich nichts dagegen, das zu tun. Die Realität lehrt jedoch, dass große Erträge selten ohne größere Unsicherheit erreichbar sind. Insofern ist auch hier eine Ausgewogenheit wünschenswert.

Die Geschwindigkeit, mit der Fortschritte erzielt werden, ist ein weiteres Balance-Kriterium, dessen Betrachtung wir empfehlen. Unternehmensberater und Unternehmensvorstände bringen häufig den

Begriff der „Quick Wins" ein, um damit zum Ausdruck zu bringen, dass nicht alle strategischen Initiativen und Projekte erst in vielen Jahren ihre Wirkung zeigen können, während der Aufwand sofort entsteht. So verständlich dieser Wunsch bezüglich jeder einzelnen Aktivität ist, umso deutlicher muss darauf hingewiesen werden, dass diese Balance nicht für jedes einzelne Projekt bestehen kann, sondern für das Portfolio gelten muss. Die gegensätzlichen Pole sind hier die „Evolution" mit ihren sofortigen, aber schrittweisen Veränderungen auf der einen Seite und einer gründlich vorbereiteten „Revolution" (im Sinne der im kurzen Zeitablauf vollzogenen umfangreichen Änderungen) auf der andern Seite. Die „Revolution" verstehen wir hier plakativ so, dass vieles zu einem Zeitpunkt geändert wird, dafür aber naturgemäß in der Vorbereitung sehr viel mehr Zeit benötigt wird.

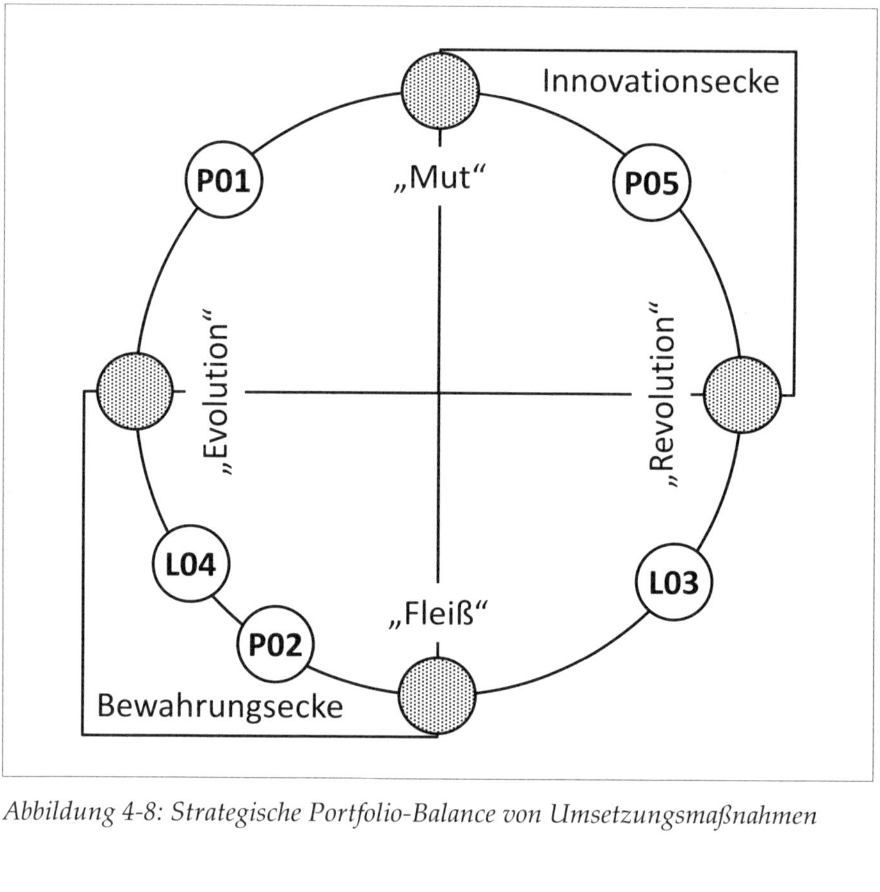

Abbildung 4-8: Strategische Portfolio-Balance von Umsetzungsmaßnahmen

Abbildung 4-8 zeigt, wie eine grafische Darstellung der Balance aussehen könnte, um auch bei dieser Fragestellung eine hohe Transparenz zu erhalten und das Ergebnis der Analyse kommunizierbar zu gestalten.

4.3.3 Wirkung des Projektportfolios auf die Unternehmensplanung

Schließlich kann die Portfolioanalyse mit der Betrachtung der Finanzierbarkeit abgeschlossen werden. Vielfach vorzufinden ist eine Berücksichtigung der begrenzten Finanzierbarkeit in der Form, dass die strategischen Projekte in einem Bewertungsschema mit einer zusammenfassenden Bewertung einander gegenübergestellt werden und Projekte gemäß ihrer Rangfolge zur Umsetzung berücksichtigt werden, bis eine vorgegebene geplante Mittelbereitstellung überschritten wird.

Einige Unternehmen unterscheiden noch die „Muss"-Projekte von den „Kann-Projekten"; „Muss-Projekte" sind in der Rangfolge vor allen anderen Projekten zu berücksichtigen. Diese Projekte müssen aus gesetzlichen oder operativen Gründen durchgeführt werden, um den Betrieb aufrechterhalten zu können oder zu dürfen. Es finden sich eine Vielzahl an Schemata zur Entscheidungsvorbereitung in der Praxis. Die meisten leiden jedoch unter chronischer Vereinfachung einer trotzdem vorhandenen Komplexität. Zum Erkenntnisgewinn ist Vereinfachung „erlaubt", zur Entscheidung sollte jedoch niemals ein zu einfaches Schema herangezogen werden, da dieses unmittelbar und nachweisbar zu falschen Entscheidungen führt. Als Beispiele mögen folgende wesentlichen Aspekte dienen:

- Eine Rangfolge allein kann nicht die Balance-Kriterien erfüllen, eine Entscheidung auf dieser Basis würde sehr wahrscheinlich nicht zu einem ausgewogenen Projektportfolio führen.
- Die Einführung von „Muss"-Projekten wird zu einer Inflation dieser Projekte führen, die Vergabe der entsprechenden „Muss"-Eigenschaft wird den politischen Einfluss auf die Entscheidung verstärken und damit der Irrationalität Vorschub leisten.
- Die verschiedenen Dimensionen einer Bewertungstabelle/-matrix zusammenzuführen, macht die Gewichtung der Kriterien notwendig. Diese Gewichtung wird häufig von den Personen festgelegt, die auch für das Verfahren zuständig sind. Das wiederum

schließt in der Regel einen geordneten Willensbildungsprozess aus.

Die Festlegung der geplanten Jahres-Investitionssumme (aller Projekte zusammen) vor Beginn des Bewertungsverfahrens ist aus verschiedenen Gründen problematisch:

- Zunächst müsste für eine ordentliche Unternehmensplanung Aufwand, Investition und Cash Flow unterschieden werden, um eine korrekte Planung zu ermöglichen;
- ein festgelegter Betrag wird darüber hinaus nicht dem Anspruch gerecht, den die Projektideen haben, nämlich einen möglichst eigenständigen ROI[106], der eine Investition auch dann rechtfertigt, wenn das Unternehmen eigentlich diese Investitionshöhe nicht geplant hatte;
- allzu häufig wird ein fester Investitionsbetrag dazu genutzt, sukzessive Cost Cutting zu betreiben, indem diese Beträge von Jahr zu Jahr abnehmen - das führt natürlich zu einer absurden Fehlsteuerung.

Deshalb ist es notwendig, den Bewertungsprozess des Projektportfolios iterativ zu gestalten. Die erste Runde muss ohne Budgetrestriktionen durchgeführt werden, um alle guten Vorschläge auch wirklich sicher „auf den Tisch zu bekommen". Die zweite Runde dient primär der Meinungsbildung über sinnvolle Grenzen und Größenordnungen für Aufwand, Investition, Cash Flow und einer Beurteilung dieser Werte vor dem Hintergrund der Unternehmensplanung. Erst in der dritten Runde kann eine wirkliche Auslese beginnen.

Ein korrektes Vorgehen müsste neben der Durchführung der gewählten Bewertungsmethode (z.B. Kapitalwertmethode für die Berechnung der barwertigen Cash Flows) auch noch die Berechnung von Aufwand und Ertrag für den von der Unternehmensplanung abgedeckten Zeithorizont berücksichtigen. Mit den so gewonnenen Erkenntnissen lässt sich z.B. zwischen der ersten und zweiten Portfolio-Bewertungsrunde insgesamt eine Einschätzung der Wirkung

---

[106] ROI = Return on Investment

der strategischen Projekte auf Plan-Bilanzen und Plan-Gewinn-und-Verlust-Rechnungen vornehmen.

Die Bewertung fußt schließlich auf der bewertenden Einschätzung der Summe dieser Aspekte: Wirtschaftlichkeit, Balance, Plan-Bilanzen unter Achtung der Mission und des Leitbildes des Unternehmens.

Keine „Mechanik“ kann das Management vor der Verantwortung für die damit verbundenen Entscheidungen (Projekt „machen“, „nicht machen“ oder „Light-Variante des Projektes machen“) schützen. Die Art der „Mechanik“ suggeriert aber genau das: Man könnte doch die Entscheidung für das Vorgehen von dem daraus resultierenden Entscheidungsergebnis entkoppeln. Das ist nicht richtig und verheerend im Sinne der Zukunft des Unternehmens. Auch die Entscheidung für das Vorgehen ist eine Top-Management-Entscheidung, eine sklavische Durchführung eines vorher festgelegten Vorgehens nur dann sinnvoll, wenn während der Durchführung keine Widersprüche auftreten. Deshalb ist das Ziel einer Portfolio-Bewertung in erster Linie die geordnete Informationsbereitstellung über das Portfolio, und erst mittelbar die Entscheidungsfindung.

4.4 Die Gefahr der Lieblingsidee

Alternativen werden an vielen Stellen des Strategieprozesses untersucht und so kann es schnell passieren, dass einige wichtige Alternativen übersehen werden, weil „man ja bereits so viele Alternativen analysiert hat“.

Das Kernproblem liegt darin, dass in jedem Schritt der Plan-Entwicklung neue Alternativen entstehen können. So gehen wir hier beispielsweise davon aus, dass auch bereits während des Strategieentwicklungsprozesses Alternativen untersucht wurden, ggf. sogar Alternativen, die die gleichen Ziele in ähnlicher Weise planmäßig erreichbar machen. Doch für *eine* Strategie hat man sich entschieden. Diese Strategie gibt nun die grobe Richtung der Realisierung vor und wird durch eine Reihe strategischer Projekte inhaltlich ausgefüllt. Für jedes einzelne Projekt (aber auch für jede Kombination an Projekten) kann es und wird es meist Alternativen geben, die zwar das gleiche oder ein ähnliches Ergebnis hervorbringen, dies aber auf einem anderen Weg oder mit anderen Mitteln erreichen. Jedes strategische

Projekt wiederum besteht aus kleineren Elementen, z.B. Teilprojekten, Phasen, Tätigkeiten. Wie auch immer diese Elemente genannt werden, es gibt fast immer für jedes einzelne Element und für Gruppen von Elementen Alternativen. Deshalb ist der Prozess der Alternativenbewertung niemals ganz abgeschlossen. Hinzu kommen die Veränderungen des Unternehmens- und Projektumfeldes, die wiederum neue Voraussetzungen schaffen.

Die klassische Vorgehensweise in Unternehmen ist es, Alternativen nur zu bestimmten Zeitpunkten gezielt zu bewerten und es außerhalb dieser Zeitpunkte dem einzelnen Verantwortlichen zu überlassen, noch weitere Alternativen zu berücksichtigen. So werden im Strategieauswahlprozess Alternativen explizit untersucht. Auch bei der Organisation der Strategieumsetzung, also der Projektbildung, werden Alternativen meist explizit analysiert und bewertet. Doch jede weitere Untersuchung gilt häufig als „Störung" der Umsetzung (gemäß der Planung). Würden Alternativen untersucht, so würden diese zwangsläufig zu Planänderungen führen, die üblicherweise wie andere Abweichungen auch zunächst negativ betrachtet werden. Ein einmal aufgestellter Plan soll möglichst „nur noch exekutiert" werden, und dies soll möglichst auf einer niedrigeren Unternehmensebene verantwortet werden. Diese Darstellung bedient sicher zu einem guten Teil ein Klischee, ist aber nachweislich leider auch so vorzufinden.

Fazit ist, dass in den meisten Unternehmen immer noch die Vorstellung vorherrscht, die Strategieumsetzung könnte als statisches und stabiles Plangebilde angesehen werden. Das erklärt auch, weshalb sich viele Manager so viel Mühe geben, ihre Lieblingsideen durchzusetzen; diese Ideen werden nur in wenigen Unternehmen nochmals hinterfragt, sie werden „nur noch" umgesetzt. Wäre jedem Beteiligten klar, dass es auf einen unermüdlichen Kampf durch den kompletten Umsetzungsprozess hinauslaufen würde, wenn man denn unbedingt seine Lieblingsidee verfolgen möchte, so würden viele Manager ihre Kräfte vermutlich sinnvoller einsetzen. Fakt ist aber, dass dieses Vorgehen genau das falsche Management-Verhalten fördert (wie viele andere typische Vorgehensweisen auch) und es in keiner Weise sanktioniert wird.

Die Sanktion ist jedoch hier nicht unser Thema, es geht um eine bessere Vorgehensweise und diese soll in erster Linie aus der Erkenntnis heraus gefördert werden. Neue und gute Alternativen können zu einer durchdachten und geplanten Strategieumsetzung prinzipiell kontinuierlich entstehen. Wenn wir diese adäquat berücksichtigen wollen, müssen wir also ein „Alternativen-Bewertungsteam" während der kompletten Strategieumsetzung „mitlaufen lassen". Der Aufwand dafür ist mindestens in großen Unternehmen gerechtfertigt. Das Team hätte auch noch andere Aufgaben, würde sicher nicht so benannt werden und wäre stattdessen Teil einer Governance-Struktur, die mitverantwortlich für den Gesamterfolg der Strategieumsetzung zeichnet.

In der Unternehmenspraxis werden Anhaltspunkte dafür benötigt, zu welchen Zeitpunkten ein Alternativen-Review sinnvoll ist. Fehlgeleitete Verhaltensweisen zeigen uns hier die Ansatzpunkte: „Lieblingsideen" werden von ihren „Erfindern" gern bereits vor der Umsetzung detailliert durchdacht (vielleicht auch nur erträumt). Das führt (psychologisch einleuchtend) oft zu festen Rahmenbedingungen, wie z.B. zu einer Festlegung auf einen Umsetzungsverantwortlichen, einer Festlegung auf ein Team, einen externen Kooperationspartner, ein bestimmtes Vorgehen, ein bestimmtes zu entwickelndes Produkt oder Produkteigenschaften etc. Jede dieser Festlegungen ist eine Beschränkung der Alternativen und deshalb ist ein besonders geeigneter Zeitpunkt für die Alternativenbewertung auch der Zeitpunkt, zu dem sich alle Projekte einer Bewertung stellen, die zu einem Portfolio führen soll. Das heißt, dass zu jedem Projektantrag die Frage gestellt werden sollte, ob Ähnliches auf einem anderen Weg oder mit anderen Mitteln erreicht werden kann. Entsprechende Alternativen können prinzipiell im oben beschriebenen Portfolio-Bewertungsprozess untersucht werden.

Ist ein Projektmanager für eines der strategischen Projekte benannt, so wird dieser für die konkrete Detailplanung, also die Umsetzungsvorbereitung, verantwortlich sein. Das ist der zweite wichtige Zeitpunkt, zu dem eine „Lieblingsidee" geboren werden kann. Deshalb empfehlen wir eine zweite Alternativenbewertung nach oder während der Vorstellung der Detailplanung jedes einzelnen strategischen Projektes. Auch hierbei lautet die Frage:

Gibt es grundsätzlich andere Wege oder Mittel, die Ziele (in diesem Fall die Ziele des Projektes) zu erreichen?

Wird die Frage auch von projekt-externen Fachleuten verneint, dann gibt es vielleicht wirklich keine Alternativen. Bezüglich der Besetzung von Schlüsselpositionen haben wir in diesem Buch schon dargelegt, dass Fehlentscheidungen viel Geld kosten und eine Besetzung nach traditionellem Muster verheerende Folgen hat. Doch meist beweist eine Alternativlosigkeit nur Ideenlosigkeit. Es ist guter Brauch, grundsätzlich eine bestimmte Anzahl an Alternativen zu fordern (z.B. sieben oder 15), um damit klar zu machen, dass es völlig inakzeptabel ist, von der Alternativlosigkeit auszugehen. Häufig ist Alternativlosigkeit nur die Folge intellektueller Faulheit. Mit der erstbesten Idee, die irgendeinem Mitarbeiter in den Kopf kommt, wird man kein Weltklasse-Unternehmen gestalten.

Es gibt einen dritten wichtigen Anlass zur Beurteilung von Alternativen: Umfeldentwicklungen.

Verändert sich das Unternehmens- bzw. Projektumfeld anders als geplant oder angenommen, so kann dies dazu führen, dass bereits verworfene Projektideen, Projektvorgehensweisen und Projektplanungen vielleicht unter den neuen Voraussetzungen besser bewertet würden; es kann aber auch dazu führen, dass ein Projekt überflüssig wird oder die strategische Zielsetzung mit dem geplanten Projekt überhaupt nicht mehr erreicht werden kann.

Es ist Aufgabe derjenigen, die für die Strategieentwicklung verantwortlich sind, dafür Sorge zu tragen, die für die Strategieumsetzung verantwortlichen Personen regelmäßig über Veränderungen des Umfeldes zu informieren. Da der gewählten Strategie Annahmen über das Umfeld und die Umfeldentwicklung zugrunde liegen, ist die Gültigkeit der Annahmen kontinuierlich in Frage zu stellen und bei Abweichungen sind die entsprechende Information bereitzustellen. Eine Bewertung sollte nicht durch die Strategieentwicklungsorganisation erfolgen, da die Wirkungszusammenhänge der strategischen Projekte in der Verantwortung der Strategieumsetzungsorganisation liegen und nur diese die komplexen Sachverhalte und Wirkungen bewerten kann. Eine Einschätzung darüber, welche Alternativen sich aus den Veränderungen des Umfeldes ergeben, sollte demnach von den betroffenen Projekten erfolgen, aber immer durch eine projektexterne Instanz überprüft und vor dem Hintergrund des gesamten Projektportfolios und der Unternehmensstrategie bewertet werden.

Die Bewertung von Alternativen erfolgt an den im Abschnitt über die Portfolio-Bewertung genannten Kriterien; einen besonderen Stellenwert haben jedoch die für die Alternativen notwendigen Kompetenzen. Kompetenzen können nicht punktuell und temporär zugekauft werden, sondern werden in aller Regel längerfristig entwickelt. Es ist deshalb unrealistisch, davon auszugehen, dass eine Kompetenzlücke kurzfristig und dauerhaft geschlossen werden könnte. Daher empfiehlt es sich, bei der Alternativenbewertung eine Bewertung nach den klassischen Wirtschaftlichkeitskriterien wie auch bezüglich der bestehenden Kompetenzlücke vorzunehmen, denn eine Kompetenzlücke bedeutet schlechte (und riskante) Umsetzbarkeit.

Typischerweise wird in der Praxis eine Rangfolge aus dem Kapitalwert bzw. dem auf den Mittelbedarf bezogenen Kapitalwert gebildet und diejenigen Projekte durchgeführt, die einen vorher festgelegten Mittelbedarf in Summe nicht überschreiten (s.o.). Häufig anzutreffen sind die sogenannten „Muss-Projekte“ (s.o.), deren Durchführung zur Einhaltung von gesetzlichen Regelungen notwendig ist oder die erst den Weiterbetrieb des Unternehmens(-Bereiches) ermöglichen. Selten werden dagegen Umsetzungsrisiken in diese Betrachtung einbezogen.

Die Praxis bestätigt uns in der Einschätzung, dass fehlende Kompetenzen das wesentliche Risiko in der Umsetzung darstellen.

Wir haben bereits in Kapitel 2 gelernt, dass insbesondere die organisationalen Kompetenzen einen längeren Zeitraum der Entwicklung bedürfen. Deshalb haben wir die in Abbildung 4-9 dargestellte Kapitalwert-Kompetenzlücken-Matrix entwickelt, die wir für ein deutlich besseres Instrument zum Vergleich von Alternativen, aber auch zum Vergleich verschiedener Projekte (oder Projektideen) halten. Ist der Kapitalwertunterschied zwischen zwei Alternativen sehr groß, so kann sich auch das Risiko einer größeren Kompetenzlücke lohnen. Andererseits gilt eine Kompetenzlücke grundsätzlich als das größte strukturelle Umsetzungsrisiko, dass es dringend zu minimieren gilt.

Eine Kompetenzlücke unvoreingenommen und qualifiziert zu bewerten, stellt sehr hohe Anforderungen an den Bewerter. Wir gehen darauf näher in Kapitel 6 ein.

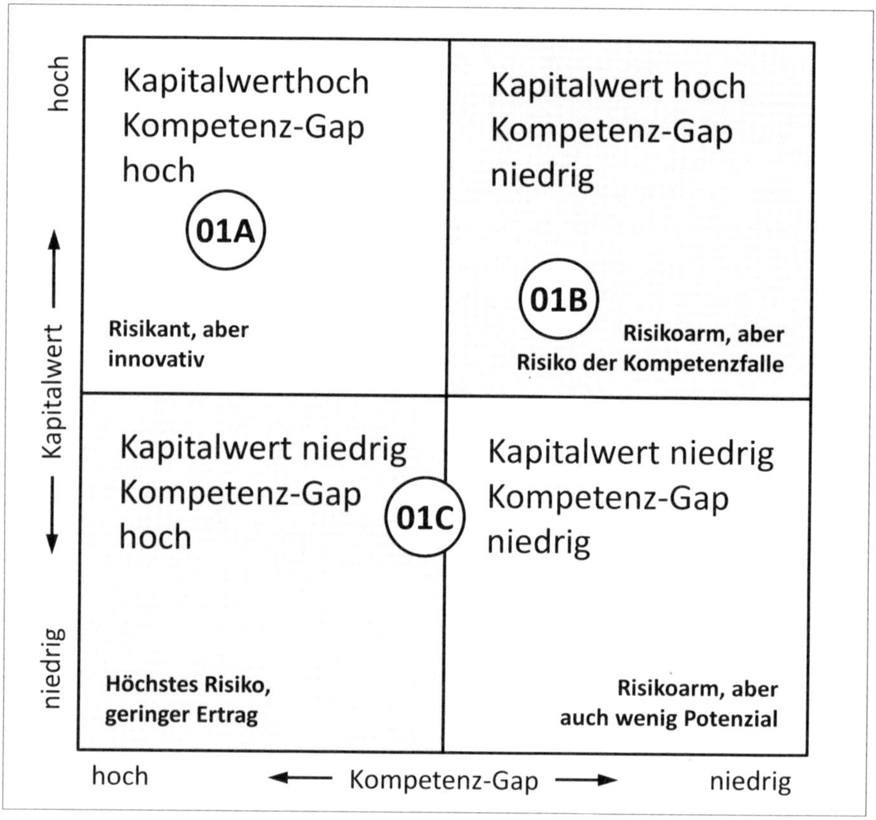

Abbildung 4-9: Alternativenvergleich mit der Kapitalwert-Kompetenzlücken-Matrix

Die in diesem Kapitel aufgezeigten „entscheidungsorientierten Faktoren der Strategieumsetzung" setzen ein hohes Maß an Entscheidungsfähigkeit und Entscheidungsunabhängigkeit voraus, die nicht allzu häufig anzutreffen sind. Entscheidungen zum Abbruch eines Projektes müssten viel häufiger getroffen werden – und doch werden derartige Entscheidungen selten getroffen – meist vermutlich aus dem Grund, Erwartungen damit nicht zu enttäuschen. Da derartige Abbruchentscheidungen selten getroffen werden, steht man dann mit dem „Misserfolg" auch noch im Rampenlicht.

Von Walen und der Rettung der Welt

Die Situation hat wahrscheinlich schon jeder Projektbeteiligte in großen Projektvorhaben erlebt. Sachverhalte werden offenkundig, die weitreichende Auswirkungen auf die Projekte haben können. Häufig sind diese „überraschenden" Erkenntnisse Ausdruck einer auch den besten Manager überfordernden inneren Komplexität des Unternehmens. In der allgemeinen Überforderung ist häufig eine reflexartige, inhaltlich gleichgerichtete Verhaltensweise von Projektleitung und Auftragsgeber zu beobachten:

Den Mitarbeitern wird erklärt, dass das Projekt ja weder die Wale noch die Welt retten könne und man sich bitte auf seine Aufgaben konzentrieren solle. Gleichzeitig wird das Thema verklausuliert und an unauffälliger Stelle dokumentiert. Das Ziel ist klar: Weiterzumachen wie bisher und die Erkenntnis höchstens als Entschuldigung bei eigenen Verzügen taktisch einzusetzen!

Trotz unseres leidgeprüften Verständnisses für das Verhalten in solchen Situationen, ist dieses trotzdem alles andere als „gute Praxis". Letztlich wird mit der „Wir-retten-nicht-die Welt"-Routine zum Ausdruck gebracht, dass es an der Kompetenz der Beteiligten und der Organisation im Umgang mit Unsicherheit fehlt. Zahlreiche Instrumente existieren, um auf neue Informationen und Sachverhalte vorbereitet zu sein und fundierte Entscheidungen treffen zu können. Ob die notwendigen Entscheidungen als Desaster oder als Chance zur Verbesserung wahrgenommen werden und vor allem auch, ob und wie mit dieser Einschätzung umgegangen wird, ist letztlich immer auch das Ergebnis von Projektkultur, Werte- und Anreizsystemen der Organisation. In diesem Zusammenhang sei nochmals betont: Auch eine Projektabbruchentscheidung kann aus Unternehmenssicht eine gute Entscheidung sein – für alle Beteiligten!

Doch die Erwartung, dass eine Strategieumsetzung nach einem einmal aufgestellten Plan „exekutiert" wird, ist traurige Realität.

Das bedeutet für die Entscheidungsträger, dass in erster Linie die Bereitschaft vorhanden sein muss, Zeit in die in diesem Kapitel dargelegten Analysen und Bewertungen zu investieren.

Die entscheidungsorientierten Aspekte – wie sie in diesem Kapitel dargestellt wurden – führen einerseits zu sehr wichtigen Entscheidungen, die nur vom Top-Management (bzw. den für die Strategieentscheidung Verantwortlichen) getroffen werden können, andererseits basieren diese Aspekte auf den ersten Ideen zur Umsetzung, die wiederum vom „Umsetzungskernteam" kommen.
Wir sehen deshalb eine klare Zweiteilung:

- Die Entscheidungen werden weitgehend (Ausnahmen bestätigen hier die Regel) vom Top-Management getroffen; die Verantwortung für diese Entscheidungen kann nicht delegiert werden.
- Die Verantwortung für die adäquate Bereitstellung von (für die Entscheidungen) notwendigen Informationen wird vom Umsetzungskernteam übernommen, das damit mittelbar auch eine Mitverantwortung für die Entscheidungen trägt.

So wird deutlich, dass mit einer Strategieentscheidung die Verantwortung nicht an ein Umsetzungsteam delegiert werden kann. Dieses beliebte Spiel zur „Vorbereitung von Schuldigen" ist einer der größten Erfolgshemmer von Unternehmen und es wäre zu wünschen, dass diesen Abschnitt auch die Mitglieder der entsprechenden Unternehmens-Aufsichtsgremien lesen würden. Aufsichtsräte können die klare Verantwortungsteilung einfordern. Damit gäbe es auch keine Bauernopfer auf Ebene des Umsetzungsteams mehr.

Kernbotschaften des Kapitels 4

Strategieumsetzungsprojekte sind einmalig: Projektorganisation, -kommunikation und -planung müssen das berücksichtigen.

Der Gesamtumsetzungserfolg ist abhängig vom Erfolg jeden einzelnen strategischen Projektes. Interne wie externe Abhängigkeiten der Projekte werden in der Umsetzungsphase häufig unterschätzt.

Nicht die Einzelprojekte sollten nach ihrer isolierten Wirtschaftlichkeit beurteilt werden, sondern die Strategien als Ganzes.

Die Unsicherheit einer Strategieumsetzung kann transparent gemacht und aktiv gesteuert werden mit einem ausgewogenen Projektportfolio.

Das unmittelbare Objekt der Veränderungen im Rahmen einer Strategieumsetzung ist immer das Geschäftsmodell.

Kompetenzlücken stellen das größte Einzelrisiko der Strategieumsetzung dar und müssen daher eine ähnlich hohe Priorität in der Analyse und Bewertung erfahren wie die Wirtschaftlichkeit.

Zur Vertiefung empfehlen die Autoren folgende Fachliteratur:

Christian Neuhaus:
Zukunft im Management - Orientierungen für das Management von Ungewissheit in strategischen Prozessen
Carl-Auer Verlag, Heidelberg, 2007

Einer der tragenden Leitgedanken in unserem Buch ist der, dass Strategieumsetzung mit vergleichsweise großen Unsicherheiten behaftet ist. Christian Neuhaus beschreibt in seinem Buch die verschiedenen Möglichkeiten des Einsatzes der Szenariotechnik zur Berücksichtigung von Unsicherheit im strategischen Planungsprozess. Wir empfehlen diese Vertiefung dann, wenn insbesondere der Aspekt der Innovation oder umwälzender Märkte eine besondere Rolle bei der Strategieumsetzung spielt. Das Buch ist keine leichte Kost, 596 Seiten laden aber ein, durchaus auch punktuell die Vertiefung zu suchen.

Die in diesem Kapitel beschriebenen Hilfsmittel zur besseren Entscheidungsfindung im Rahmen der Strategieimplementierung sind aus der Praxis entstanden. Wir können Ihnen dazu keine weiteren Leseempfehlungen geben, da die Fachliteratur im Bereich der Strategieumsetzung bisher „sehr dünn" ist. Insbesondere ist unser systematischer Ansatz neu und wir hoffen, mit diesem Buch eine Lücke geschlossen zu haben.

„Beurteile einen Menschen lieber nach seinen Handlungen als nach seinen Worten; denn viele handeln schlecht und sprechen vortrefflich“, Matthias Claudius

Oder: Über welche Themen man nicht nur sprechen sollte während der Strategieumsetzung.

Zusammenfassung Kapitel 5

Wir nennen sie die „ausführungsorientierten Aspekte“ der Strategieumsetzung und meinen damit Aspekte, die häufig während der Umsetzung einer Strategie in Form von Projekten zu kurz kommen.

Jeder kennt z.B. die verpflichtende Risikoberichterstattung, doch fragen Sie einmal danach, wie viele Projekte deshalb bereits abgebrochen wurden. Erst die Wirkung zeigt nämlich, wie ernst ein Hilfsmittel (in diesem Fall die Risikoberichterstattung) wirklich genommen wird.

Ein weiterer Aspekt sind Zielkonflikte. Diese sind häufig bekannt im Unternehmen; wirklich jeder weiß, dass es Energieverschwendung bedeutet, wenn die Konfliktparteien einen Teil ihrer Energie zur taktischen Bearbeitung sowie der mentalen Aufarbeitung eines Konfliktes nutzen. Aufgrund fehlender Alternativen oder aus Bequemlichkeit wird aber lieber (aus der Entfernung) zugeschaut und bewertet („der Gewinner ist ...").

Über Governance im Unternehmen wird viel geredet. Doch über notwendige Strukturen wird eher selten nachgedacht. Viele wissen, dass in Projekten nur die geschönte Wahrheit weitergegeben wird, das kann man an der Antwort auf eine einfache Frage feststellen: Wie hoch ist der Anteil der auf „rot" stehenden berichteten Projekte, bevor die jeweiligen Projekte offensichtlich im Schlamassel stecken? Sind sogenannte Governance-Funktionen eingeführt, so heißt das natürlich noch nicht, dass diese auch funktionieren. Die Governance-Instanzen müssen ihre Instrumente und Kompetenz entsprechend den ihnen zugedachten Funktionen entwickeln. Dazu hilft ein Grundverständnis über die Verantwortung für den Strategieerfolg und deren Aufteilung.

Zu den wichtigsten Faktoren in der Projektumsetzung gehören schließlich noch das Team und Ressourcen allgemein: Bis kurz vor einer terminlichen Deadline darf ein Missstand aus verschiedensten Gründen nicht allzu deutlich werden, danach folgt oft ein Taktieren (im Desaster). Wir haben es gerade wieder kurz vor dem angekündigtem Eröffnungstermin des Flughafens Berlin-Brandenburg International erlebt .

Wir appellieren in Kapitel 5 an die Vernunft und sensibilisieren den Leser hinsichtlich der wichtigsten Aspekte bei der Ausführung der strategisch bedeutsamen Projekte, aber wir appellieren auch an die Eigentümer, sich stärker für adäquate Governance-Strukturen einzusetzen bzw. diese einzufordern.

5. Ausführungsorientierte Aspekte der Strategieumsetzung

Während die entscheidungsorientierten Aspekte der Strategieumsetzung eindeutig ihren Schwerpunkt vor der eigentlichen Ausführung der Projekte haben, so sind die ausführungsorientierten Aspekte zunächst auf die Planung und Durchführung des *einzelnen* Projektes fokussiert und begleiten dieses über den Zeitraum der Ausführung. Das heißt aber nicht, dass diese Aspekte nicht bereits vor der Projektinitiierung eine Rolle spielen sollten. Dort wird jedoch der Schwerpunkt auf dem Projektportfolio liegen. So sind z.B. die Aspekte der Chancen-Risiken-Abwägung immer Aspekte eines Portfolios. Das Portfolio muss den Anforderungen der Ausgewogenheit entsprechen – und daher möglichst weitgehend vor der einzelnen Projektinitiierung im Rahmen der Portfolioanalyse betrachtet werden. Mit dieser Analyse ist die Chancen-Risiken-Betrachtung natürlich nicht abgeschlossen. Mit Projektstart beginnt die Steuerung der Chancen und Risiken jedes einzelnen Projektes.

5.1 Chancen-Risiken-Steuerung

Risikoanalysen sind in Projekten in der Zwischenzeit keine Seltenheit mehr. Aufgrund risikoorientierter Berichterstattungspflichten (wie z.B. KonTraG[107]) werden Risikoberichte vom Management heute

---

[107] KonTraG = Gesetz zur Kontrolle und Transparenz im Unternehmensbereich; mit diesem Gesetz wurde 1998 die Pflicht börsennotierter Unternehmen zum

deutlich häufiger auch von den Projekten eingefordert. Das darf aber nicht darüber hinwegtäuschen, dass in vielen Fällen diese Berichterstattung sowohl politisch/taktisch genutzt wird als auch als reine Pflichtübung nicht immer den eigentlichen Zweck erfüllt.

Dieser eigentliche Zweck besteht darin, eine Grundlage für die Projektsteuerung zu schaffen, und zwar sowohl die unerwünschten Ereignisse (Risiken) als auch die positiven Ereignisse betreffend (Chancen). Als Risiken bzw. Chancen werden Ereignisse eingestuft, deren Eintreffen nicht sicher ist, die also mit einer gewissen Wahrscheinlichkeit behaftet sind. Technisch wird ein Risiko (bzw. entsprechend eine Chance) als mathematisches Produkt aus potenzieller Schadenshöhe und Wahrscheinlichkeit errechnet. Wäre der Eintritt des betrachteten Ereignisses sicher, so wäre dies in der Projektplanung entsprechend fest einzuplanen. Erst durch die Wahrscheinlichkeit wird der Umgang damit in der Planung komplex.

Es ist leicht ersichtlich, dass sich Eintrittswahrscheinlichkeiten von Chancen und Risiken über die Projektlaufzeit verändern. Daher begleitet die Chancen-Risiken-Steuerung ein Projekt über die gesamte Laufzeit. In dieser Zeit ist nicht nur die Aktualität der Einschätzungen zu aktualisieren, es ist auch sicherzustellen, dass daraus die notwendigen und sinnvollen Aktivitäten abgeleitet werden. Dazu gehören z.B. Maßnahmen der Absicherung gegen Risiken oder gezielte Aktivitäten zur Nutzung von Chancen. Der Zufall soll damit systematisch einer bewussten Handlungsweise weichen.

Die Ursachen für die Unsicherheiten und damit Quelle der Risiken und Chancen sind

- Abhängigkeiten von anderen Projekten und Linienaktivitäten,
- Veränderungen des Unternehmens- und Projektumfeldes und
- Probleme in der Durchführung des Projektes (bzw. unerwartete Erfolge).

Entsprechend dieser Ursachenbereiche können die Chancen und Risiken im Rahmen eines vorausdenkenden Findungsprozesses identifiziert werden.

---

regelmäßigen Betrieb eines Risikomanagementsystems und einer entsprechenden Berichterstattung verankert.

5.1.1 Analyse von Chancen und Risiken

Als Hilfsmittel zur Identifikation von Risiken und Chancen dienen häufig standardisierte Kataloge möglicher Chancen- und Risiko-Bereiche.

Kein Prozess und kein Hilfsmittel kann allerdings Vollständigkeit garantieren, da es für jedes Projekt eine nahezu unendliche Anzahl an möglichen Chancen und Risiken gibt – mit jedoch großen Unterschieden in ihrer Relevanz.

In der ISO 31000 sind die Phasen des Risikomanagements beschrieben (siehe dazu auch Abbildung 5-1), ein Ergebnis garantiert die Abarbeitung dieser Phasen aber nicht.

Ein recht erfolgreicher Ansatz besteht darin, eine Anzahl an Chancen und eine Anzahl an Risiken vorzugeben (z.B. 100) und ein wiederholtes Brainstorming erst dann zu beenden, wenn die gewünschte Anzahl und eine Mindestbedenkzeit erreicht wurden. Zu viele Chancen und Risiken kann man ja grundsätzlich nicht finden, eine anschließende Selektion auf Basis eines geringen berechneten Risikowertes hilft bei der Fokussierung auf die wichtigen Aspekte. Geht man so vor, dann ist anzuraten, Chancen-Risiko-Kataloge (siehe Beispiel 5-1) erst zum Ende zur Überprüfung der Vollständigkeit zu nutzen, um den kreativen Prozess nicht von vornherein auf die vorgegebenen Aspekte einzuschränken.

Risikokataloge gibt es in sehr verschiedenen Detaillierungsstufen; je eingeschränkter das Thema, desto detaillierter und umfangreicher wird ein Risikokatalog sein.

Phase	Inhalt der Risikomanagement-Phase
Risikoidentifikation	Risiko-Ereignisse, also die Ursachen der Risiken sind zu identifizieren. Ziel ist ein umfassender Risiko-Katalog. Der Umfang bestimmt die Wahrscheinlichkeit, mit der eintreffende Risiken auch gesteuert werden können. Nur Risiken, die in diesem Katalog stehen, werden weiter analysiert.
Risikoanalyse	In dieser Analysephase sollen idealerweise Eintrittswahrscheinlichkeiten und potenzielle Schadenshöhen sowie die Wirkzusammenhänge herausgearbeitet werden. Ohne ein Verständnis dieser Zusammenhänge ist eine realitätsnahe Bewertung nicht möglich.
Risikobewertung	Die Bewertung erfolgt sowohl qualitativ als auch quantitativ. Die qualitative Betrachtung kategorisiert die Risiken z.B. hinsichtlich einer anschließenden Steuerbarkeit. Die quantitative Bewertung führt im Idealfall zu einer wirtschaftlichen Schadensgröße (potenzielle Schadenshöhe x erwartete Eintrittswahrscheinlichkeit).
Risikosteuerung	Aus der Risikobewertung werden die Maßnahmen abgeleitet; dafür gibt es drei Ansätze: - Ursachen werden bearbeitet, - Auswirkungen werden gesteuert, - es werden keine Maßnahmen eingeleitet.
Risikokontrolle	Die Risikokontrolle besteht im Wesentlichen aus der Aktualisierung des Wissens über die Zusammenhänge und Größen sowie das Messen der Wirksamkeit der Maßnahmen.

Abbildung 5-1: Phasen des Risikomanagements nach ISO 31000

Risikoliste
Mangelnder Planvorlauf
Mangelhafte Projektplanung
Fehlerbehaftete geplante Lösungsansätze
Fehlende Genehmigungen
Nicht geeignetes oder zu wenig Projektpersonal
Projektinfrastruktur nicht ausreichend
Projektkomplexität nicht beherrschbar
Projektfinanzierung nicht gesichert
Preisänderungen zu beschaffender Produkte/Leistungen
Währungsrisiken der Beschaffung
Verzögerungen bzw. Schlechtleistung von Unterauftragnehmern
Höhere Gewalt und deren Folgen auf das Projekt
Normen- bzw. Gesetzesänderungen
Vorteilsnahme / Korruption im Projekt
Industriespionage
Getroffene Annahmen erweisen sich als ungültig
Personalausfall während des Projektes
Abstimmungen erweisen sich im Nachhinein als ungültig
Ausfall von Unterauftragnehmern
Ausfall von Wissensträgern (außerhalb der Projektorganisation)
Lizenzrechtliche Probleme

Beispiel 5-1: Auszug aus einem Risiko-Katalog (Projektdurchführung)

Bei der projektindividuellen Ermittlung von Chancen und Risiken werden eine Reihe struktureller Fehler gemacht.

Ursache und Wirkung

Ein häufiger Fehler ist das Verwechseln von Ursachen und Wirkung. Der erste Schritt ist immer die Identifikation und Untersuchung der auslösenden Ereignisse (also der Ursachen), z.B. einer unerwarteten Veränderung des Unternehmensumfeldes. Die Abschätzung der

Eintrittswahrscheinlichkeit hängt direkt mit dem Ereignis zusammen. Dieses (unerwartete) Ereignis kann mehrere (unerwünschte aber auch gewünschte) Wirkungen hervorrufen; für jede dieser Wirkungen muss ggf. wiederum eine Eintrittswahrscheinlichkeit sowie jeweils eine Wirkungshöhe (monetarisiert) abgeschätzt werden. Eine weitere Eintrittswahrscheinlichkeit ist dann notwendig, wenn der Wirkungszusammenhang nicht deterministisch (und damit fest planbar) ist. Abbildung 5-2 zeigt diesen strukturellen Zusammenhang.

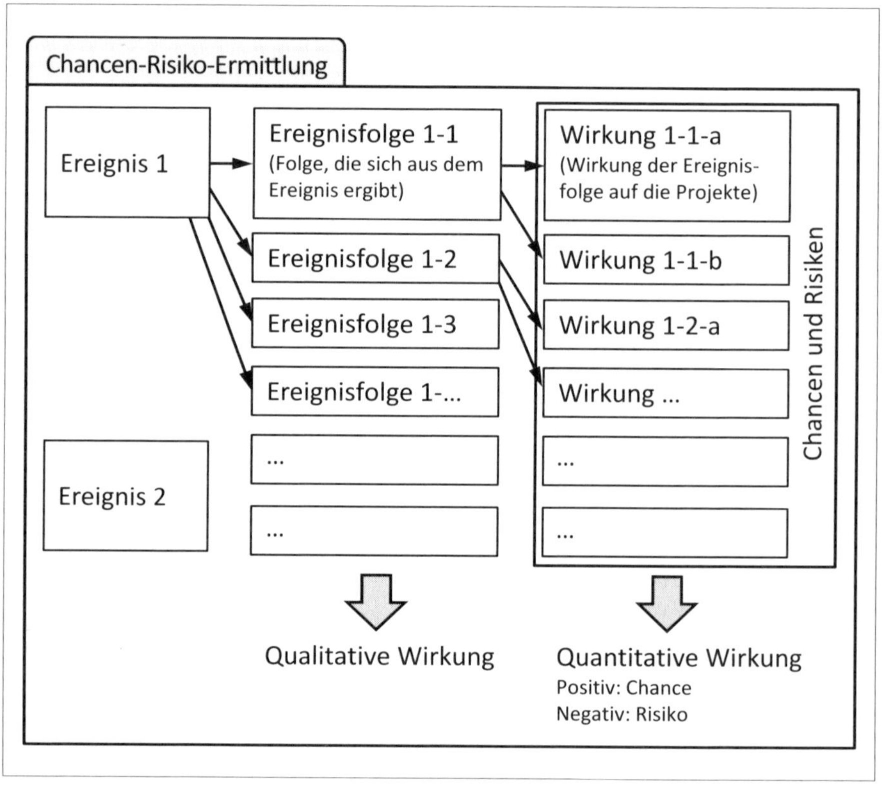

Abbildung 5-2: Ermittlung von Chancen- und Risikohöhen

Begriffsfehler

Die Begrifflichkeiten „Risiko“ und „Chance“ werden häufig nicht korrekt eingesetzt, mit der Konsequenz, dass die deshalb fehlerhaft durchgeführte Analyse zu unbrauchbaren Ergebnissen führt. Ein

Risiko (eine Chance) beschreibt immer eine mögliche Schadenshöhe (für Chancen: Nutzenwert) multipliziert mit der Wahrscheinlichkeit, dass es dazu kommt. Diese Wahrscheinlichkeit ist wiederum das Produkt aus der Wirkungswahrscheinlichkeit (zwischen Ereignis und Wirkung) und der Eintrittswahrscheinlichkeit des zugrunde liegenden Ereignisses. Auch wenn dies theoretisch klingt, ist die Definition sehr nützlich, Klarheit und Transparenz zu schaffen und den Analyseaufwand auf den richtigen Analysegegenstand zu lenken.

Ungewollte Beeinflussung der Ergebnisse

Organisatorisch ist dringend anzuraten, die Chancen-Risiko-Analyse unter „neutrale Beobachtung" zu stellen, damit eine vergleichbare Analyse am Ende herauskommt. „Vergleichbar" meint: innerhalb des Unternehmens vergleichbar; eine Vergleichbarkeit darüber hinaus ist nur mit sehr hohem Aufwand erreichbar und auch nicht sinnvoll, da der Erkenntnisgewinn sehr begrenzt sein würde. Die „neutrale Beobachtung" sollte Teil einer übergeordneten Governance-Struktur (siehe Kapitel 5.3) sein, kann aber gleichzeitig auch ein Methodencoaching leisten.

5.1.2 Bewertung der Chancen und Risiken

Die Analysephase zur Identifikation von Chancen und Risiken ist bereits nicht trivial, eine Bewertung selbiger fällt den meisten Verantwortlichen aus gutem Grund noch schwerer. Die Einschätzung von Schadens- (oder Nutzen-) Höhen sowie der Eintritts- und Wirkungswahrscheinlichkeit ist sehr komplex, da selten objektiv fundierte Werte ermittelbar sind. Das Produkt aus monetärem Wert und Wahrscheinlichkeit ist damit auch (nur) eine gemittelte Einschätzung. Variieren Experteneinschätzungen sehr stark, so sollte das Vorsichtsprinzip Anwendung finden, d.h. Risiken werden tendenziell höher angesetzt, Chancen tendenziell niedriger.

Werden Chancen bzw. Risiken gegenübergestellt, so kann diese Einschätzung sehr gut zur Rangfolgenbildung der Bedeutung der Chancen respektive Risiken genutzt werden. Die Summe repräsentiert das Risiko bzw. die Chance des gesamten Projektes, wobei zu beachten ist, dass es sich um einen Wert handelt, der über Wahrscheinlichkeiten gewichtete Werte enthält, d.h. ein tatsächlich eintretender Schaden kann viel höher ausfallen als die Summe der gewichteten Risiken. Das Rechenbeispiel 5-2 verdeutlicht den Zusammenhang.

Risiko A:
Potenzielle Schadenshöhe 1 Mio. Euro, Wahrscheinlichkeit 1%
Risiko A = 1 Mio. Euro x 1% = 10.000 Euro

Risiko B:
Potenzielle Schadenshöhe 10.000 Euro, Wahrscheinlichkeit 30%
Risiko B = 10.000 Euro x 30% = 3.000 Euro

Gesamtrisiko:
Risiko A + Risiko B = 10.000 Euro + 3.000 Euro
= 13.000 Euro

Tritt nun tatsächlich nur Ereignis B ein, so liegt der Gesamtschaden mit 3.000 Euro unterhalb der „Plan-Kalkulation" von 13.000 Euro. Tritt nur Ereignis A oder beide Ereignisse ein, so liegt der Gesamtschaden bei mindestens 1 Mio. Euro. Daher stellt sich z.B. im Beispielfall die Frage, ob es möglich ist, das Ereignis A auszuschließen oder die Folgen des Eintretens von Ereignis A zu „versichern" bzw. abzuwälzen (z.B. auf Vertragspartner).

Beispiel 5-2: Grundlagen der Risikoberechnung

Das Beispiel verdeutlicht, dass bei einer Bewertung nicht nur die errechneten Ergebniswerte von Risiken eine Rolle spielen dürfen.

Die Frage der Bewertung lautet im ersten Schritt, ob es sinnvoll ist, etwas gegen das Eintreten eines Risikofalles (bzw. für das Realisieren einer Chance) zu tun. Um dazu eine Aussage machen zu können, muss man sich den Wert der vorliegenden Informationen vor Augen führen. Das wertmäßig errechnete Risiko repräsentiert den erwarteten Schaden unter Zugrundelegung von Schadenshöhe und Wahrscheinlichkeiten, d.h. die Summe der Risiken ergibt den Wert, der voraussichtlich (nach bestem Wissen) verloren wird. Genau dies sollte in der Unternehmensplanung berücksichtigt werden bzw. muss dort Berücksichtigung finden (sofern gesetzliche Regeln das verlangen). Große Werte bedeuten einen großen erwarteten Verlust (im Sinne eines mathematischen Erwartungswertes). Existenzbedrohende Risiken sind aber häufig nicht unter den größten Risikowerten zu finden. Daher ist die absolute mögliche Schadenshöhe (ohne Berücksichtigung der Wahrscheinlichkeiten) ebenso ein wichtiger Faktor der Beurteilung. So kann die Risikogröße durch eine sehr geringe Wahrscheinlichkeit überschaubar sein, wenn dieser Schaden allerdings eintritt, könnte sogar das Unternehmen gefährdet sein.

Nach diesem Schema sind also alle großen Risiken wie auch die größten Schadensfälle verdächtig und einer besonderen Betrachtung zu unterziehen, was letztlich bedeutet, dass eine Entscheidung über geeignete Maßnahmen zur Absicherung oder Verhinderung getroffen werden muss.

Eine zweite parallel durchführbare Vorgehensweise fokussiert auf den Absicherungs- bzw. allgemein auf den Maßnahmenaufwand potenzieller Maßnahmen. Wenn beispielsweise auch kleine Risiken mit marginalem Aufwand bzw. Kosten verhindert oder begrenzt werden können, so scheinen hinter diesen Kosten sinnvolle Maßnahmen zu stehen, die auch umgesetzt werden sollten.

Das Ergebnis der Bewertung ist eine erste Liste an Risiken und Chancen, für die Maßnahmen vorgesehen werden sollten mit einer ersten Maßnahmenidee, die daraufhin zu konkretisieren ist und in eine Maßnahmenplanung überführt werden muss.

5.1.3 Maßnahmenplanung

Maßnahmen der Absicherung gegen Risiken und der Förderung von Chancen müssen den gleichen Detaillierungsanforderungen genügen wie die Projektplanung insgesamt. Schließlich werden diese Maßnahmen in den Projektplan aufgenommen und wie andere Aktivitäten ebenfalls ausgeführt. Das gilt auch für spezifische Maßnahmen wie z.B. den Abschluss einer Versicherung gegen einen Schaden.

Mit der Aufnahme der Maßnahmen in den Projektplan haben diese eine Auswirkung auf die zeitlichen Aspekte der Gesamtplanung wie auch auf das Projektbudget. Spätestens an dieser Stelle wird deutlich, wie gut die Planung des Projektes insgesamt war; hat diese einen geeigneten Puffer enthalten oder ist man in der Planung naiv davon ausgegangen, dass es keine Risiken gibt.

Praktischerweise sollte man in seiner Projektplanung keinen Nutzen aus Chancen einplanen, bevor man die Chancen ausführlich untersucht und über Maßnahmen in diesem Zusammenhang entschieden hat. Chancen aus einem Projekt können Nutzen in projektfernen Bereichen erzeugen. Während man sicher davon ausgehen kann, dass die Summe der Risiken auf jeden Fall eine negative Auswirkung auf das Projekt selbst haben werden, so gilt das nicht grundsätzlich für die Summe an Chancen.

Da sich Chancen und Risiken mit ihren Wahrscheinlichkeiten ständig ändern können, müssen die Maßnahmen über die Projektlaufzeit häufiger angepasst werden.

Es ist also gerade kein Qualitätsmerkmal der Planung, wenn sich diese während der Projektlaufzeit nicht ändert.

Das sollte auch dem Projektteam sehr deutlich gemacht werden, um die Erwartungen richtig zu setzen. Strategische Projekte verhalten sich hier anders als es die Mechanik des typischen erlernten Projektmanagements vorsieht, das von einem weitgehend stabilen, manchmal sogar unveränderlichen Projektplan ausgeht.

Kritisch ist die gänzliche Infragestellung des Projektes im Falle von deutlich veränderten Planwerten. Trotzdem sollte man sich im Interesse des Unternehmens und der eigenen Glaubwürdigkeit niemals von der eigenen Trägheit oder taktischen Aspekten leiten lassen. Wird ein Projekt unwirtschaftlich, so muss das auch transparent gemacht werden. Man gibt damit dem Management die Chance, ggf. eine wichtige Abbruchentscheidung für das Unternehmen zu treffen.

Von der Unternehmensleitung wird erwartet, dass sie nicht sklavisch an Plänen festhält, wenn diese nicht mehr zu Gunsten des Unternehmens ausgeführt werden können. Weil auf der anderen Seite die Beliebigkeit von Planungen steht (eine ständige Änderung der Planung untergräbt die Glaubwürdigkeit der Planer), ist das Dilemma groß. Das macht wiederum die Notwendigkeit wirksamer Governance-Funktionen, wie sie in Kapitel 5.3 beschrieben werden, sehr deutlich.

5.2 Umgang mit Zielkonflikten

Während ein gewisses Risiko-Bewusstsein heute durchaus vorhanden ist und auch verstanden wird, dass auf Analyse und Bewertung von Risiken besonderes Augenmerk zu legen ist, werden Zielkonflikte häufig nicht wirklich gelöst. Im Gegenteil wird es meist noch als Schwäche angesehen, wenn dieses Thema projektweit betrachtet werden soll: „Könnt ihr die Konflikte nicht unter euch lösen?".

Zielkonflikte führen

- zur Fehlleitung von Energie und sind daher einer der wesentlichen Gründe für Ineffektivität und Ineffizienz und sie führen
- durch die enorme Kraft, die zum Teil in die falschen Richtungen geleitet wird, auch zu von Gruppen oder einzelnen gewünschten Ergebnissen, die den Projektzielen aber entgegenstehen.

Wegen der extrem negativen möglichen Wirkungen kann nur empfohlen werden, sich diesem vermeintlich unangenehmen Thema zu stellen und die möglichen Zielkonflikte aufzudecken und schließlich zu beseitigen (zumindest die, die für das Projekt relevant sind).

Manch einer hat schon die Erfahrung gemacht, dass verantwortliche Manager Zielkonflikte bewusst zurückdelegieren mit dem Hinweis, diese Konflikte müssten da gelöst werden, wo sie entstanden sind und es läge nur an der Fähigkeit des Mitarbeiters, diesen Konflikt selbst zu lösen. Richtig daran ist, dass alle Beteiligten zur Lösung beitragen müssen. Falsch ist aber, Konflikte immer da lösen zu lassen, wo sie entstanden sind. Häufig bedarf es übergeordneter Motivationsmaßnahmen, oft ist ein „Unabhängiger" gefragt, um einen Konflikt so aufzulösen, dass dies für das Unternehmen ein Optimum darstellt.

Nicht ein Ausgleich der Interessen ist das Ziel, nicht ein Kompromiss auf Basis des kleinsten gemeinsamen Nenners, sondern das Optimum für das Unternehmen.

Genau deshalb ist bei dieser Aufgabe das Management in zentraler Rolle gefragt, denn es geht *nicht* um eine Einigung zwischen zwei

Konfliktparteien. Ein Indiz für „schwache Manager" ist daher das Heraushalten aus Zielkonflikten jeder Art ... und noch schlimmer, das Anfeuern zusätzlicher interner Wettbewerbe. Derartige Manager verbrennen bewusst das Geld der Eigentümer, nur um zu demonstrieren, dass sie über den Konfliktarenen stehen.

5.2.1 Aufdeckung von Zielkonflikten

Durch jede Veränderung können Zielkonflikte entstehen, so auch durch Veränderungen durch und während der Bearbeitung strategischer Projekte. Deshalb kann die Betrachtung dieser Konflikte nicht einmalig vor Projektbeginn „abgearbeitet" werden, Zielkonflikte begleiten Projekte bis zum Ende.

Für die Analyse bestehender Zielkonflikte ist besonders unerquicklich, dass diese zum großen Teil im Verborgenen liegen und verschiedenste Ursachen haben können. Sie können sowohl sachlich begründet als auch persönlicher Natur sein.

Sachlich begründete Zielkonflikte im Zusammenhang mit einer Strategieimplementierung lassen sich aus den folgenden Ursachen ableiten:

- Konflikte in der Definition der strategischen Ziele,
- Projektabhängigkeiten mit nicht kompatiblen Zielsetzungen oder Projektplanungen,
- Geschäftsabhängigkeiten, bei denen Projekt und Tagesgeschäft einander gegenüberstehen und
- Stakeholder mit unterschiedlichen Interessenlagen.

Entsprechend beginnt die Zielkonfliktanalyse mit der Untersuchung der offiziellen Formulierungen daraufhin, wo sich diese widersprechen bzw. wo gegenläufige Zielrichtungen formuliert sind, die mit großer Wahrscheinlichkeit zu Konflikten führen werden. Ein Beispiel, das häufig anzutreffen ist, ist „Umsatzsteigerung bei gleichzeitiger Kostensenkung"; das muss zwar nicht zu einem Zielkonflikt werden, wenn aber Mittel benötigt werden, um einen höheren Umsatz durch z.B. zusätzliche Aufgaben im Vertrieb zu erreichen oder Kapazitäten dafür angepasst werden müssen, dann wird der Konflikt durch die entsprechend verursachten höheren Kosten entstehen. Häufig sind die gegenläufigen Ziele nicht gar so offensichtlich, sie verbergen sich vielmehr oft in indirekten Zusammenhängen, die dazu ebenfalls zunächst aufgedeckt werden müssen. Dazu ein Beispiel: „Genereller Abbau von 15% des unternehmensexternen Personals zur sofortigen Kostenreduktion“ vs. „Zielerreichung der strategischen Projekte“, ein durchaus häufig anzutreffender Zielkonflikt.

Projektinterdependenzen sollten bereits vor Projektstart mit der Betrachtung des Projektportfolios untersucht worden sein. Projekte können sich gegenseitig fördern, sie können sich aber auch behindern, mindestens jedoch wird man üblicherweise einen Ressourcenkonflikt entdecken. Durch neue Projekte und geänderte Planungen entstehen neue Konstellationen, der Bedarf an kompetenten Mitarbeitern verändert sich über die Projektlaufzeit; daher sind auch die Projektinterdependenzen während der gesamten Projektlaufzeit unter Beobachtung zu stellen.

Zielkonflikte zwischen Tagesgeschäft und Projekten werden regelmäßig unterschätzt. Dabei ist es doch fast selbstverständlich, dass es mindestens einen Wettbewerb um die besten Mitarbeiter und andere Ressourcen des Unternehmens gibt. Selten werden zusätzliche externe Ressourcen in dem Maße temporär gebunden, wie die Projekte die Kapazitäten bräuchten. In den meisten Unternehmen gibt es für Projekte nur begrenzt zusätzliche Kapazitäten, die ergänzt um externe Mitarbeiter den Bedarf der Projekte decken könnten. Letztlich wird es auf eine Unterdeckung an Kompetenz hinauslaufen, die zu den genannten Zielkonflikten führen wird. Hinzu kommt, dass z.B. prozessverändernde Projekte auf die Kompetenzen einiger weniger Mitarbeiter angewiesen sind, die aber auch für die Abwicklung des Tagesgeschäftes eine besondere Bedeutung haben: Keine Chance also, sich dem Thema der Zielkonflikte zu entziehen.

Auch, dass verschiedene Stakeholder verschiedene Ziele verfolgen, ist eigentlich selbstverständlich, obwohl man sich das natürlich für das Unternehmen manches Mal anders wünschen würde. So wird man in vielen Unternehmen unterschiedliche Vorstellungen über Ziele zwischen Unternehmensleitung und Arbeitnehmervertretern vorfinden. Gesellschafter und Unternehmensleitung, Kunden und Geschäftspartner und viele weitere Stakeholder kommen sicher nicht ohne Zielkonflikte aus. Bezogen auf ein Projekt lässt sich das Feld der relevanten Zielkonflikte ein wenig einengen.

Interviewleitfaden

Wie passt die aktuelle Planung Ihres Verantwortungsbereiches zur Vision des Unternehmens?

Welche Auswirkungen hat die Strategie des Unternehmens auf den von Ihnen verantworteten Bereich?

Welche strategischen Projekte und Initiativen finden Sie aus dem Blickwinkel des von Ihnen verantworteten Bereiches besonders nützlich, welche sind von geringerem Nutzen?

Wie wirkt sich die Unternehmensstrategie auf die Bedeutung des von Ihnen verantworteten Bereiches aus?

Welche Projektzielsetzungen halten Sie für sehr ehrgeizig, welche halten Sie für leicht erreichbar?

Welche Projektplanungen halten Sie für sehr ehrgeizig, welche halten Sie für leicht umsetzbar?

Müssen Sie aus dem Kreis Ihrer besten Mitarbeiter Kapazitäten an Projekte zur Umsetzung abgeben?

Wie schätzen Sie die Projektbesetzungen ein? Sind die Projekte entsprechend der strategischen Bedeutung der Projekte besetzt?

Wo sehen Sie Konfliktpotenziale zwischen Projekten oder zwischen Projekten und Linienaufgaben?

Welche persönliche Motivation haben Sie hinsichtlich der Umsetzung der strategischen Projekte?

Abbildung 5-3: Grundfragen eines Interviews mit Stakeholdern mit dem Ziel der Zielkonfliktaufdeckung

Eine beliebte Methode zur Aufdeckung von Zielkonflikten besteht darin, Interviews über die Projektzielsetzungen, die Projektplanung sowie den Zusammenhang mit der Unternehmensstrategie zu führen. In den meisten Fällen wird ein derartiges Interview Aufschluss über den Grad der jeweils persönlichen Zu- oder Abneigung geben, eine direkte Frage nach erwarteten oder bestehenden Zielkonflikten kann das Bild abrunden. Abbildung 5-3 zeigt beispielhaft einen Fragenkatalog eines derartigen Interviews.

5.2.2 Bewertung von Zielkonflikten

Vor dem Lösen von Zielkonflikten geht es zunächst um eine Bewertung, die aufdecken soll, inwiefern

- eine Lösung notwendig ist (Relevanz),
- eine Lösung überhaupt möglich ist (Machbarkeit) und
- eine Lösung durch Beteiligung Dritter notwendig und sinnvoll ist.

Da Zielkonflikte unterschiedlichster Art bestehen können, gilt es, diese zunächst zu kategorisieren: Diejenigen persönlicher Natur sind von denen des Unternehmens zu trennen.

Auch persönlich induzierte Konflikte haben ihre Bedeutung und müssen gelöst werden, um die negativen Folgen der Zielkonflikte auf das Unternehmen zu vermeiden. Aber sie sind als solche zu qualifizieren und zu behandeln, d.h. es müssen die persönlichen Zielsetzungen in Beziehung zur Unternehmenszielsetzung gebracht werden und klar nach Unternehmensrelevanz priorisiert werden, was letztlich auch einem persönlichen Coaching der betroffenen Mitarbeiter im Hinblick auf ihre Rolle im Unternehmen gleichkommt.

Die Bewertung der Konflikte ist schwierig zu objektivieren, daher kann als Grundlage der eigentlichen Bewertung auch ein jeweils gemeinsames Gespräch mit den Konfliktparteien geführt werden. In diesem Gespräch wird offen die Frage nach einer Lösbarkeit gestellt und schließlich entschieden, ob es sinnvoll ist, die Kontrahenten aufzufordern, eine Lösung untereinander zu finden. Das gemeinsame Gespräch kann dazu genutzt werden, die Unternehmenszielsetzungen deutlich hervorzuheben, die individuellen Zielkonflikte klar anzusprechen, damit der Lösungsraum auf die relevante Fragestellung fokussiert wird.

5.2.3 Lösen von Zielkonflikten

Das Lösen der Konflikte geschieht im Anschluss an die Bewertung entweder durch die Kontrahenten unter sich, ggf. unter Nutzung eines neutralen Moderators, oder durch gemeinsame Diskussion und anschließende Management-Entscheidung.

Durch Sozialisation lernt jeder individuell, Konflikte zu lösen, wobei bestimmte Stile der Konfliktlösung entwickelt werden, die mehr oder weniger nützlich im Kontext des Konfliktes erscheinen.

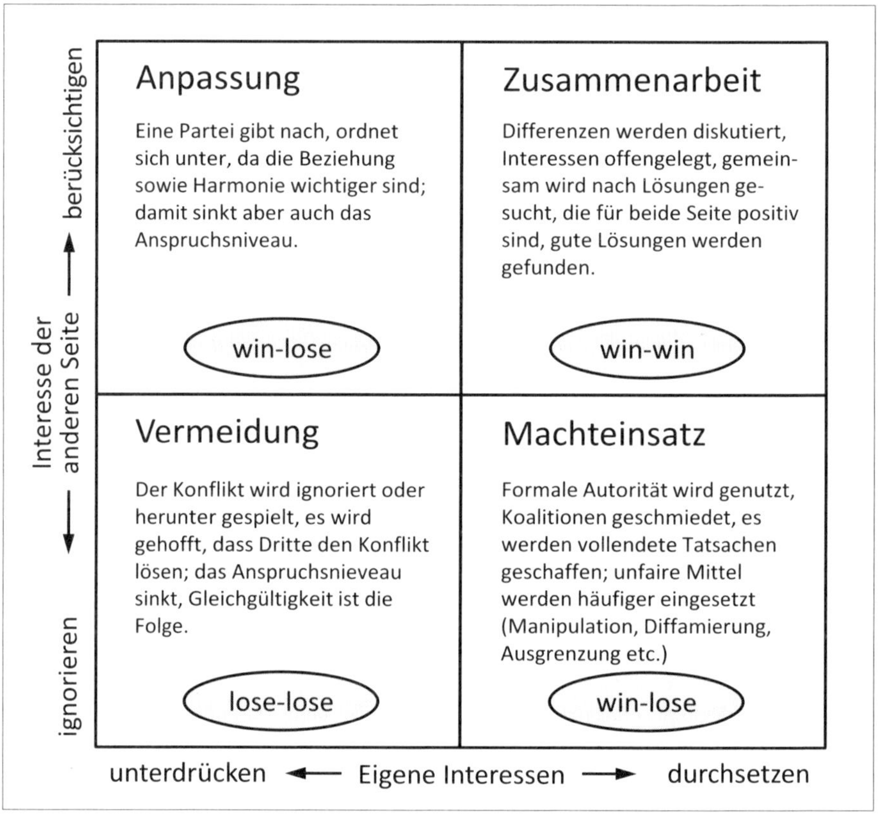

Abbildung 5-4: Modell der Konfliktbewältigung[108]

[108] Nach Kenneth W. Thomas: Conflict and conflict management: Reflections and Update, in: Journal of Organizational Behavior, Vol. 13, S. 265-274, 1992

Ein Modell stellt dazu das sogenannte Thomas-Modell dar, das die Ergebnisse einer Konfliktlösung in einer zweidimensionalen Matrix darstellt (siehe Abbildung 5-4).

Hat man die Nachhaltigkeit einer Konfliktlösung im Sinn, so stellt nur der Konsens eine echte Konfliktlösung dar und bietet für das gesamte System den höchsten und vor allen Dingen einen dauerhaften Nutzen. Leider ist diese Variante der Konfliktlösung auch diejenige, die am schwierigsten zu erreichen ist – zumindest, wenn es gleichzeitig gilt, die optimale Variante für das Unternehmen zu finden. Andere situationsgerechte Lösungen sind denkbar, sofern die Konsequenzen bewusst akzeptiert werden.

In einem moderierten Prozess der Konfliktlösung ist es wichtig, sich die Rollen der Beteiligten bewusst zu machen. Jeder hat eine Neigung, in Abhängigkeit von der aktuellen Situation eine bestimmte Rolle einzunehmen. In Gesprächen führt dies häufig dazu, dass der Gesprächspartner dazu verführt wird, eine komplementäre Rolle einzunehmen[109]. Deshalb spricht man auch von manipulativen Rollen. Das sogenannte Dramadreieck (siehe Abbildung 5-5) zeigt die typischen Eigenschaften der manipulativen Rollen.

Durch gezielte Wechsel der Rolle während eines Gespräches können Gesprächssituationen dadurch manipuliert werden, dass die jeweiligen Kommunikationspartner bewusst in eine bestimmte Rolle getrieben werden. Für eine nachhaltige Konfliktlösung wird vor Manipulationen des Gesprächsverlaufes eindringlich gewarnt, doch auch als „Lösungssucher" sollte man wissen, wie die Gesprächspartner die Situation möglicherweise für sich zu manipulieren versuchen.

Sollte keine einsichtige Lösung erzielt werden können und letztlich eine Management-Entscheidung notwendig werden, so hat die vorangegangene Diskussion unter normalen Umständen und grundsätzlich kooperativen Mitarbeitern wenigstens den Vorteil, dass die Entscheidung auch von der unterlegenen Partei verstanden werden kann - allein das mildert bereits potenzielle negative Folgen.

---

[109] Stephen Karpman: Fairy Tales and Script Drama Analysis, T.A. Bulletin VII 26, April 1968, S. 39-43

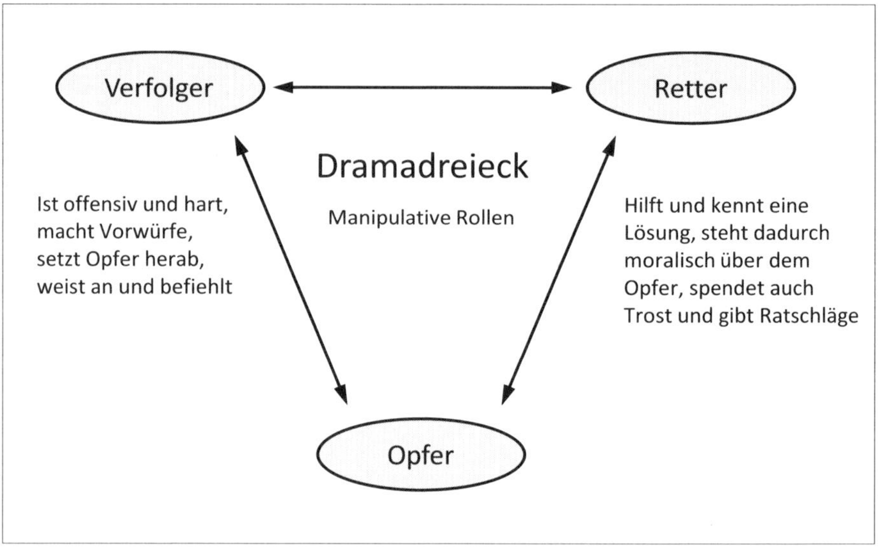

Abbildung 5-5: Drama-Dreieck

Um die Rückkehr in die alten Positionen zu verhindern, mindestens jedoch zu erschweren, ist auch der Aspekt der Zielkonflikte regelmäßig während der Projektlaufzeit zu betrachten.

5.3 Wirksame Governance

Allein der Begriff „Governance" wirft schon Fragen auf; die Herkunft aus dem Englischen (Herrschaft, Regierung, Kontrolle) lässt sich so kaum auf die Situation von Wirtschaftsunternehmen übertragen. Und doch ist der Begriff in aller Munde, weil es in den letzten Jahren spektakuläre Verfehlungen durch Einzelne oder kleine Gruppen mit fatalen Folgen für das jeweilige Unternehmen gegeben hat (siehe Beispiel 5-3). Die katastrophalen Auswirkungen betrafen sogar den jeweiligen gesamten Sektor und hatte messbare Auswirkungen auf die Volkswirtschaft. Das hat in der Folge die Frage aufgeworfen, wie Unternehmen sicherstellen können, dass sich einzelne Mitarbeiter nicht solch folgenschwerer Fehlverhalten schuldig machen *können*.

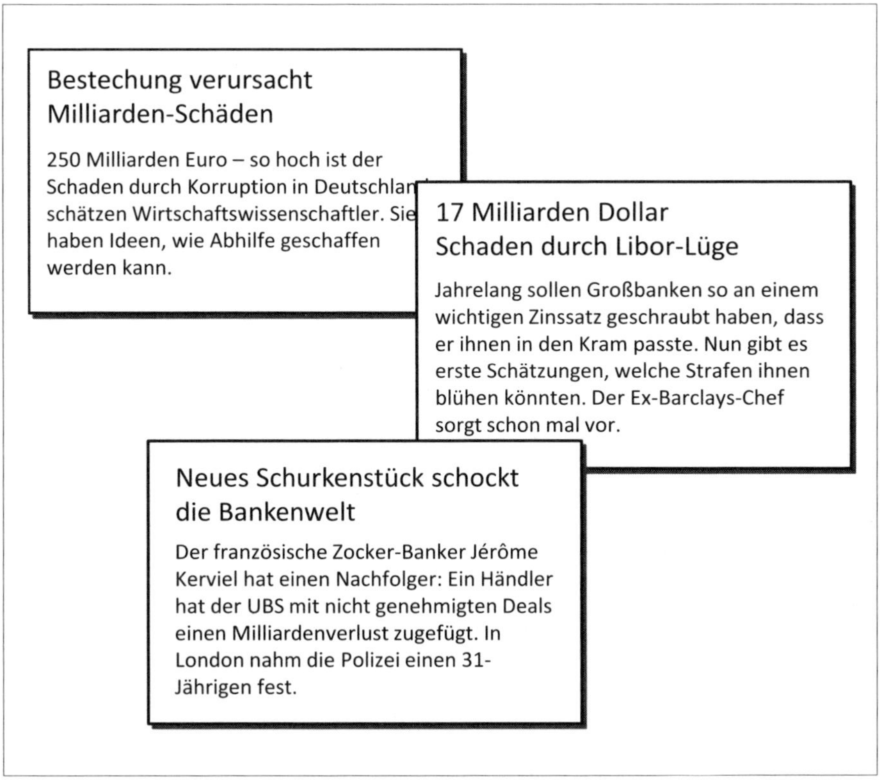

Beispiel 5-3: Schlagzeilen zu Verfehlungen einzelner Mitarbeiter von Unternehmen[110] [111] [112]

---

[110] Bestechung verursacht Milliarden-Schäden: http://www.zeit.de/wirtschaft/ 2012-03/ deutschland-korruption-schaden, 16.7.2012

[111] 17 Milliarden Dollar Schaden durch Libor-Lüge: http://www.focus.de/ finanzen/ banken/ grossbanken- manipulieren- zinsen- 17- milliarden- dollar-schaden-durch-libor-luege_aid_781457.html, 16.7.2012

[112] Neues Schurkenstück schockt die Bankenwelt: http://www.stern.de/ wirtschaft/ news /milliardenschaden- bei- ubs- neues- schurkenstueck-schockt- die-bankenwelt-1728074.html, 16.7.2012

Der Begriff „Governance" schließt deshalb neben der Steuerung des Unternehmens insbesondere die Überwachungsmechanismen zum Schutz der Unternehmensumwelt und des Unternehmens ein. Die Interpretationen gehen aber weit auseinander und eine Begriffsdiskussion wollen wir hier nicht führen. Uns interessiert hier hauptsächlich, wie ein Unternehmen sicherstellen kann, dass ein strategisches Projekt nach seinem Start mit dem richtigen Fokus (immer aktuell an der Strategie ausgerichtet) und der richtigen Priorität ausgeführt wird und nicht durch Einzelne zu anderen Zwecken missbraucht wird. Dazu bedarf es einer organisatorischen Struktur und Regelung, die dies überwacht und sicherstellt.

Die weitaus gebräuchlichste Form einer Governance-Instanz bei Projekten ist das Steuerungsgremium (oder auch Lenkungskreis genannt). An dieser grundsätzlichen Form gibt es keine Kritik. Die Erfahrung lehrt jedoch, dass die Sitzungen dieses Gremiums häufig missbraucht werden. Sie werden missbraucht, um das Projektmanagement eng zu führen und die Ergebnisse im Detail zu überwachen. Die eigentlich viel weitergehenden Verpflichtungen wie z.B. die Überwachung der Strategiekonformität und Aktualität auch während der Projektlaufzeit kommen zu kurz. Um aber die üblichen Mitglieder eines Steuerungsgremiums nicht zu überfordern, haben sich einige wenige Lösungsansätze etabliert:

- Regelmäßige Gespräche (z.B. Projektstrategie-Meeting benannt) zur Verantwortungsteilung zwischen Unternehmensleitung und Projektleitung (außerhalb des Steuerungsgremiums),
- eine zentrale Einheit zur Überwachung des Erfolges der Strategieumsetzung und der Bewertung erfolgversprechender Ideen und Ansätze (z.B. Strategic Project Assurance Group genannt) sowie
- das bereits genannte Steuerungsgremium.

Diese Dreiteilung (siehe Abbildung 5-6) macht bereits deutlich, welche Aufgaben typischerweise besser nicht allein von der üblichen Besetzung eines Steuerungsgremiums (Vertretung der Unternehmensleitung, Projektleitung, Fachbereichsleitung eines betroffenen Bereiches, Controlling, ggf. weitere Fachleute) wahrgenommen werden sollten. Um das wichtige Thema der klaren Verantwortungsaufteilung nicht in großer Runde zu zerreden, ist dieses ein Thema für eine gesonderte Gesprächsrunde zwischen Unternehmens- und Projektleitung. Hier werden auch der Fortschritt bei herbeizuführenden Entscheidungen und alle weiteren Aktivitäten, die von der Unternehmensleitung zu erbringen sind, kontrolliert. Darüber hinaus werden dort taktische Fragen der Umsetzung besprochen, z.B. wer übernimmt welchen Teil der notwendigen Kommunikation, es werden sehr vertrauliche Aspekte eines Projektes besprochen und die Unternehmensleitung muss sich in diesen Gesprächen der Loyalität ihrer Projektleitung versichern.

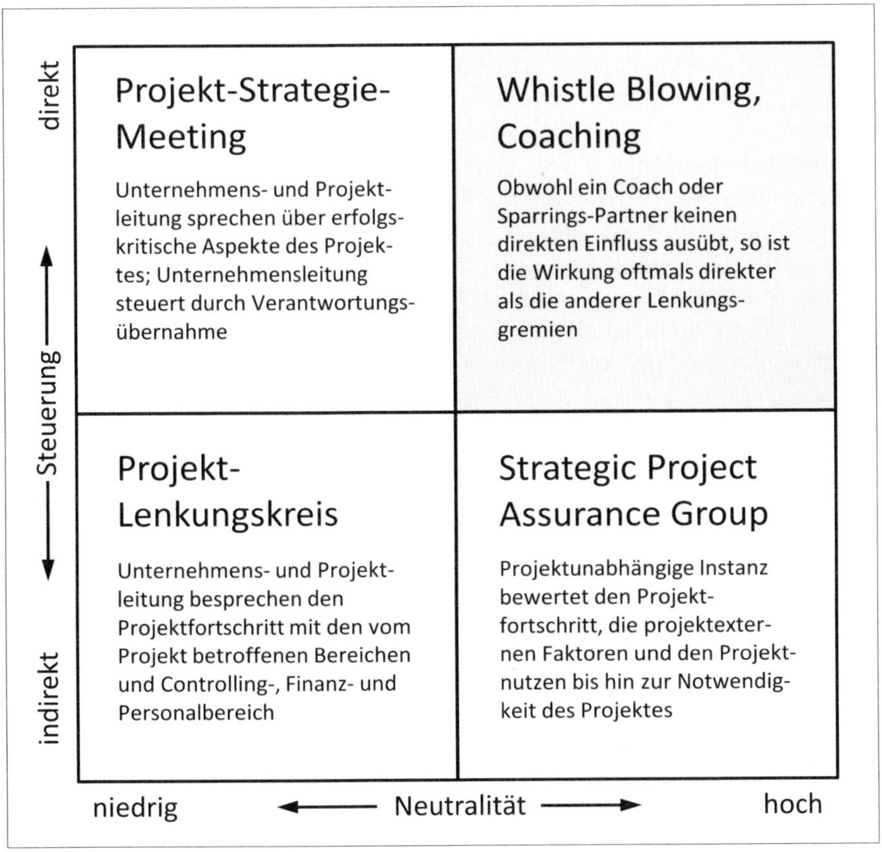

Abbildung 5-6: Governance-Instrumente der Strategieumsetzung

Eine zentrale „Strategic Project Assurance Group" (mit direktem Berichtsweg zur Unternehmensspitze) hat den Vorteil, dass sie nicht einfach dazu verführbar ist, Partikularinteressen zu vertreten. Nur eine derart „unabhängige" Instanz (auch unabhängig vom kaufmännischen Bereich) kann Bewertungsneutralität für sich reklamieren. Auch können vertrauliche Vorgänge auf einer sehr detaillierten Ebene von einer derartigen Gruppe kontrolliert werden. Das schafft mindestens eine zweite Meinung über den Stand und den Wertbeitrag eines Projektes, liefert aber auch ggf. Erkenntnisse über Fehlverhalten, die das Unternehmen gefährden oder für die das Unternehmen haftet. In einigen Unternehmen findet man den zitierten Namen „Strategic Project Assurance Group". Wir empfehlen auf jeden Fall einen Namen für diese Organisationseinheit, der den Begriff „Strategie" enthält, denn darum geht es: Es soll sichergestellt werden, dass die gesamte Organisation an der Umsetzung der Strategie ausgerichtet wird, Entscheidungen strategiekonform gefällt werden und die initiierten Projekte nicht nur erfolgreich im Sinne der individuellen Projektziele sind, sondern auch ihren Beitrag zur Transformation insgesamt und damit einen Wertbeitrag leisten.

Eine darüber hinausgehende Standardisierung erscheint im Lichte der Verschiedenartigkeit der Organisationen, Strategien und Projekte nicht gerechtfertigt, der tragende Leitgedanke sollte jedoch klar und einheitlich sein: „Erfolgreiche Strategieumsetzung sicherstellen". Und es ist selbstverständlich, dass dies eine ständige Aufgabe ist, die die strategischen Projekte während ihrer gesamten Laufzeit begleiten.

Die Verhinderung einer erfolgreichen Strategieumsetzung ist genauso tragisch ist, wie eine Betrugsaffäre, durch die ein Unternehmen Geld verliert.

Eigentlich ist es sogar noch schlimmer. Eine verhinderte Strategieumsetzung kann die Zukunftsfähigkeit weit über den sofort sichtbaren Schaden hinaus belasten.

5.4 Team und Ressourcen

Dass letztlich die Beteiligten Teammitglieder und Manager ausschlaggebend für Erfolg oder Misserfolg sind, ist einen Binsenweisheit. Warum das Thema Team und Ressourcen trotzdem einen kontinuierlich hohen Stellenwert während der gesamten Projektlaufzeit hat, liegt ausschließlich daran, dass in diesem Zusammenhang die meisten *faulen* Kompromisse geschlossen werden. Aus der Erfahrung von großen Umsetzungsprojekten lässt sich leider ableiten, dass der Unterschied zwischen einem effektiven und effizienten Team und einem „wild zusammengewürfelten" Team bezogen auf die Projektgesamtkosten eine Zehnerpotenz ausmachen kann, sofern der größte Teil der Kosten durch beteiligte interne oder externe Mitarbeiter entsteht. Die ungeheuerlichen Beispiele reichen von der Bezahlung eines externen Beraters nur für die Auswahl eines einfachen Projektplanungstools bis hin zu projektinternen Kommunikationsabteilungen, die nur die Aufgabe haben, das eigene Unternehmen „zu beschwindeln". Deshalb geht es an dieser Stelle nicht um die bereits in Kapitel 2 ausführlich diskutierte Kompetenz-Problematik, es geht hier darum, insbesondere den über die gesamte Projektlaufzeit laufenden Prozess der Mitarbeiterauswahl und Ressourcenzuordnung zu beleuchten.

Die Ursache für einige Missstände liegen in der Bequemlichkeit, sich das konsequente Denken zu ersparen. Ein Einkäufer möchte einen günstigen Tagessatz für einen externen Berater oder anderweitigen Dienstleister kontrahieren, es ist meist nicht seine Aufgabe, über die verschiedenen angebotenen (inhaltlichen) Berateransätze nachzudenken, der Projektleiter hat einen guten Bekannten, dem er hinsichtlich fachlicher Ansätze und Aufwandsschätzungen vertraut, der Projektmitarbeiter spielt Ping-Pong mit einer Fachabteilung bezüglich der aufzunehmenden Anforderungen, die Fachabteilung sieht eine Teilverantwortung in dem Projekt, um sich den Aufwand, sich selbst wirklich zu involvieren und um die bestmögliche Lösung zu kämpfen, zu ersparen, etc.

Deshalb ist ein effektives („weiß, was zu tun ist und wie") und effizientes Team („kann das wirklich gut") von unschätzbarem Wert.

Bezogen auf externe Dienstleister sind Auswahl- und Einkaufsprozess in den letzten zehn bis 15 Jahren zwar insofern professionalisiert worden, als dass der Prozess jetzt standardisiert (und damit effizient) ist und konsequent eingesetzt wird. Der Prozess selbst wird aber nur selten der Bedeutung gerecht. Das beginnt schon mit dem häufig anzutreffenden „Beauty Contest" (Präsentation der zur engeren Auswahl stehenden Dienstleister); der beste Schauspieler, der sich am besten vorbereitet hat, gewinnt diesen Wettbewerb, es sei denn individuelle Vorlieben verfälschen diesen Prozess zusätzlich. Unsere langjährige Erfahrung auf diesem Gebiet zeigt (als selbstkritischer Anbieter), dass eine wirklich gute Auswahl die sehr, sehr seltene Ausnahme ist.

Warum ist das so? Weil auf Seiten der Prozessverantwortlichen (häufig der Einkauf) in Zeiten vermeintlicher Bestechlichkeit einerseits und der mit einer Entscheidung drohenden Verantwortung andererseits ein enorm hohes Interesse besteht, eine Entscheidung möglichst durch eine umfassende (objektiv) erstellte Tabelle abzusichern. Diese Tabelle muss immer gleich aufgebaut sein, dann „kann dem Verantwortlichen für den Einkaufsprozess ja nichts mehr passieren". Die zweite missliche Komponente sind Fachverantwortliche und Projektleiter mit einem sehr egozentrischen Verständnis von Macht im Unternehmen; die Entscheidung wird hier von Einzelpersonen getroffen und dann „durchgedrückt" (entweder durch machtvolle markige Sprüche oder durch einen „manipulierten" Auswahlprozess). Die Erfahrung lehrt, dass Unternehmen zu einem Prozentsatz (weit!!!) über 50% auf diesen beiden Wegen zu falschen Entscheidungen kommen. Die vertragliche Bindung externer Dienstleister dient hier nur als Beispiel, die Bindung interner Ressourcen folgt den gleichen grundlegenden Spielregeln, nur dass wir es hier nicht mit einem Einkauf zu tun haben, dafür jedoch mit den gelegentlich anzutreffenden Pauschalurteilen gegen interne Kollegen (zugunsten externer) oder umgekehrt. Ein so irrational ablaufender Prozess kann kaum zu einem guten Ergebnis führen. Zusammen mit der Erkenntnis, welchen entscheidenden Einfluss die richtigen Mitarbeiter in einem strategischen Projekt haben können, zeigt dies, dass hier vergleichsweise einfach ein großes Optimierungspotenzial gehoben werden kann.

Kern einer solchen Optimierung ist es einerseits, den Projektbesetzungsprozess „unaufgeregt, engagiert und rational" zu gestalten und dann dafür zu sorgen, dass die Beteiligten nicht wieder in die „alten Verhaltensmuster" zurückfallen. Sollte es hierbei zu Konflikten zwischen Projektverantwortlichen und Governance-Funktionen kommen, so sollte immer der Projektverantwortliche das letzte Wort haben. Entscheidend ist, dass dieser seine Karriere an diese Entscheidung zu hängen bereit sein sollte. Es geht schließlich um die Umsetzung der Unternehmensstrategie und damit um den Unternehmenserfolg insgesamt und nicht „irgendwelche untergeordneten

Projekte". Ein zentrales „Governance-Team" wie in 5.3 beschrieben kann durch Beteiligung am Verfahren eine positive Wirkung dann haben, wenn dieses Governance-Team auf das Ergebnis und nicht Prozesse eingeschworen wurde.

Ein weiteres Phänomen der Projektbesetzung ist (insbesondere in großen Projekten), die Besetzung auf Basis grob kalkulierter „Stellen" vorzunehmen. Projekte unterscheiden sich von Prozessen gerade dadurch, dass Aufgaben immer nur für eine begrenzte Zeit anfallen. Sowohl für die abgebende Organisation (intern oder extern) wie auch für eine aufnehmende Organisation ist es natürlich bequemer, möglichst lange Einsätze (und damit einfacher plan- und administrierbare Einsätze) vorzusehen. Aus den verschiedensten naheliegenden Gründen ist dem auch nicht zu widersprechen. Auf der anderen Seite gibt es nur wenige Funktionen in Projekten, die wirklich mit konstanter Kapazität über die gesamte Laufzeit benötigt werden. Daher liegt - wie so oft - die Wahrheit in der Mitte. Gewarnt werden soll hier nur vor der Besetzung auf Basis einer Grobkalkulation. Sowohl der Aufwand von Organisations- als auch von IT-Projekten lässt sich nicht annähernd genau abschätzen, solange das Team nicht feststeht, da - wie oben dargestellt - die Produktivität auf Basis verschiedener Teambesetzungen sehr stark streut. In dieser Art von „Stellenbesetzung" verselbständigt sich bereits der Aufwand eines Projektes dadurch, dass Mitarbeiter und Dienstleister die Neigung haben werden, die verfügbaren Zeiten auch zu nutzen. Umgekehrt wird man selten einen Mitarbeiter finden, der offen sagt, er oder sie habe keine sinnvollen Aufgaben mehr zu erledigen.

Die grundsätzliche Frage nach externer Unterstützung wurde in diesem Buch bereits an verschiedenen Stellen angesprochen. Eine rationale Sichtweise hilft der Strategieumsetzung:

- Wie hoch sind die Überkapazitäten im Unternehmen?
- Sind innerhalb dieser Überkapazitäten geeignete Kompetenzen zu finden?

Ansonsten geht die interne Besetzung zu Lasten des Liniengeschäftes. Zu klärende Fragen bei der externen Besetzung:

- Hat der Name des Dienstleisters irgendeinen Wert für die Strategieumsetzung?
- Was bringt der Dienstleister bereits mit (Know-how, Methodenwissen, Projektmanagementerfahrung)?

- Wie kann zwischen „Schauspielern" und Leistungsträgern unterschieden werden?
- Passen die externen Mitarbeiter zur Unternehmenskultur des Unternehmens? Teilen sie gar die Werte des Unternehmens?
- Versteht der Dienstleister die Strategie und den Plan zur Umsetzung und steht inhaltlich dahinter?

Schutz vor einer Fehlentwicklung bei der Besetzung von strategischen Projekten bietet einzig der Rückzug auf rationale (und wirklich wichtige) Kriterien, ein rationales Kriterium kann durchaus das einer gemeinsamen Vertrauensbasis sein. Nicht rational hingegen ist der Vergleich von Methoden von Unternehmen (die vielleicht der einzelne Berater nicht beherrscht) oder die Fokussierung auf eine Angebotspräsentation, die nur in einem marginalen Verhältnis zur Leistung eines Dienstleisters steht. Der Fokus bei Projektstart sollte sehr deutlich auf den Besetzungsprozess gelenkt werden, ohne zu verkennen, dass es sich auch hierbei um einen sehr wichtigen projektbegleitenden Aspekt bis zum Projektende handelt.

Die in diesem Kapitel hervorgehobenen ausführungsorientierten Aspekte der Strategieumsetzung sollen nicht darüber hinwegtäuschen, dass natürlich auch „das klassische Projektmanagement" einen sehr wichtigen Beitrag zum Erfolg liefert. Die hier ausgewählten Aspekte beleuchten besonders diejenigen Themen, die häufig in der Praxis nicht ausreichend im Vordergrund stehen oder dort mehr oder weniger falsch verstanden werden. Und schließlich kann aufgrund der vielen vorliegenden Untersuchungen niemand leugnen, dass viel zu selten strategische Projekte auch von Erfolg gekrönt werden. Daher ist ein Fokus auf den hier gezeichneten Ausschnitt auch als besonders großes Optimierungspotenzial zu verstehen.

Kernbotschaften des Kapitels 5

Chancen und Risiken müssen vor und während der Projektdurchführung analysiert und bewertet werden, um notwendige Entscheidungen auch wirklich treffen zu können (z.B. eine Abbruchentscheidung).

Ignorierte oder ausgesessene Zielkonflikte werden mit an Sicherheit grenzender Wahrscheinlichkeit zu einem deutlich erhöhten Projektaufwand führen und ggf. sogar zum Misserfolg.

Konflikte sind im Sinne eines Unternehmensoptimums aufzulösen, nicht im Sinne eines tragfähigen Kompromisses der Beteiligten. Dies muss von der Geschäftsführung eingefordert werden.

Das typische Konstrukt des Projektsteuerungsgremiums ist nicht „direkt“ genug, um das Projekt gut zu steuern und nicht „neutral“ genug, um es wirksam zu überwachen.

Die Zusammenstellung des am besten geeigneten Teams muss Vorrang vor interner Unternehmenspolitik und der dogmatischen Einhaltung formeller Prozesse haben.

Die Nutzung des Potenzials einer wirksamen Governance-Struktur ist für die erfolgreiche Umsetzung strategischer Projekte essenziell.

Zur Vertiefung empfehlen die Autoren folgende Fachliteratur:

Tom DeMarco, Timothy Lister:
Bärentango. Mit Risikomanagement Projekte zum Erfolg führen
Carl Hanser Verlag, München, 2003

Es gibt sehr viele Bücher über Risikomanagement und Risikosteuerung im Banken- und Versicherungssektor. Tom DeMarco und Timothy Lister haben ein leicht verständliches Buch über Risikomanagement aus dem Blickwinkel von Projekten geschrieben. Risikomanagement ist in vielen Unternehmen ein bereits längerfristig erprobtes und im Einsatz befindliches Instrument. Die Wirkung dieses Instrumentes ist jedoch, wenn die Beteiligten einmal ehrlich zu sich selbst sind, sehr begrenzt. Das liegt häufig an dem formalen Charakter, an dem Fokus auf Absicherung. Die beiden Autoren schaffen es, das Thema so in das Bewusstsein des Lesers zu bringen, dass eine pragmatische Nutzung des neu erworbenen Wissens naheliegt.

Gerhard Schwarz:
Konfliktmanagement: Konflikte erkennen, analysieren, lösen
Gabler Verlag, Wiesbaden, 8. Aufl., 2010

Wir wollen Ihnen nicht empfehlen, einen Ratgeber zum Konfliktmanagement zu lesen. Diese sind meist oberflächlich und sehen Konflikt nur negativ und als destruktives Element. Anders Gerhard Schwarz: Das Buch geht fundiert auf den Sinn und Zweck von Konflikten ein und bietet ein eigenes Konzept zur Konfliktlösung, das durch seine Klarheit und Nachvollziehbarkeit überzeugt. Für jeden, der sich intensiver mit Konfliktsituationen beschäftigen möchte, ist dieses Buch eine Empfehlung.

„Wir müssen unbedingt Raum für Zweifel lassen, sonst gibt es keinen Fortschritt, kein Dazulernen. Man kann nichts Neues herausfinden, wenn man nicht vorher eine Frage stellt. Und um zu fragen, bedarf es des Zweifelns“,
Richard P. Feynman

Oder: Weshalb man die Umsetzung von Strategien nicht nur auf vorhandenen Kompetenzen aufbauen sollte.

Zusammenfassung Kapitel 6

Im Zusammenhang mit der allgemeinen Verfügbarkeit von Kompetenzen und der Schlüsselkompetenz des Projektmanagements haben wir bereits den Kompetenzbegriff eingeführt. In diesem Kapitel geht es darum, deutlich zu machen, dass sich Unternehmen ohne einen zusätzlichen Anstoß immer nur im Rahmen ihrer vorhandenen (individuellen wie auch organisationalen) Kompetenzen bewegen werden. Eine Strategieumsetzung hat aber häufig zum Ziel, gerade aus diesem Bereich auszubrechen. Das verlangt neue Vorgehen, die in diesem Kapitel unter dem Begriff des „Kompetenzmonitoring" eingeführt werden. Es handelt sich dabei um ein sehr fortschrittliches Konzept, dem sich jedoch wirklich ehrgeizige Unternehmen öffnen sollten.

Am Beispiel des Unternehmens Polaroid wird gezeigt, wie schnell Unternehmen in der Bedeutungslosigkeit verschwinden können, wenn sie nicht begreifen, wie wichtig gerade die bewusste Öffnung für neue Kompetenzen in der Unternehmenspraxis ist.

Auf jeden Fall lohnt es, sich selbst und sein Unternehmen mit diesem durchaus radikalen Ansatz auseinanderzusetzen. Wir, die Autoren, sind uns sicher, dass daraus interessante Diskussionen abseits vertrauter Pfade entstehen werden. Zumindest ist es uns beim Verfassen dieses Buches so ergangen. In Kapitel 6 gehen wir noch weiter und stellen die Frage, ob nicht „gleichgerichtete Kräfte" auf allen Ebenen das Ziel sein sollten und die Kompetenz der Bewältigung von Konflikten dabei eine besondere Rolle spielt.

6. Die Gesamtsteuerung der Strategieumsetzung

In den vorangegangenen Kapiteln drehten sich die Überlegungen zentral um Managementherausforderungen auf der Ebene konkreter Entscheidungen in Bezug auf die Projektlandschaft und die Steuerung strategischer Projekte (Projektgovernance). Es sollte deutlich geworden sein, dass diese Steuerung mit Blick auf Interessen des Managements und die Abhängigkeit von „Dritten" alles andere als eine triviale Aufgabe ist. Insbesondere sei hier noch einmal auf die beschriebenen (Entscheidungs)-Risiken hingewiesen, die im Zuge der strategisch intendierten Schließung von Kompetenz-Gaps (siehe dazu auch Kapitel 4.4 und Abbildung 4-9) auftreten. Neben dem Risiko der Bevorzugung von Lieblingsideen können auch die in der Praxis auf unmittelbar nachvollziehbare Wirtschaftlichkeit (Messbarkeit) gepolten Erwartungen an Projekte ein Hindernis bei der optimierten Auswahl und Umsetzung strategischer Projekte darstellen. Das sogenannte Kurzfrist- und Quartalsdenken von Märkten und Anteilseignern, das seinen Ausdruck häufig auch in den Incentivierungssystemen findet, trägt ein Übriges zum Erwartungsdruck bei. Die häufigen Misserfolge zeigen aber auch, dass es offensichtlich keine strategische Kontrolle gibt, die für eine höhere kritische Aufmerksamkeit der Umsetzung gegenüber sorgt.

Deshalb stellt sich die Frage: Wer oder was sitzt eigentlich über den Projektarenen[113]?

---

[113] Projektarena (aus: www.kulturglossar.de 31.7.2012): *„Das in der Politikwissenschaft und der politischen Anthropologie gängige Modell der Arena, in der verschiedene Akteure (Individuen, Gruppen), von jeweils unterschiedlichen*

6.1 Steuerung durch Unternehmenskompetenz

Mit Blick auf die übergeordnete Steuerung der Strategieumsetzung sei noch einmal auf die empirischen Befunde aus der kompetenzorientierten Forschung (siehe Kapitel 2) hingewiesen: Kompetenzorientierte Unternehmen fördern danach tendenziell solche Projekte, die im Korridor der bereits entwickelten und etablierten Kompetenzfelder liegen. Im Gegensatz dazu werden solche Projekte mit geringer oder gar keiner Ähnlichkeit zu bestehenden Kompetenzfeldern abgelehnt oder nicht ausreichend gefördert (Kompetenzfalle). Es stellt sich in der Folge der Effekt ein, dass eine Organisation (also das gesamte System mit seinen Anreizsystemen, der Kultur und seinen projektspezifischen Strukturen) sich auf bewährte Kompetenzfelder und deren Verbesserung konzentriert. In der Konsequenz kann es dazu kommen, dass die erfolgreiche Umsetzung strategischer Projekte in neuen Kompetenzfeldern behindert oder sogar verhindert wird. Die Herausbildung von neuen Kompetenzen wird somit erschwert und notwendige Anpassungsprozesse werden verzögert. Dies kann die Existenz einer Organisation nachhaltig gefährden.

In Kapitel 2 haben wir in diesem Zusammenhang auch bereits auf die „Kompetenzfalle“ aufmerksam gemacht. Auf einer tieferliegenden Ebene des Lernens wird das Entstehen dieser "Falle" unter dem Begriff des „Crowding-Outs“ behandelt[114]. Auf den folgenden Seiten findet sich ein Exkurs zum „Crowding Out“.

Handlungslogiken geleitet, miteinander zu tun haben, wurde von den Sozialanthropologen Olivier de Sardan und Bierschenk auf die Beschreibung von Entwicklungsprojekten angewandt. Die in Projekten entstehenden Konflikte führen sie darauf zurück, dass bestimmte, für Entwickler (développeurs) selbstverständliche Vorstellungen wie Raum, Zeit, Reichtum, Armut, Partizipation etc., nicht von den Entwickelten (développés) geteilt werden. Auch werden Projekte von den NutzerInnen sehr selektiv angeeignet, d.h. sie interessieren sich nur für bestimmte Elemente eines angebotenen Entwicklungspakets, oder sie werden im Sinne eigener, vom Projekt nicht beabsichtigter Interessen ‚umgewidmet‘ “.

[114] Crowding-Out (Verdrängungseffekt) ist ein zentraler Begriff wirtschaftswissenschaftlicher Disziplinen, insbesondere der Volkswirtschaftslehre und der sozial-psychologisch geprägten Forschung zu Anreizsystemen und Moti-

Exploratives und exploitatives Lernen: Was verbirgt sich hinter dem Begriff der „Crowding Outs"?

„Crowding-out" bedeutet wörtlich „Verdrängung". Im Kontext der Kompetenzentstehung und -veränderung geht es um die Beziehung zweier Lernmodi zueinander, die in diesen Prozessen involviert sind. Gemeint ist das auf March zurückgehende prominente „Zwillingskonzept" exploitativer und explorativer Lernprozesse[115]. Dieses Begriffspaar findet zunehmend Eingang in die organisationstheoretische Analyse organisationaler Anpassung und Innovation und dem damit verbundenen Überleben und Wettbewerbserfolg von Organisationen. Während exploitatives Lernen auf die Verbesserung vorhandener Prozesse entlang etablierter Handlungsmuster abstellt, geht es bei explorativen Lernprozessen um die Veränderung der etablierten Muster. Exploitative und explorative Lernprozesse sind für den organisationalen Erfolg essenziell, aufgrund begrenzt zur Verfügung stehender Ressourcen (Zeit, Geld und Wissen) stehen sie aber in einem rivalisierenden Verhältnis zueinander. Beide Lernmodi basieren auf Anforderungen bzw. werden durch Merkmale geprägt, die im Grunde genommen unvereinbar sind. So ist die Vorstellung über exploitative Lernfähigkeit z.B. mit einem ausgeprägten Spezialistentum, einer hohen Identifikation mit der Aufgabe und dem Aufgabenkontext sowie routinisierten Abläufen verbunden, während die explorative Lernfähigkeit gerade darauf beruht, sich von Aufgabenstellungen und -kontexten zu distanzieren, um über neue Wege nachzudenken.

---

vation. In der Lerntheorie wurde das Konzept insbesondere durch Barbara Levitt und James March in Stellung gebracht. Barbara Levitt, James G. March: Organizational learning. In: Annual Review of Sociology, 14, 1988, S. 319-340

115 James G.March: Exploration and exploitation organizational learning. In: Organization Science, 2 (1), 1991, S. 71-87; Daniel A. Levinthal/James G.

Explorative Lernfähigkeit braucht Generalistentum und ist in hohem Maße auf nicht-routinemäßige Abläufe, d.h. auf ein Ausbrechen aus bekannten Bahnen, angewiesen. Auch in ihrer Zielsetzung bzw. entfalteten Wirkung laufen beide Lernmodi auseinander. Exploitatives Lernen geht mit der kurzfristigen Steigerung von Effizienz einher, exploratives Lernen geht mit einer langfristig angelegten Steigerung von Flexibilität einher.

Exploitatives Lernen ist mit kleinschrittigen, d.h. inkrementellen Veränderungen verbunden, die eine Verfeinerung und Verbesserung bestehender Technologien, Praktiken und Routinen nach sich ziehen. Exploratives Lernen dagegen führt zu radikalen Veränderungen z.B. in den organisatorischen Abläufen oder Technologien.

Bei allen Unterschieden haben beide Lernmodi eine hohe strategische Bedeutung, denn für den nachhaltigen Erfolg einer Organisation müssen sowohl Effizienzeffekte genutzt, als auch eine Flexibilität für den Umgang mit den zukünftigen Herausforderungen sichergestellt werden. Letzteres gilt insbesondere in dynamischen Umwelten, in denen die aktuelle Wettbewerbsposition einer schnelleren Erosion ausgesetzt ist. Die Konzentration auf explorative Lernprozesse verlangsamt automatisch exploitative Bemühungen und umgekehrt. Eine ausschließliche Konzentration nur auf einen Modus führt langfristig zum Misserfolg. Deshalb muss eine Balance zwischen beiden Lernmodi gefunden werden[116].

March: The Myopia of Learning. In: Strategic Management Journal, 14, 1993, S. 95-112

116 Zi-Li He, Poh-Kam Wong: Exploration vs. Exploitation: An Empirical Test of the Ambidexterity Hypothesis, in: Organization Science, 15 (4), 2004, S. 481-494;
Sebastian Raisch et al.: Organizational Ambidexterity: Balancing exploitation and exploration for sustained performance, in: Organization Science, 20 (4), 2009, S. 685-695

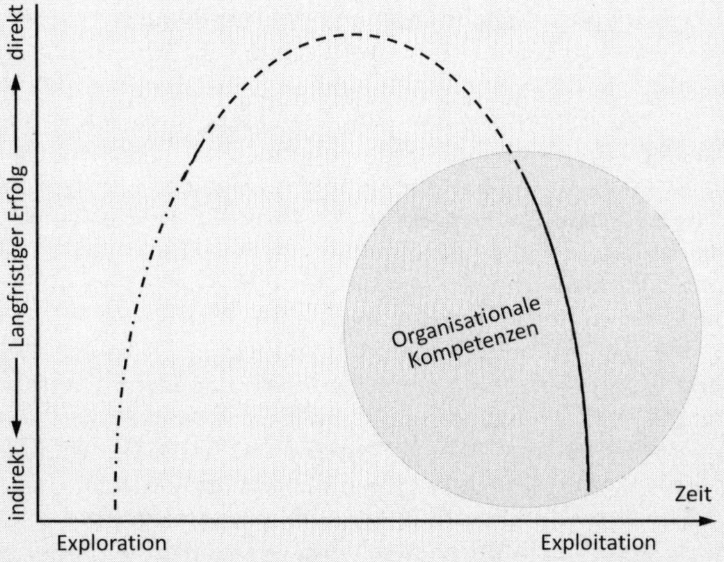

Organisationale Kompetenzen finden sich somit in dem oben beschriebenen Trade-off wieder. Wie bereits beschrieben, kippt der Trade-Off zugunsten exploitativer Lernprozesse und führt somit zum „Crowding-Out" (siehe obige Abbildung).

Mit dem Aufsetzen und der Planung strategischer Projekte, aus denen u.a. neue Kompetenzen hervorgehen sollen, wird ein wesentlicher Schritt in Richtung der gewünschten strategischen Veränderung getan. Dass dieser Schritt allerdings noch immer kein Garant für die effektive Ablösung alter Kompetenzmuster darstellt, zeigt das Beispiel der Firma Polaroid. Dort scheiterte das strategische Projekt zum Aufbau digitaler Fototechnologiekompetenz nach über zehn Jahren an der fehlenden Gesamtsteuerung der Umsetzung. Für das Unternehmen Polaroid hatte dieser (damals nicht als solcher identifizierte Misserfolg) schwerwiegende Konsequenzen, weil das Unternehmen nach seinem „internen" Rückzug von diesem Projekt von den ärgsten Konkurrenten überholt wurde und schließlich vom Markt verschwand[117] (siehe Beispiel 6-1 zum Ablauf).

Wie dieser Fall zeigt, hat Polaroid schon sehr früh die Zeichen der Zeit richtig zu deuten gewusst und den Niedergang der Analogfotografie antizipieren wollen. Aus der Perspektive des Strategieentwicklungsprozesses hat man also – anders als z.B. Kodak und Agfa - die schwachen und nicht eindeutigen Signale der Umwelt eingefangen und richtig interpretiert. Als Reaktion darauf wurde bereits in den frühen 80er Jahren massiv in die Exploration digitaler Kameratechnologie und die entsprechenden Kompetenzen investiert. Flankiert von strategischen Projekten zur Entwicklung von Druckern für digitale Technologien hatte Polaroid gegen Ende der 80er Jahre führende Kompetenzen in verschiedenen Bereichen digitaler Bildtechnologie entwickelt. Interessant ist nun, dass sich diese früh aufgebaute Stärke trotzdem nicht entfalten konnte. Die digitale Bildtechnologie konnte sich nicht gegen die seit der Gründung der Firma stabile Annahme durchsetzen, dass sich ein erfolgreiches bildgebendes Produkt vor allem durch den Verkauf kompatibler Software- und Druckerkomponenten auszeichnen muss (sogenannte „Razor-Blade" Philosophie).

Diese grundlegende Meinungsverschiedenheit konnte innerhalb von Polaroid auch in zeitintensiven Diskussionen zwischen Entwicklungsingenieuren der neuen Technologie und dem Senior-Management nicht überwunden werden und führte letztendlich zu einer Verzögerung und Verschleppung der Weiterentwicklung der digitalen Technologie. Zwar wurden Ressourcen in die Entwicklung von Druckern investiert, die mit der digitalen Technologie kompatibel sein sollten. Das Interesse galt hier aber weniger der digitalen Bildtechnologie, als vielmehr der Generierung eines Produktes, welches – in der Tradition analoger Fotografie – die Darstellung von Fotos auf Papier und den entsprechenden Absatz ermöglichen sollte („Razor-Logik").

[117] Mary Tripsas, Giovanni Gavetti: Capabilities, cognition, and inertia: Evidence from digital imaging, in: Strategic Management Journal, 21, 2000, S. 1147-1161

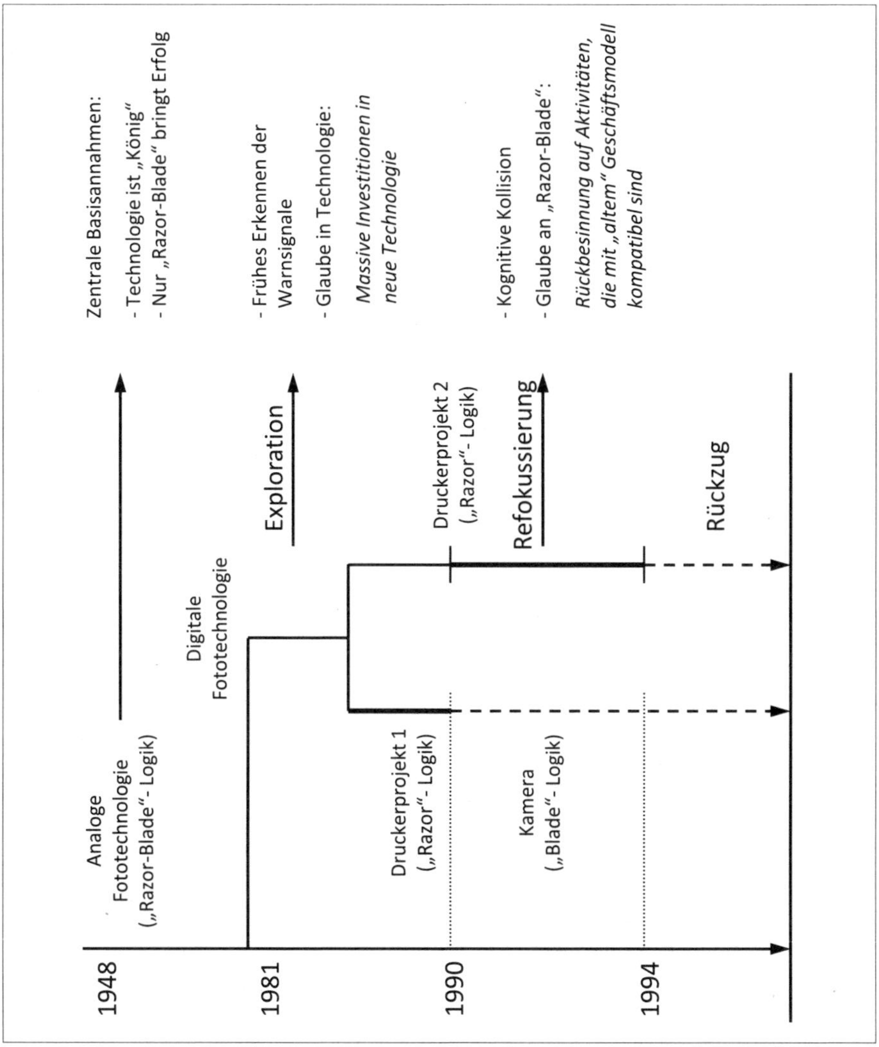

Beispiel 6-1: Die Entwicklung der digitalen Bildtechnologie bei Polaroid[118]

---

[118] Erweiterte Abbildung aus Giovanni Gavetti: Cognition and hierarchy: Rethinking the microfoundations of capabilities' development, in: Organization Science, 16 (6), 2005, S. 602

Das fehlende Commitment[119] für die neue Technologie auf der Top-Management Ebene begleitet von technischen Problemen bei der Umsetzung der neuen Drucker führten im Endeffekt dazu, dass das Unternehmen ab Mitte der 90er Jahre immer weniger in die Entwicklung der digitalen Bildtechnologie und den damit verbundenen Kompetenzen investierte. Das Unternehmen brachte erst 1996 seine erste Digitalkamera auf den Markt, also zu einem Zeitpunkt, zu dem bereits mehr als 40 andere Firmen Digitalkameras verkauften. Die Folge waren ein weiterer Rückzug aus dem Geschäft und die Erosion der einstmals aufgebauten Kompetenzen im Fachgebiet der digitalen Bildtechnologie.

Anhand dieses Beispiels wird deutlich, wie Verharrungstendenzen in etablierten Kompetenzfeldern zum Ausdruck kommen können. Es zeigt sich, wie sich trotz augenscheinlicher Aktivitäten in Richtung neuer Kompetenzen auch nach vielen Jahren noch die orientierungstiftenden Basisannahmen entfalten und einer erfolgreichen Ablösung etablierter Kompetenzen im Wege stehen können (siehe dazu die kognitive Dimension der organisationalen Kompetenzen in Kapitel 2.1). Im Falle von Polaroid konnte sich die neue strategische Orientierung in dem Konflikt mit den alten Erfolgsmustern nicht durchsetzen. In der Gesamtsicht erfolgte keine grundsätzliche Veränderung der für den Markterfolg erforderlichen Kompetenzen von Polaroid. Das Beispiel zeigt, dass eine Veränderung der strategischen Aufstellung (im Fall von Polaroid über den Aufbau neuer technologischer Kompetenzen) eine grundsätzliche Veränderung in *allen* Dimensionen der alten Problemlösungsmuster erfordert hätte. Die komplexe Eigenlogik organisationaler Kompetenzen (siehe dazu Kapitel 2.1) muss also ernst genommen werden – sie hat praktische Relevanz für die Unternehmensführung.

Aus heutiger Sicht hatte Polaroid sogar eine günstige Ausgangssituation, weil noch vergleichsweise viel Zeit war, sich dem neuen Technologiezyklus anzupassen. Heute sehen sich Unternehmen mit einer viel schnelleren Produkt- und Prozessanpassung konfrontiert

---

[119] Commitment meint in diesem Zusammenhang das glaubwürdige und unumstößliche Bekenntnis zu strategischen Entscheidungen. Siehe auch Pankaj Ghemawat: Commitment - The Dynamic of Strategy, Free Press, 1991

(die Halbwertzeit von Technologien und Wissen in vielen Branchen sinkt in der Tendenz), so dass zusätzlich zu der Schwierigkeit des Verlassens von etablierten Kompetenzpfaden der Zeitaspekt – und damit die Geschwindigkeit der Strategieumsetzung – als kritische Größe hinzukommt.

Ein umsetzungsorientiertes Management darf sich somit nicht der Illusion hingeben, dass die Veränderung bzw. die flexible Gestaltung organisationaler Kompetenzen über das Aufsetzen von strategischen Projekten einen sicheren und effektiven Weg darstellen würde. Vielmehr ist mit bisweilen massiven Widerständen, Konflikten und Abwehrprozessen zu rechnen, wenn über ein strategisches Projekt erfolgserprobte Kompetenzfelder zur Disposition gestellt und abgelöst werden sollen. Letzteres ist in den meisten Fällen ja der Sinn und Zweck strategischer Projekte. Aus dieser Erkenntnis ergeben sich weitere Konsequenzen für die umsetzungsorientierte Strategiesteuerung.

Einer weitverbreiteten Ansicht, dass sich das Bessere schon durchsetzen wird, muss aus empirischer Sicht eine klare Absage erteilt werden[120].

Wie an mehreren Stellen bereits beschrieben, sind die Ausgangssituationen für einen „fairen" Wettstreit zwischen dem Bewährten und dem Neuen in aller Regel nicht gegeben.

6.2 Umsetzungsorientierung durch Monitoring

Weshalb ist es sinnvoll, die Risiken sozialer Prozesse in Unternehmen im Blick zu behalten?

---

[120] W. Brian Arthur: Competing technologies, increasing returns, and lock-in by historical events, in: The Economic Journal, 99, 1989, S. 116-131;
Paul David: Clio and the economics of QWERTY, in: American Economic Review, 75 (May), 1985, S. 332-337

Da davon ausgegangen werden kann, dass die Verfestigung organisationaler Kompetenzen sich zunächst unbeobachtet im Unternehmen entfaltet, wird die Unternehmensführung typischerweise erst dann auf ein „Crowding-out"-Problem aufmerksam werden, wenn dieses schon eine prägnantere Ausprägung angenommen hat. Die Krisenforschung lehrt uns, dass sich Krisen frühzeitig in Form von *schwachen* Krisen- bzw. Konfliktsignalen[121] äußern. Es gilt deshalb ein Beobachtungsfeld zu finden, das Rückschlüsse auf den Grad der Beweglichkeit (Veränderbarkeit, Entwickelbarkeit) von Kompetenzen zulässt.

Die bewusste Etablierung von Beobachtungsaktivitäten (Monitoring), die auf die Dynamik in der unternehmensspezifischen Projektlandschaft bzw. die Dynamik zwischen Projekten gerichtet sind, bieten für die Unternehmenssteuerung einen wertvollen analytischen Zugang, um diesen „Bremsprozessen" entgegenzuwirken.

Als Lösungsweg wird von uns ein Risikokompensationsmodell vorgeschlagen, das zwischen zwei Ebenen unterscheidet: (1) Der operativen Ebene, der Kompetenzentfaltung im projektspezifischen Handeln (Kompetenzpraxis) und (2) der Beobachtungsebene (Monitoring), auf der die Wirkungen der Kompetenzentfaltung registriert und reflektiert werden[122]. Auf der operativen Ebene sollen sich die für den nachhaltigen Wettbewerbsvorteil erforderlichen Kompetenzen (siehe Kapitel 2.1, „Der Prozess der Musterbildung") ausbilden und entfalten, auf der Beobachtungsebene wird für das potenzielle Risiko einer „Kompetenzfalle" Vorsorge getroffen. Das Unternehmen als Ganzes sensibilisiert sich auf diese Weise gegenüber den Risiken, die beispielsweise aus den in diesem Buch thematisierten Phänomenen der "Lieblingsidee", der "Kurzfristorientierung" oder der "Komfortzone" herrühren und etabliert auf diese Weise ein Bewusstsein für diese Risiken. Die Idee ist, diese Risiken als solche grundsätzlich anzuerkennen und beeinflussbar zu machen. Eine Beeinflussung erfolgt

---

121 Francis J. Aguilar: Scanning the business environment, New York, 1967; H. Igor Ansoff: Managing strategic surprise by response to weak signals, in: California Management Review, 20 (2), 1976, S. 21-33

122 Georg Schreyögg, Horst Steinmann: Strategic control: A new perspective, in: Academy of Management Review, 12 (1), 1987, S. 91-103

also über den Prozess der "Bewusstmachung". Dieser Prozess läuft parallel zur Strategieentwicklung und -umsetzung ab; er begleitet die Kompetenzentfaltung quasi permanent. Auf diese Weise wird es einer Organisation möglich, den potenziellen Risiken der "bewährten" Kompetenzen gezielt entgegenzusteuern und damit die erfolgreiche Umsetzung strategischer Projekte zu unterstützen.

Den Kern des Steuerungskonzeptes bildet somit ein Beobachtungsprozess (Beobachtungsebene), der die Kompetenzen aus ihrer selbstverständlichen Praxis isoliert und bewusst werden lässt[123]. Die Organisation soll in einen Modus aktiven Bewusstseins in Bezug auf die Risiken und Steuerungsherausforderungen bei der Umsetzung strategischer Projekte versetzt werden. Das kann erreicht werden, indem die Unternehmensführung ein aktives Beobachtungssystem etabliert, welches auf die systematische Erschließung von Kompetenzen respektive komplexen Mustern spezialisiert ist.

Entstehung sowie Entwicklung organisationaler (Erfolgs-)Muster und die Effekte der Kompetenzentfaltung innerhalb und außerhalb des Unternehmens sind zu beobachten, genauso aber die aktive Suche nach kritischen Signalen und neuen Trends. Letzteres ist bereits Teil der strategischen Planung, dort geht es u.a. um die Erschließung von Bedrohungen und Chancen der Umwelt. Bekannte Instrumente zur Unterstützung dieser nach außen gerichteten Beobachtungsaktivität sind hier z.B. die Installation von Frühwarnsystemen[124] oder das Konzept des „aktiven Wartens"[125]. In der Praxis wird die Betrachtung

---

123 Niklas Luhmann: Deconstruction as second-order observing, in: New Literary History, 24, 1993, S. 763-782

124 H. Igor Ansoff: Strategic Issue Management, in: Strategic Management Journal, 1, 1980, S. 131–148;
Zarachry Sheaffer, Bill Richardson, Zehava Rosenblatt: Early-Warning-Signals Management - A Lesson from the Barings Crisis, in: Journal of Contingencies and Crisis Management, 6(1), 1998, S. 1-22

125 Donald Sull: Strategy as active waiting, in: Harvard Business Review, 83 (9), 2005, S. 120-129.
Das Konzept des aktiven Wartens bringt zum Ausdruck, dass eine Organisation schon gewisse Signale und Trends vermutet und "nur" noch auf die Bestätigung selbiger wartet. Die Organisation ist jederzeit für die Aufnahme

von Mustern und Kompetenzentfaltungsmechanismen selten systematisch durchgeführt, obwohl dies Teil des Strategieentwicklungsprozesses sein sollte.

Die Risikokompensation stellt aus dieser Perspektive eine zentrale, aber separate Funktion der Organisation dar, die sich um solche Belange der Veränderungs- und Anpassungsnotwendigkeit organisationaler Kompetenzen kümmert, welche aus den unvorhersehbaren Umweltdynamiken entstehen.

Ohne eine solche kompetenzfokussierte Beobachtungsinstanz läuft jedes Steuerungsbestreben Gefahr, das eigentliche Problem aus den Augen zu verlieren, nämlich die dysfunktionalen Verharrungstendenzen kompetenzbasierten Problemlösungsverhaltens.

Die Risikokompensation stellt deshalb keine wahlweise, sondern eine notwendige Voraussetzung innerhalb eines Modells einer umsetzungsorientierten Steuerung strategischer Projekte dar (siehe Abbildung 6-1).

Im Unterschied zur strategischen Planung ist die Konzeption des hier vorgestellten Monitoringssystems vor allem von der Idee der Risikokompensation geleitet. Wie bereits erläutert geht dabei um ein Steuerungsmodell, das zwischen zwei Funktionsprozessen unterscheidet, dem operativen Prozess der Kompetenzentstehung mit seinen Begleiterscheinungen und dem Beobachtungsprozess, der die

---

von schon erwarteten Signalen bereit, ohne selbst aktiv Signale auszusenden. Etwas stärker als die Frühwarnsysteme betont das aktive Warten den *aktiven* Umgang mit Signalen, und zwar in Form antizipierter Entscheidungen darüber, dass mit Signalen strategisch umgegangen wird.

Risiken der Entstehung von Kompetenzabhängigkeiten abzufedern versucht[126].

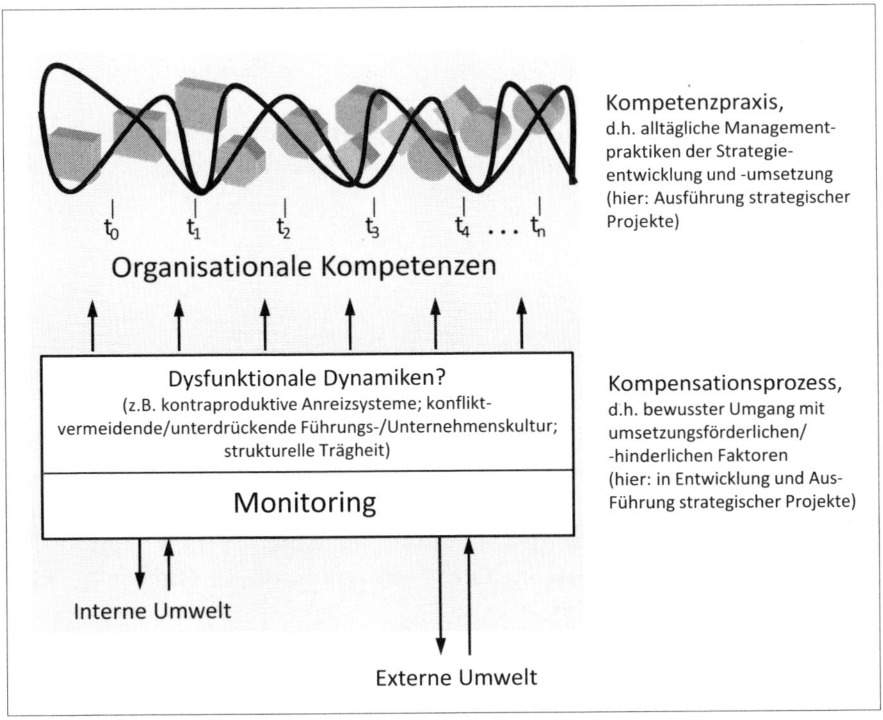

Abbildung 6-1: Systemisches Monitoring strategischer Projekte[127]

Die leitende Überlegung ist, dass sich einerseits die für den aktuellen Erfolg und nachhaltigen Wettbewerbsvorteil erforderlichen Kompe-

---

[126] Georg Schreyögg, Martina Kliesch-Eberl: How dynamic can organizational capabilities be? Towards a dual-process model of capability dynamization, in: Strategic Management Journal, 28, 2007, S. 913-933

[127] Adaption des Dual-Prozessmodell des Kompetenzmonitoring in enger Anlehnung an Georg Schreyögg, Martina Kliesch-Eberl: How dynamic can organizational capabilities be? Towards a dual-process model of capability dynamization, in: Strategic Management Journal, 28, 2007, S. 913-933

tenzen ausbilden und entfalten können, andererseits Vorsorge für die Risiken einer Kompetenzfalle (siehe Kapitel 2) getroffen werden.

Das Kompetenzmonitoring richtet sein Augenmerk deshalb zunächst auf die Erschließung von Umweltsignalen *und* die Entdeckung von Prozessen der Kompetenzentstehung und deren Entfaltung.

Das Monitoring stellt an dieser Stelle die Fragen, die klassischerweise auch im Rahmen der strategischen Analyse gestellt werden:

Fragenset 1:

Erschließung von Umweltsignalen

- Welche Signale in Bezug auf unser Geschäftsmodell/unsere Aufstellung gibt es?
- Welche Trends zeichnen sich in verwandten und/oder komplementären Branchen ab und welche Konsequenzen sind hieraus zu ziehen?
- Welche Veränderungen/Trends zeichnen sich in der technologischen, gesellschaftlichen, makroökonomischen und juristischen Umwelt ab?
- Welche Chancen und Risiken resultieren daraus für uns?

Erschließung von Prozessen der Kompetenzentstehung/-entfaltung

- Welche Kompetenzen haben wir entwickelt?
- Wie und in welcher Form können wir unsere Kompetenzen wertschaffend einsetzen/transferieren?
- Welche Kompetenzen werden aktuell gefördert, um nachhaltig wettbewerbsfähig zu bleiben? Welche strategischen Projekte und Initiativen gibt es aktuell?
- Welche Kompetenzen sollen aufgebaut (abgebaut) werden, um zukünftig wettbewerbsfähig zu bleiben? Welche strategischen Projekte und Initiativen sollen hierfür aufgesetzt werden?

Soweit nichts Neues für den Strategen bzw. die Unternehmensführung. Schließlich gilt doch:

Die Kompetenzen eines Unternehmens repräsentieren ein Set bewährter Problemlösungsmuster.

Das "Neue" und Besondere liegt in der Erweiterung der Perspektive auf die Kompetenzen. Die aktive Beobachtung interessiert sich nämlich nicht nur für die positiven Erfolgseffekte etablierter Kompetenzen, sondern versucht insbesondere die dysfunktionalen Prozesse der Kompetenzentfaltung zu fassen. Gemeint sind hier die Entfaltungsprozesse *organisationaler* Kompetenz, also die der Handhabung strategischer Projekte durch strukturelle, kulturelle und anreizseitige Praktiken der Organisation. Durch die aktive Beobachtung erfährt das Phänomen der "Kompetenz" quasi eine Neudefinition: Kompetenzen werden nicht mehr nur als strategisch wertvolles „Erfolgsasset" begriffen: Die unausgesprochene Botschaft des Monitoring lautet stattdessen: *Alles ist auch anders möglich!*[128].

In unserem Zusammenhang bedeutet Kompetenzmonitoring somit nichts anderes, als die bewusste Analyse der organisationalen Kompetenzdimensionen und ihr Zusammenspiel mit den individuellen Akteuren bei der Entwicklung und Umsetzung von Strategien. Schließlich ist es ja exakt dieses Zusammenspiel, das die kompetente Umsetzung strategischer Initiativen und Projekte hervorbringen kann – sofern es umsetzungsorientiert geprägt ist (siehe hierzu in Detail Kapitel 2.3). Die Leitfragen, die sich das Monitoring deshalb stellt, sind:

Fragenset 2:

- Lassen sich dysfunktionale Dynamiken bei der Entwicklung und Ausführung strategischer Initiativen und Projekte erkennen?
- Wie stark sind diese dysfunktionalen Dynamiken ausgeprägt?
- Wodurch werden sie genau verursacht?
- Wer ist bzw. wer sind die Träger der Dysfunktion?

---

128 Karl .E. Weick: Der Prozesse des Organisierens, Frankfurt a.M., 1985; Karl .E. Weick, Kathleen M. Sutcliffe: Mindfulness and the quality of organizational attention, in: Organization Science, 17 (4), 2006, S. 514-524

- Möchte man diese dysfunktionalen Dynamiken aufbrechen bzw. verändern?
- Wie möchte man mit den Trägern der dysfunktionalen Dynamiken umgehen?

Das so konzipierte Monitoring ist in der Praxis ein Prozess der Informations*erzeugung*. Die Erzeugung von Informationen durch Beobachtung setzt grundsätzlich voraus, dass es einen Referenzpunkt gibt, der beobachtet werden kann. Diesen Referenzpunkt bilden in unserem Fall zunächst die bestehenden Kompetenzen und ihr strategischer Verwendungszusammenhang (siehe Fragenset 1). Gegenüber diesem Bezugspunkt werden die registrierten Signale beurteilt.

Über den Referenzpunkt, was also genau die eigene Kompetenzbasis ausmacht, besteht jedoch in den Unternehmen selten eine klar artikulierte Vorstellung. Eine Kompetenz wird als implizites sozial komplexes Verknüpfungsmuster typischerweise praktiziert aber nicht reflektiert, da es sich zunächst einmal ungeplant im Laufe der Zeit entwickelt und verfestigt.

Wie schon erwähnt, ist die Entstehung dysfunktionaler Bindungsprozesse nicht von Anbeginn an beobachtbar. Deshalb wird das Monitoring typischerweise erst dann auf eine Kompetenzfalle aufmerksam werden, wenn dieses schon ihre Wirkung zeigt. Als frühzeitige Indikatoren für schwache Signale können hier soziale Kontroversen und soziale Konflikte gelten, welche sich dadurch auszeichnen[129], dass sie

- mindestens zwei Parteien brauchen,
- aus der Knappheit an Ressourcen oder Machtpositionen heraus entstehen können,
- Gewinne der einen Partei nur auf Kosten der anderen Partei möglich sind,
- das Konfliktverhalten dementsprechend durch den Versuch der wechselseitigen Zerstörung, Delegitimation oder Kontrolle der anderen Partei gekennzeichnet sein kann und
- somit immer die tatsächliche oder versuchte Erlangung oder den Erhalt von Macht (bewusst oder unbewusst) einbeziehen.

[129] Russell W. Mack, Richard C. Snyder: The analysis of social conflict - toward an overview and synthesis, in: Journal of conflict resolution, 1, 1957, S. 212-248

Typische Beispiele sind hier Auseinandersetzungen bzgl. zukünftiger strategischer Schwerpunkte zwischen verschiedenen Fachabteilungen aber auch Konflikte zwischen und innerhalb von Projekten bzw. Projektinitiativen, die allesamt dadurch verursacht werden, dass unterschiedliche Legitimitätsansprüche für die Wahl des „richtigen" Kompetenzweges einander gegenüberstehen.

Dem Umgang mit Konflikten kommt vor diesem Hintergrund eine zentrale Rolle zu, wenn es um die Steuerung von Kompetenzen geht.

6.3 Konflikte als Handlungsfeld des Monitoring

6.3.1 Identifikation und Interpretation von Konflikten

Strategische Entscheidungen sind im Allgemeinen auf der Ebene der Geschäftsführung (also des Top-Managements) angesiedelt. Aus der Strategieforschung ist allerdings bekannt, dass strategische Entscheidungen faktisch zumindest teilweise auf anderen organisatorischen Ebenen gefällt werden. Neben den geplanten bzw. vom Top-Management forcierten Strategien bilden sich strategische Entscheidungsarenen in verschiedenen Ausprägungen immer auch quasi autonom heraus[130]. Jenseits formaler Regeln und Erwartungen formieren sich Gruppen und deren Mitglieder um für sie interessante Problemfelder. Solche quasi autonom entstehenden Gruppen zeigen sich z.B. in Form von strategischen Projektinitiativen oder der Etablierung so genannter „Communities of Practices"[131]. Diese informellen Orte stehen bisweilen in Konflikt mit den übergeordneten strategischen Zielen der Organisation bzw. eines strategischen Projektes. Sie stellen deshalb einen wertvollen Zugang zu potenziellen internen Konflikt-

---

[130] Robert A. Burgelman: Intraorganizational Ecology of Strategy Making and Organizational Adaption: Theory and Field Research, in: Organization Science, 2 (3), 1991, S. 239-262;
Robert A. Burgelman: Strategy is Destiny - How Strategy-making Shapes a Company's Future, New York, 2002

[131] Etienne C. Wenger: Communities of Practice: Learning, Meaning and Identity, Cambridge, 1999

arenen dar. Neben diesen teils informellen Orten der Interpretation und Validierung von Konfliktsignalen können auch formale Strukturen z.B. in Form von „Sparing-rooms"[132] eingerichtet werden oder Prozessvorgaben zur Bildung von variabel zu bildenden „Task-Forces" gemacht werden, um die Konflikte zwischen etablierten und neu zu bildenden Kompetenzen steuernd zu bearbeiten. Die wichtigen Fragen lauten:

- Wie wird mit den Informationen über Konfliktsignale umgegangen (verdeckt, offen, gar nicht)?
- Welche Foren, Plätze und Orte werden für die Verarbeitung von Konfliktsignalen genutzt, wo werden die Informationen zusammengeführt?
- Wie und von wem wird der „Wahrheitsgehalt" von Konfliktsignalen bewertet?
- Welche und wessen Kriterien leiten die Konfliktaustragung an?
- Wer ahndet und sanktioniert eigentlich Manipulation?

In diesem Zusammenhang gilt es besonders zu bedenken, dass die Weitergabe von kritischen Informationen an die Stellen, die über eine Revision der aktuellen Erfolgsmuster entscheiden, ebenso wenig als Selbstverständlichkeit angesehen werden darf, wie das Austragen und Ausleben von Konflikten. Es ist bekannt, dass der Informationsfluss in hierarchischen Organisationen durch zahlreiche Faktoren verzerrt und gehemmt wird. Es handelt sich um strukturelle Faktoren wie Macht oder Kommunikationskanäle, aber auch um emotionale Faktoren wie Angst vor Blamage oder Hänseleien durch Kollegen („Wichtigtuer", „Miesmacher", „Bedenkenträger"). Ein funktionstüchtiges Monitoring ist deshalb mit der Vorstellung einer konfliktfähigen Organisation verbunden, in der zur Kommunikation unkon-

132 Ein "Sparing room" ist ein eigens für die Austragung von Meinungsverschiedenheiten und Konflikten eingerichteter Raum (physisch oder virtuell), in den sich Konfliktparteien unbeobachtet (unter Ausschluss der Öffentlichkeit) zurückziehen können. Die Bereitstellung eines solchen Raumes signalisiert sowohl den Wunsch der Organisation nach Konfliktbearbeitung als auch nach einem geschützten Umgang mit Konflikten.

ventioneller Inhalte ermutigt wird, und in der ein gesunder Umgang mit der daraus resultierenden Ambivalenz gelebt wird[133].

Um aus den gewonnenen Beobachtungen effektive Schritte in Bezug auf entdeckte Risiken (z.B. die Kompetenzfalle) ableiten und umsetzen zu können, muss eine Organisation eine zentrale Leistung erbringen: Sie muss sich in die Lage versetzen, die im Widerspruch zu den aktuellen Erfolgspraktiken stehenden Konfliktsignale nicht nur zu identifizieren, sondern auch weiter zu verarbeiten! Nur dann können die im Rahmen der Monitoringaktivität erzielten Einsichten auch in die Veränderung von Verhaltensmustern münden; in unserem Fall in Form der erfolgreichen Umsetzung eines strategischen Projektes.

6.3.2 Etablierte Kompetenzen vs. neue Initiativen: Der Prozess der Konfliktaustragung als Transformationsproblem

Wir wissen, dass Organisationen häufig enorme Kräfte des Widerstands mobilisieren, wenn es darum geht, Veränderungen an „alten, gewohnten Bahnen“ vorzunehmen[134]. Dabei sind besonders die tief verankerten Orientierungsmuster und eine ausgeprägte emotionale Verbundenheit mit der Vergangenheit ausschlaggebende Faktoren für die Gegenwehr. Man hält an „bewährten“ Kompetenzen fest und verteidigt diese mit aller Kraft. Eine zentrale Einsicht des Change Managements ist, das erfolgreiche Wandelprozesse einem typischen prozessualen Verlauf folgen. Veränderungen können danach nicht einfach durch „Umschalten“ erreicht werden, sondern bedürfen einer Auftauphase, in der zuallererst die Bereitschaft und die Einsicht über

---

133 Erwin Danneels: Organizational antecedents of second-order competencies, in: Strategic Management Journal, 29, 2008, S. 519-543;
Martina Eberl: Die Dynamisierung Organisationaler Kompetenzen – eine kritische Diskussion der Dynamic Capability-Debatte, Hamburg, 2009

134 Goodwin Watson: Widerstand gegen Änderungen, in: Warren G. Bennis, Kenneth D. Benne, Robert Chin (Hrsg.): Änderung des Sozialverhaltens, Stuttgart, 1975, S. 415-429

die Notwendigkeit einer Veränderung erzeugt werden[135] (siehe dazu auch Abbildung 7-4). Dieser folgt eine Stabilisierungsphase, in der die Veränderungen abgesichert werden, um einen Rückfall in „alte Muster" zu vermeiden.

Im Zusammenhang mit der Kompetenzsteuerung durch das Kompetenzmonitoring kann dies ein massives „Legitimationsproblem" dergestalt darstellen, dass die in der Vergangenheit erfolgserprobten Problemlösungsmuster offen zur Disposition gestellt werden, also ihre Legitimation für die Zukunft in Frage gestellt wird (siehe dazu auch Abbildung 6-2).

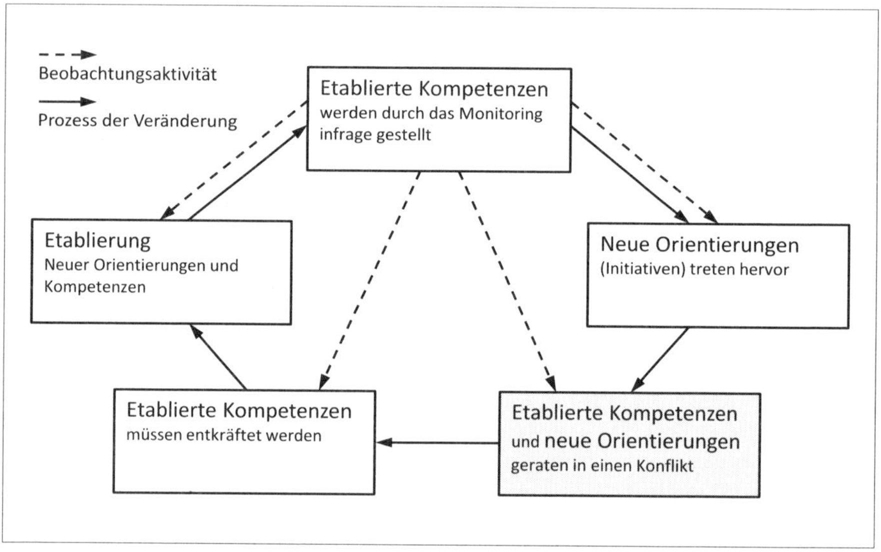

Abbildung 6-2: Der konfliktgeladene Prozess der Ablösung etablierter Kompetenzen[136]

---

[135] Kurt Lewin: Group decision and social change, in: Eleanor E. Maccoby, Theodore M. Newcomb, Eugene L. Hartley (Hrsg.): Readings in social psychology, New York, 1958

[136] Martina Eberl: Pfadmonitoring: Wie Unternehmen einer Pfadverriegelung vorbeugen können - Konfliktsignale beobachten und Konflikte austragen, in: Zeitschrift Führung + Organisation., Heft 3, 2010, S. 156-163

Führt man sich vor Augen, dass die Veränderung oder gar der Bruch mit möglicherweise *noch erfolgreichen* Kompetenzen die Zerstörung von lieb gewonnenen und in gewisser Weise Identität stiftenden sozialen Mustern bedeutet, ist leicht vorstellbar, dass dies kein einfacher, harmonischer oder gar vernünftiger Prozess sein wird. Vielmehr ist ein Zustand bzw. Prozess zu erwarten, der von Emotionalität geprägt ist. Im Zuge der Legitimationsanstrengungen entfalten sich häufig Unverständnis, Wut, Unmut und Ängste auf der eine Seite, zugleich aber auch Enthusiasmus, Aufbruchsstimmung und Elan auf der anderen Seite. Es wundert somit nicht, wenn in der realen Unternehmenspraxis die Vertreter der „alten" Erfolgsmuster ihren bislang so erfolgreich gegangenen Weg aus verteidigen. Sie werden "gute Gründe" für die Legitimation des alten Erfolgspfades hervorbringen oder wenigstens die Legitimation neuer Orientierungen in Frage stellen. Die Protagonisten der durch das Monitoring identifizierten oder gar mitinitiierten neuen Orientierungen streben gleichzeitig das genaue Gegenteil an (siehe dazu auch Kapitel 7.2.1). Die Mobilisierung von Macht in Form politischer Bündnisse, die Nutzung verschiedenster Strategien und Taktiken kommen hier ebenso in Betracht, wie Drohungen oder persönliche Verletzungen auf einer emotionalen Ebene. Mental wollen die Vertreter der „alten" Ordnung eben nicht als Verlierer dastehen, was gleichbedeutend mit dem sozialen Abstieg assoziiert wird

Es ist deshalb gewiss keine Übertreibung, wenn man sich die Veränderung oder den Bruch von Erfolgspraktiken als einen schwierigen, wenn nicht gar schmerzhaften Prozess vorstellen muss. Die Unternehmensführung kann also nicht einfach davon ausgehen, dass sich eine mit dem Aussetzen eines strategischen Projektes neue Orientierungen quasi unproblematisch und schnell durchsetzen. Die etablierten Muster lassen sich nicht einfach ablösen, sondern dies wird mit der Austragung von Konflikten und Kämpfen einhergehen. Und dies vielfach hinter den Kulissen!

Es ist deshalb eine weitere zentrale Aufgabe des Kompetenzmonitoring, das Bedürfnis nach Stabilität und Bewahrung etablierter Kompetenzen und den Bedarf an Flexibilität durch neue Impulse und Initiativen miteinander zu versöhnen und einen Rahmen zu schaffen, in dem die „Verlierer" keine Verlierer sind.

6.3.3 Konfliktbearbeitung durch Diskreditierung

Organisationale Kompetenzen sind notwendig, ein zu großes Vertrauen in die bestehenden Kompetenzen wird aber der potenzielle Feind der Dynamisierung sein. Strategische Projekte und Initiativen werden für den nachhaltigen Erfolg benötigt, ein „Zuviel" an Dynamik ist aber der Feind der Kompetenzen und damit der Organisation. Beide Ausprägungen, also sowohl die Entfaltung komplexer Muster als auch die Neugestaltung von Mustern, sind notwendig und haben ihre Berechtigung. Etablierte organisationale Kompetenzen sind also nicht grundsätzlich schädlich.

In der Tradition des sozialen und interaktiven Charakters von Gestaltungsprozessen ist es möglich und auch nötig[137], beide Extremzustände anzuzweifeln bzw. zu relativieren. Diese würden ansonsten einem Überleben der Organisation im Wege stehen. Das "Anzweifeln" kann z.B. mit der Technik des sogenannten Diskreditierens erreicht werden. Es wird mit dem Einsatz dieser Technik darauf abgestellt, dass es "... *gute Gründe gibt, die Korrektheit und Zuverlässigkeit von gestalteten Umwelten in Frage zu stellen, dass man gegenüber jeder privaten Auffassung von der Welt misstrauisch sein sollte, und dass die Glaubwürdigkeit einer gestalteten Umwelt niemals sicher ist*"[138].

Übertragen auf das Kompetenzmonitoring bedeutet dies, dass etablierte organisationale Kompetenzen nicht nur aufgespürt, sondern prinzipiell auch angezweifelt werden müssen. Mit der so verstandenen Technik des Diskreditierens kann das Monitoring zum Ausdruck bringen, dass es *die* dauerhafte Lösung nicht gibt.

Auf diese Weise wird nicht nur den „alten" Kompetenzen der Legitimationsanspruch entzogen, sondern zugleich die Endlichkeit der neuen Kompetenzen angekündigt.

---

[137] Nach der Auffassung von z.B. Karl E. Weick: Der Prozesse des Organisierens, Frankfurt a.M., 1985

[138] Siehe obige Quelle, S. 316

Das Monitoring schafft so eine gemeinsame Basis für die Konfliktpositionen. Einerseits ermöglicht es den Repräsentanten und Fürsprechern der jeweils etablierten Kompetenzen, ihre Haltung ohne z.B. das Gefühl des Scheiterns zugunsten der angestrebten Neuorientierung aufzugeben. Andererseits kann durch das Diskreditieren verhindert werden, dass sich die Repräsentanten der neuen Kompetenzen als überlegene Sieger fühlen. Durch die Anwendung der Technik des Diskreditierens wird die Ablösung von alten Verhaltensmustern durch neue Muster sozusagen zu einem Normalfall erklärt. Diese kritische Grundeinstellung ist nicht zu verwechseln mit heutzutage ausgegebenen Parolen, die die Veränderung zum Normalfall erklären wollen. Es wird lediglich deutlich gemacht, dass der Nutzen eines jeden Kompetenz-Sets endlich ist.

Wie kann man sich nun den Prozess des Anzweifelns und Aussöhnens vor dem Hintergrund eines systemischen Monitorings vorstellen?

6.3.4 Konstruktive Konfliktaustragung - Erwartungshaltungen als Ansatzpunkt

Mit dem Anzweifeln etablierter Erfolgsmuster geht einher, dass die in den Kompetenzen zum Ausdruck kommenden kognitiven, affektiven und praktischen Orientierungen identifiziert und überdacht werden. Im Kontext organisationaler Kompetenzen bedeutet dies, dass erfolgserprobte soziale Beziehungen, Wissensprozesse, aber auch intuitive und emotionale Facetten angezweifelt und ggf. delegitimiert werden. Folgt man nun der oben erläuterten Erkenntnis, dass erfolgreiche Veränderungsprozesse einerseits immer die Bereitschaft und Einsicht für deren Notwendigkeit voraussetzen, andererseits aber Widerstände gegen eben diese Veränderungsprozesse bestehen, so führt dies unweigerlich dazu, dass die Ablösung alter Kompetenzen durch neue Kompetenzen mit einem sozialen Konflikt beginnt (siehe Kapitel 6.3.1).

Übertragen auf die Steuerungsproblematik sind die beiden Akteure die Repräsentanten der etablierten Kompetenzen auf der einen Seite und die Verfechter neuer Kompetenzen (im weitesten Sinne repräsentiert durch das Kompetenzmonitoring) auf der anderen Seite. Der Konflikt zwischen den etablierten Kompetenzen und den davon abweichenden Erwartungen des Kompetenzmonitoring wird nun nicht schon durch das bloße Vorliegen dieser widersprüchlichen Erwartungshaltungen manifest. Erst in dem Augenblick, in dem widersprechende Kommunikation vorliegt, kommt es zum Konflikt. Konflikte sind nicht bloße Gegensätze, sondern durch die „Benutzung des Nein“ gekennzeichnet[139]. Das Monitoring übernimmt hier für den Moment Partei, allerdings nicht im politischen Sinne, sondern in Form einer Instanz, die für einen „fairen“ Wettkampf sorgt. Um nun die Bereitschaft für die Veränderung herzustellen, muss an diesem „Nein“ angesetzt und dieses „aufgetaut“ werden. Dieser Prozess erfordert als Minimalvoraussetzung, dass beide Seiten in einem kommunikativen Prozess die widersprüchlichen Erwartungen und ihre Hintergründe diskutieren[140]. Drei Möglichkeiten zur Bearbeitung des Konflikts sind hier denkbar:

- Die erste Möglichkeit besteht darin, in einen Diskurs über die verschiedenen Erwartungshaltungen, deren Hintergründe und Berechtigungen einzutreten. Dieser Prozess wird als „Evaluative Inquiry“ beschrieben[141] und basiert auf Dialog und Reflektion. Der Dialog steht im Geiste der wechselseitigen Herstellung eines gemeinsamen Verständnisses und ist demnach weniger durch einen Wettbewerb der verschiedenen Standpunkte geprägt. Im Prozess des Dialoges können die widerstrebenden Sichtweisen sowie unbewusste Annahmen adressiert und ausgelotet werden: *„…the undiscussables can become discussable“*[142]. Ein großer Vorteil des dialogischen Zugangs zum Auftauen des Konflikts kann darin gesehen werden, dass auf diese Weise eine neue gemein-

---

[139] Niklas Luhmann: Soziale Systeme. Grundriss einer allgemeinen Theorie, Frankfurt a.M., 1984

[140] Jürgen Habermas: Theorie des kommunikativen Handelns, Band I, Frankfurt a.M. 1995;
James D. Ford: Organizational change as shifting conversations, in: Journal of Organizational Change Management, 12, 1999, S. 480-500

[141] Hallie S. Preskill, Rosalie T. Torres: Evaluative inquiry for learning in organizations, Thousand Oaks, CA., 1999

[142] Siehe obige Quelle, S. 55

same Plattform entsteht, die als Basis für die kritische Reflektion der verschiedenen Standpunkte und das Ausloten neuer Kompetenzorientierungen dient. Auf diese Weise kann verhindert werden, dass sich die ohnehin bestehenden Fronten noch weiter verhärten, sich die Verharrungsdynamiken organisationaler Kompetenzen in Reaktion auf die neuen Erwartungen noch stärker entfalten und unter Umständen sogar die Form pathologischer Verfestigungen annehmen.

- Die zweite Möglichkeit, die ebenfalls auf einer kommunikativen Ebene ansetzt, ist die Austragung des Konflikts im Sinne einer konstruktiven aber *wettbewerblich* geprägten Debatte. Im Unterschied zu einem dialogischen Ansatz geht es hier darum, den eigenen Standpunkt zu verteidigen bzw. die Repräsentanten etablierter organisationaler Kompetenzen von den neuen Kompetenzen zu überzeugen. Das Ergebnis ist weniger ein Kompromiss als vielmehr ein gewonnenes Argument. Den Weg der konstruktiven Diskussion wollten z. B. die Ingenieure der Firma Polaroid gehen, scheiterten aber daran, dass das Top-Management nicht bereit war, ernsthaft in eine Diskussion einzutreten. Entscheidend für den nachhaltigen Erfolg einer so erzielten Lösung des Konflikts ist deshalb, dass die Austragung sich an der Sachproblematik und nicht an Personen oder Status orientiert. Es wird von so genannten „konstruktiven Konflikten" gesprochen[143]. Empirischen Untersuchen zufolge führt ein konstruktiver Konflikt zu einer größeren Akzeptanz und einem besseren Verständnis von den auf diesem Wege zustande gebrachten Entscheidungen[144]. Diese Form des Konfliktes zeichnet sich durch eine Fokussierung auf die Sachproblematik aus. Die Beteiligten können hier zwischen Kritik an Ideen oder dem aktuellen Status quo und

143 Franz W. Kellermans, Steven W. Floyd, Allison W. Pearson, Barbara Spencer: The contingent effect of constructive confrontation on the relationship between shared mental models and decision quality, in: Journal of Organizational Behavior, 29 (1), 2008, S. 119-137

144 Karen A. Jehn: A qualitative analysis of conflict types and dimensions in organizational groups, in: Administrative Science Quarterly, 42, 1997, S. 530-557

Kritik an Personen unterscheiden. In einer Organisation, die sich durch ein Klima konstruktiven Konfliktes auszeichnet, werden widersprüchliche Auffassungen ohne Ansehen der Person und deren Status offen ausgefochten.

- Die dritte Möglichkeit besteht darin, den Konflikt via Entscheidung oder Anordnung „zu lösen", indem beispielsweise durch die Geschäftsführung ein Machtwort gesprochen wird (Stichwort Unterstützung der strategischen Projekte/Projektleitung durch die Geschäftsführung). Auch wenn dieser Weg allen Regeln der nachhaltigen Veränderung widerspricht, so kann dieser in verfahrenen Situationen unumgänglich sein. Vergessen wir nicht, dass das „Funktionieren" der kommunikativen Bearbeitung von Konflikten höchste Anforderungen an Mitarbeiter und Organisation stellt und in manchen Fällen erst erlernt werden muss! Auf lange Sicht stellt dieser dritte Weg des "Command & Control" keine Alternative dar. Er ist maximal als eine Art „Ultima Ratio" zulässig.

In welcher unternehmensspezifischen Form auch immer die Konfliktbearbeitung erfolgt – die Ausführungen verdeutlichen den zentralen Stellenwert der *aktiven* Bearbeitung von Konflikten als zentrale Voraussetzung einer erfolgreichen Strategieumsetzung. Die aktive Bearbeitung umfasst dabei die in der Monitoringfunktion vereinten Prozesse des Aufspürens, der Interpretation sowie Austragung von Konflikten. Mit Letzterem steht und fällt der effektive Erfolg der Kompetenzsteuerung durch das Monitoring, da nur im Falle der Konfliktaustragung die Umsetzung neuer Kompetenzimpulse nachhaltig möglich wird. Dass der Monitoringprozess in seiner Gesamtheit Energie „verbraucht" und zudem der Organisation die grundsätzliche Bereitschaft zu einem positiven und proaktiven Umgang mit Konflikten abverlangt, liegt auf der Hand. Eine Investition in die Prozesse des Monitoring im Allgemeinen sowie der Konfliktbearbeitung im Besonderen erscheint jedoch vor dem Hintergrund der hier vorgestellten kompetenzspezifischen Dynamik strategischer Projekte mehr als lohnenswert. Immerhin gilt es, den mageren 10%-Wert erfolgreicher Strategieumsetzung nach oben zu "steuern".

6.4 Kompetenzsteuerung als Ergänzung des Controllings

Nachdem wir nun in den vorangegangenen 5 Kapiteln eine Reise durch die Landschaft der Herausforderungen und Fallstricke der umsetzungsorientierten Steuerung strategischer Projekte unternommen haben, gelangen wir zu dem Befund, dass sich Organisationen mit ihrer Unternehmensführung selbst im Wege stehen, wenn es um die Umsetzung strategischer Projekte geht. Die Ursache der hohen 90%- „Misserfolgsrate“ strategischer Projekte ist somit hausgemacht und sollte deshalb nicht „Dritten“ in die Schuhe geschoben werden.

Die genauere Analyse der Ursachen für diese unbefriedigende Lage hat aber auch Lösungswege aufgezeigt. Ein Kernelement dieser Lösungswege setzt auf der Ebene der *organisationalen Kompetenzen* an und sieht vor, dass sich die Organisation als Ganzes auf mittelfristige Sicht in die Lage versetzt, strategische Projekte erfolgreich zu steuern.

De facto ist also ein Paradigmenwechsel in der Managementpraxis notwendig, in welcher die Steuerung von Projekten über starre Prozeduren und üppiges operatives Projektcontrolling ergänzt wird durch eine Kompetenzsteuerung.

Neben der analytischen Schlussfolgerung wird der von uns vorgeschlagene Weg auch über ein einfaches betriebswirtschaftliches Kalkül legitimiert. Gemeint ist eine ausgewogene Balance zwischen Kompetenzsteuerung und Controlling; Praktikerberichten zufolge arten vom Plan abweichende Ergebnisse häufig in eine regelrechte "Controllingwut“ aus. Also geht es eher um eine Priotätenverschiebung mit dem Ziel der Optimierung des Gesamterfolges der Strategieumsetzung. Glaubt man den vielen Aussagen aus der Projektmanagementpraxis, so sind die Projektberichte und damit korrespondierende Dokumentationspflichten und Meetings nicht nur zeitraubend, sondern mutieren – und dies ist dann wirklich ein Ausdruck ökonomischen Unsinns – in vielen Fällen zu reinen „Proforma-Aktivitäten“ oder „Legitimationsfassaden“.

Auch in unserer Vorstellung von einer auf Strategieumsetzung fokussierten Unternehmensführung gibt es „Kontrolle“. Diese allerdings auf der Ebene der Gesamtorganisation und unter Ergänzung mit den Dimensionen der organisationalen Kompetenz. Die Kompetenzdimensionen fungieren quasi als „Kontrollfelder“ für die

Organisation (Unternehmensführung). Neben der Entfaltung dieser systemischen Kontrolle gibt es aber noch einen weiteren zentralen Unterschied: Die Idee des Monitoring als kontrollierende Systemfunktion setzt auf den Hebel der Entfaltung von Selbstkompetenz der Organisation. Für die Organisation stellt der Weg zu dieser Selbstkompetenz eine hoch anspruchsvolle Aufgabe dar, die allerdings ein höheres Ausmaß an erfolgreicher Umsetzung strategischer Projekte in Aussicht stellt.

Im Gegensatz dazu versuchen nur allzu viele Unternehmen, eine erfolgreiche Entwicklung durch „Command & Control" zu erreichen. Diese Sichtweise ist wirklich „antik"; selbst der letzte Manager sollte langsam begriffen haben, dass sich das menschliche Verhalten nicht deterministisch steuern lässt. Der Kontrollaufwand steigt (überproportional) mit den Anforderungen an die Organisation hinsichtlich ihrer Entwicklung. Nachhaltig ist das nicht, da bei einer Reduktion des Kontrollaufwandes sofort Rückfalltendenzen bestehen.

In der Summe lautet die Botschaft an die Unternehmensführung deshalb: Baut systematisch eine Kompetenz der Veränderung (organisationale Change-Kompetenz) auf, anstatt isolierte Change-Aktivitäten mit Feigenblattcharakter taktisch zu verordnen. Die Mitarbeiter haben diese unzureichenden Verhaltensweisen – wissenschaftlich nachgewiesen – längst durchschaut und sich innerlich lange davon distanziert.

Wir plädieren vor dem Hintergrund des in diesem Buch aufgezeigten Szenarios sogar für das „Streichen" von *Pseudo*-Change-Management-Veranstaltungen im Rahmen von strategischen Projekten. Stattdessen muss eine sehr grundsätzliche Umorientierung des Umganges mit den strategischen Veränderungserfordernissen erfolgen. Die gute Nachricht lautet, dass sich die verantwortlichen Manager einer Strategieumsetzung punktuelle und nach „Schema-F" ablaufende Veränderungs-Maßnahmen („1/2 Tag Change-Management für alle Projektteilnehmer") zeitlich und aufwandsseitig tatsächlich sparen können. Die (vielleicht) schlechte Nachricht ist, dass ein Investment in die Systemkompetenz (Organisationskompetenz) vonnöten ist. Ein ungleich schwierigeres und kurzfristig sehr wahrscheinlich aufwändigeres Unterfangen, allerdings mit einer nachhaltig wirkenden Steigerung der Rate erfolgreicher Umsetzungen strategischer Projekte.

Wie kann der Vorstand eines Unternehmens nun konkret ansetzen, um diesen Vorschlag umzusetzen? Vergegenwärtigen wir uns noch einmal die drei Dimensionen organisationaler Kompetenzen (Kapitel 2), so lassen sich direkt drei Bearbeitungsfelder für die „Sensibilisierung" bzw. die Institutionalisierung des Monitorings finden:

- kognitives Bearbeitungsfeld (Steuerung über unternehmenskulturelle Werte)
- technisches Bearbeitungsfeld (Steuerung über formale Strukturen, Prozesse und Methoden)
- affektives Bearbeitungsfelder (emotionale Steuerung z.B. über Anreizsysteme und Führungsverhalten).

Alle drei Felder bieten konkrete Ansatzpunkte für die Sensibilisierung bzw. die Institutionalisierung der umsetzungsorientierten Kompetenzsteuerung. Es läuft also darauf hinaus, dass die Unternehmensführung die Gesamtorganisation in einen (motivierten) Zustand versetzt, sich kontinuierlich, bewusst und aktiv mit den Fallstricken und Hürden bei der Strategieumsetzung zu beschäftigen, und diese ernsthaft (aktiv) bearbeitet.

Dies bringt uns zu unserem letzten Kapitel, welches sich noch einmal intensiv mit dem zentralen Aspekt der Motivation beschäftigt.

Kernbotschaften des Kapitels 6

Die Unternehmenssteuerung ist häufig auf die Entwicklung individueller Kompetenzen ausgerichtet, dabei kann nur die organisationale Kompetenz für die optimalen Bedingungen hinsichtlich einer Strategieumsetzung sorgen.

Konflikten zwischen Kompetenz-Sets (zwischen „alten" und „neuen" Kompetenzen) aus dem Weg zu gehen, bedeutet, eine Be- oder Verhinderung der Strategieumsetzung hinzunehmen.

Konflikterkennung und Konfliktbearbeitung gehören somit zu den wichtigsten Aufgaben der Unternehmensführung, um damit wesentliche Voraussetzungen für eine erfolgreiche Strategieumsetzung zu schaffen.

Sowohl „alte" als auch „neue" Kompetenzen haben eine endliche Attraktivität für ein Unternehmen. Mittels der Methode der Diskreditierung kann diese Botschaft vermittelt werden: *„Alles ist auch anders möglich"*!

Kompetenzsteuerung durch Monitoring sollte das klassische Controlling ergänzen und die häufig anzutreffende „Command & Control"-Philosophie ersetzen.

Zur Vertiefung empfehlen die Autoren folgende Fachliteratur:

Hallie S. Preskill, Rosalie T. Torres:
Evaluative Inquiry for Learning in Organizations
Thousand Oaks, CA., 1998

Dieses Buch widmet sich Techniken und Methoden des „Hinterfragens" von vermeintlich wahren Wissens- und Erfahrungsschätzen in Organisationen. Die Autoren zeigen interessante Vorgehensweisen zur Identifikation von „Lern- und Anpassungsbremsen" in Organisationen auf.

Georg Schreyögg, Martina Kliesch-Eberl:
How Dynamic can Organizational Capabilities be? Towards a Dual-Process Model of Capability Monitoring
Strategic Management Journal, Bd. 28, S. 913 – 933, 2007

In diesem Grundsatzartikel zur Dynamisierung von Kompetenzen wird ein Überblick über die wesentlichen Eckpfeiler der organisationalen Kompetenzdebatte gegeben und das Kompetenzmonitoring in seiner Grundlogik und Umsetzung erklärt.

Karl E. Weick:
Der Prozeß des Organisierens
Suhrkamp Taschenbuch, Frankfurt am Main, 1995

Dieses Grundlagenwerk setzt sich mit den Prozessen der Sinngebung in Organisationen auseinander. Es stellt unter anderem die Frage danach, wie Entscheidungsfindung in Organisationen abläuft und nach welchen Regeln/ Mechanismen über Sinn und Unsinn von Geltungsansprüchen in Organisationen entschieden wird. Sie finden hier auch detaillierte Ausführungen zur Methode des „Diskreditierens".

„Jede Gelegenheit, sich selbst zu verändern, ist eine Gelegenheit, die Welt zu verändern", Paulo Coelho

Oder: Weshalb Unternehmen bei der Strategieumsetzung in ihre Mitarbeiter investieren sollten.

Zusammenfassung Kapitel 7

Change Management ist in den letzten etwa 20 Jahren vom Hype wieder zur Bedeutungslosigkeit gelangt. Die Gründe sind sicher vielschichtig; wir vermuten, dass diese sich aus einer Mischung von hoher Komplexität und dem Auftritt vieler „esoterischer Berater" zusammensetzen. Klare einfache Konzepte wurden den Anforderungen leider zu selten gerecht. Der Nutzen ließ sich häufig nicht einfach in Geld oder Controlling-Kennzahlen erfassen, weshalb der Ansatz sich schon per se verdächtig machte.

Doch diese Entwicklung schmälert in keiner Weise die Bedeutung des Change Management, das u.a. die gerichtete Motivation der Mitarbeiter zum Inhalt hat. Gegen die eigenen Mitarbeiter können nur temporäre Erfolge auf Kosten der Nachhaltigkeit erzielt werden. Effizient sind diese Erfolge nicht. Ein einfaches Beispiel soll dies verdeutlichen:

Eine Strategie soll nach der Planung zu normierten Kosten von 100 Einheiten durchgeführt werden. Wir wissen, dass zwischen der produktivsten Mitarbeitergruppe und dem Durchschnitt ein Faktor von 2,7 liegen kann, die beste Gruppe ist sogar um den Faktor 10 produktiver als die schlechteste Gruppe. Wir wollen diese Zahlen nicht im Detail hinterfragen, sie wird aber für eine Reihe von Projekttypen durchaus in der Praxis bestätigt. Nun fällt es erstaunlicherweise dem typischen Umsetzungsverantwortlichen sehr schwer, einen Anteil von 5 oder gar 10% (des Gesamtaufwandes bzw. der Gesamtkosten) für ein Change Management einzusetzen, obwohl der mögliche Gewinn daraus viel höher sein könnte.

Wir verstehen die Unsicherheit in der Praxis, da sich noch kein „Change Management Standard" herausgebildet hat, doch ist völlig klar, dass die Antwort darauf nicht das Weglassen dieser Aktivitäten sein kann.

Wir beschreiben in Kapitel 7, welche Aspekte mit welchen Ansätzen vielversprechend sind, um eine strategisch bedeutsame Transformation erfolgreich zu gestalten. Diese Ansätze sollen als Anstoß dienen, in der Praxis stärker genutzt zu werden.

7. Motivation als Motor der Transformation

In Kapitel 6 haben wir beschrieben, wie ein Monitoring angelegt sein müsste, um eine zielgerichtete Unterstützung der Umsetzungsorientierung in der Strategieimplementierung zu erreichen. Unter anderem spielen die Konfliktbeobachtung und -bearbeitung dabei eine große Rolle. Eine nachhaltige Konfliktlösung geht einher mit der Veränderung von Einstellungen, Verhalten und gelegentlich auch von Werten. Im Folgenden werden wir am sogenannten Burke-Litwin-Modell (s.u.) zeigen, welche Aspekte Gegenstand der Konfliktbearbeitung sein sollten.

Eine einzelne Organisationseinheit kann diese Konfliktbearbeitung nicht leisten, es ist stattdessen eine konzertierte Aktion vieler Beteiligter notwendig, wie die Zusammenhänge in diesem Kapitel deutlich zeigen werden. Diese Kompetenz zur Konfliktbewältigung sowie die Motivation der Mitarbeiter bestimmen die Leistungsfähigkeit des Einzelnen und die des Gesamtunternehmens, wenn es um die erfolgreiche Strategieumsetzung geht.

Veränderungsmanagement (oder „Change Management") nennt man die Aktivitäten, die dazu führen sollen, dass eine beschlossene Strategie nicht nur umgesetzt wird, sondern auch ein positives Ergebnis erzielt – d.h. die neue Strategie mit ihren Änderungen muss angenommen und unterstützt werden[145]. Dies wird dadurch erreicht, dass neben den direkten Veränderungen an Produkten, Verfahren, der Organisation und Prozessen (also dem Geschäftsmodell) Einfluss auf die Motivation der Mitarbeiter ausgeübt wird und damit viele positive Sekundäreffekte erzeugt werden, die nicht nur Voraus-

---

[145] Nach Daryl R. Conner: Managing at the Speed of Change, New York, 1994

setzung dafür sind, dass die Veränderungen auch einen Nutzen erzeugen.

7.1 Mitarbeitermotivation im Fokus

Change Management orientiert sich an der Motivation der Mitarbeiter, nicht der Top-Manager; das mittlere Management kann als wichtiger Multiplikator fungieren und ist dabei in der Rolle Manager und Mitarbeiter gleichermaßen[146].

Die Leistung einer Organisation besteht aus der Summe der individuellen Leistungen der Mitarbeiter. Die maximale Leistung wird erreicht, wenn die Leistungsfähigkeit jedes einzelnen Mitarbeiters kompatibel mit der Mission und Strategie des Unternehmens ist – die Leistungsfähigkeit der Organisation als Ganzes wird maximiert. Konflikte stellen „Bremsklötze" bei der Gleichrichtung der Energie dar und spielen daher eine besondere Rolle im Change Management.

W. Burke und G. Litwin haben bereits im Jahr 1992 ein Modell der Einflussfaktoren auf die individuelle und organisationale Leistung veröffentlicht[147], das auch heute noch aktuell ist und vor allen Dingen praxisrelevant. So manche Führungskraft wäre erfolgreicher, wenn sie dieses Modell bei eigenen Entscheidungen berücksichtigen würde.

Nach diesem in Abbildung 7-1 dargestellten Modell hängt die organisationale Leistungsfähigkeit von den gleichen Faktoren ab wie die individuelle Performance und diese Faktoren drücken sich in erster Linie durch die Motivation des Einzelnen aus. Das bedeutet, dass eine Organisation (unter der Voraussetzung, sie hat das richtige Geschäftsmodell und die richtige Strategie) ihren eigenen Erfolg in

---

[146] Vgl. Margit Osterloh, Jetta Frost, Iwan von Wartburg: Kernkompetenzen durch Wissens- und Motivationsmanagement, in: Norbert von Thom, Robert J. Zaugg (Hrsg.): Excellence durch Personal- und Organisationskompetenz,Bern, Stuttgart, Wien, 2001, S 201-219

[147] Wyatt Warner Burke, George H. Litwin: A Causal Model of Organizational Performance and Change, Journal of Management, 18(3), Greenwich, Conn., 1992, S. 523-545

erster Linie durch Optimierung der Kompetenzen und Steigerung der Motivation der Mitarbeiter maximieren kann. Nun wird die Motivation aber aus den verschiedensten (weiter unten genannten) Gründen gerade im Zusammenhang mit einer Strategieumsetzung auf eine recht harte Probe gestellt. Daher hat sich die Disziplin „Change Management" entwickelt: Organisationen wird damit ein Hilfsmittel an die Hand gegeben, mit dem der Erfolg von Strategieumsetzungen nicht dem Zufall überlassen werden muss und die Motivation der Mitarbeiter im gemeinsamen Interesse maximiert werden kann.

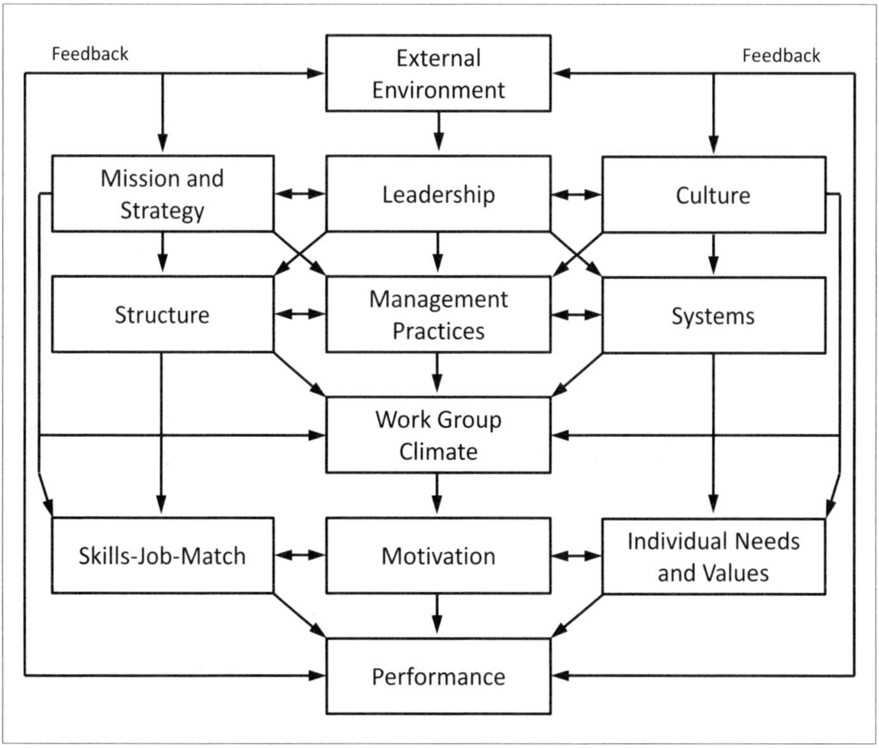

Abbildung 7-1: Burke-Litwin-Kausalmodell

Das Burke-Litwin-Kausalmodell kann als idealer Einstiegspunkt dazu dienen zu verstehen, wovon die Motivation der Mitarbeiter im wesentlichen abhängt. In unserer Sichtweise auf dieses Modell ist neben der Motivation und der diese beeinflussenden Faktoren, die Kompetenz des Einzelnen wie auch der Organisation in den Vordergrund der Betrachtungen zu stellen.

7.1.1 Aufgaben und Fähigkeiten

Die individuellen Aufgaben und Fähigkeiten spielen eine vergleichsweise einfach zu beeinflussende Schlüsselrolle bei der Motivation von Mitarbeitern. Die Aufgaben eines Mitarbeiters müssen dessen eigenen Ansprüchen an eine Rolle im Unternehmen entsprechen und sie müssen den Fähigkeiten des Mitarbeiters in der Weise entsprechen, dass keine deutliche Über- oder Unterforderung eintritt. Dies kann zu einer sehr schnellen und direkten Demotivation führen, wenn die Bedingungen nicht erfüllt sind. Umgekehrt ist bei Erfüllung ein erkennbarer Motivationsschub möglich.

Geprägt werden die Aufgaben und die Entwicklung von Fähigkeiten durch die „Struktur" der Organisation. Die direkten Vorgesetzten sind verantwortlich für die Aufgabenzuordnung, sie können z.B. Schulungsmaßnahmen einleiten. Die Struktur der Organisation beschränkt aber auch die Möglichkeiten der Veränderung der individuellen Aufgaben, meist auf Basis der Mission und Strategie der Organisation bzw. des Unternehmens.

Aus unserer Sicht ist an dieser Stelle die Kompetenz des einzelnen Mitarbeiters zu ergänzen, da sich, wie wir in Kapitel 6 gelernt haben, die Motivation auch an der Wertigkeit der eigenen Kompetenzen im Unternehmen orientiert.

7.1.2 Bedürfnisse und Werte

Der zweite wesentliche Einflussfaktor auf die individuelle Motivation sind die Bedürfnisse und Werte des Einzelnen. Nur dann, wenn das Unternehmen den grundsätzlichen Bedürfnissen und Werten des Mitarbeiters entspricht (nicht umgekehrt!), wird der Mitarbeiter seine maximale Leistungsfähigkeit zeigen können. Andernfalls wird viel Energie für einen inneren Konflikt des Mitarbeiters mit sich selbst aber auch mit der Organisation verschwendet, denn der Mitarbeiter kann diesen Konflikt nur lösen, indem er versucht, entweder sein Unternehmensumfeld den eigenen Bedürfnissen und Werten entsprechend zu verändern oder die eigenen Werte und Bedürfnisse aufzugeben. Beide Wege führen verständlicherweise nicht zu den gewünschten Höchstleistungen des Unternehmens.

Das wirft unmittelbar die Frage auf, ob die individuellen Bedürfnisse und Werte von Mitarbeitern überhaupt berücksichtigt werden können, da man die verschiedenen Werte doch nie „unter einen Hut bekommt". Diese kritische Frage ist zwar grundsätzlich legitim, es werden sich in den unterschiedlichen Kulturkreisen in verschiedenen gesellschaftlichen Gruppen (z.B. Bildungsgruppen) aber immer eine Menge an gleichgerichteten und ähnlichen Bedürfnissen und Werten finden, denen eine Organisation Rechnung tragen kann.

Wesentliche (sehr langsam) veränderbare Einflussfaktoren sind die „Systeme" (Prozesse, Richtlinien etc.) und die Organisationskultur (wie geht man in der Organisation normalerweise miteinander um, wie arbeitet man zusammen, wie entscheidet man etc.). Entsprechen diese Faktoren den Bedürfnissen und Werten des Mitarbeiters, so wird sich der Mitarbeiter in der Organisation wohlfühlen und sein Maximum an Effizienz erreichen können. Zumindest aber dürfen diese Faktoren nicht den eigenen Bedürfnissen und Werten widersprechen, um nicht einen Effizienz kostenden unvermeidbaren Konflikt auszulösen. Das bedeutet im Umkehrschluss nicht, dass Konflikte grundsätzlich nicht erwünscht sind. Grundbedürfnisse und Grundwerte von Mitarbeitern lassen sich aber nicht beliebig ändern, daher sollten die Organisation mit ihren Werten und Mitarbeiter mit ihren Bedürfnissen und Werten zusammenpassen.

Diese kurze Ausführung macht auch deutlich, wie wichtig es ist, bereits bei der Einstellung von Mitarbeitern auf deren Wertesystem und die Kompatibilität mit dem Unternehmen zu achten. Gleiches gilt im Übrigen auch für die Besetzung von Positionen in einem Projekt, das man in diesem Zusammenhang auch als Unternehmen im Unternehmen ansehen kann, da sich die organisationalen Kompetenzen deutlich von denen des restlichen Unternehmens unterscheiden können.

7.1.3 Arbeitsklima

Der dritte wesentliche Einfluss auf die Motivation eines Mitarbeiters ist das Arbeitsklima. Ein „schlechtes Arbeitsklima" führt ebenfalls zu Ineffizienzen, da weder schlechte Laune noch innerbetriebliche Konflikte im unmittelbaren Arbeitsumfeld ein Leistungsoptimum fördern.

Das Arbeitsklima ist (anders als die anderen Faktoren) primär durch das unmittelbare Umfeld eines jeden Mitarbeiters geprägt und lässt sich daher noch schwieriger von zentraler Stelle aus beeinflussen; schließlich kann das Arbeitsklima in zwei benachbarten Abteilungen (oder Projekten) sehr unterschiedlich sein. Deshalb sind es (wie im Burke-Litwin-Kausalmodell leicht erkennbar) sehr viel mehr Einflussfaktoren, die zur Veränderung des Arbeitsklimas betrachtet werden müssen. Den größten direkten Einfluss auf das Arbeitsklima haben jedoch die Struktur des Unternehmens (Vorgesetzte), das Management-Verständnis im Unternehmen und die schon weiter oben kurz beschriebenen Systeme.

7.1.4 Führungsprinzipien

Es leuchtet ein, dass die Führungsprinzipien eines Unternehmens nur eine sehr indirekte Wirkung auf die wesentlichen verhaltensbedingten Motivationsfaktoren haben. Umso erstaunlicher ist es, welche Vorstellungen in den Köpfen von hochrangigen Managern darüber bestehen, wie schnell sie die Motivation der Mitarbeiter beeinflussen könnten. Schließlich muss ein Mitarbeiter einen Manager zunächst auch als „seinen Leader" akzeptieren bzw. auswählen, denn die formale Zuordnung von Mitarbeitern zu Managern führt nicht automatisch dazu, dass dem zugeordneten Manager „gefolgt" wird. Es können andere Vorbilder innerhalb und außerhalb des Unternehmens für den Mitarbeiter wichtiger sein, die sein Handeln und Verhalten viel stärker prägen und beeinflussen. Effizientes Leadership bedeutet, dass Mitarbeiter auch ohne explizite Anweisungen ihr Handeln und Verhalten an „ihrem" Leader ausrichten. Doch gerade das ist nicht in kurzer Zeit erreichbar und besonders problematisch im Zusammenhang mit einer unternehmensweit angestrebten Verbesserung.

Um die Motivation positiv zu beeinflussen, sind eine Vielzahl an aufeinander abgestimmten Maßnahmen notwendig. Doch was hat all dies mit der Umsetzung von Strategien zu tun?

7.2 Strategieumsetzung als Störung von Strukturen

Führungspersönlichkeiten neigen dazu, ihren Mitarbeitern gedanklich zu enteilen; so auch häufig im Zusammenhang mit neuen Strategien. Wird eine neue Strategie erarbeitet, so ist das in der Regel eine Aufgabe eines sehr kleinen Führungszirkels. Selbst dann, wenn vergleichsweise viele Mitarbeiter in die Entwicklung der Strategie einbezogen wurden, so liegt der Anteil der einbezogenen Mitarbeiter an den insgesamt von der Strategie betroffenen Mitarbeitern selten außerhalb des Promille-Bereiches. Das bedeutet, dass die vielfach lange andauernden gedanklichen Prozesse einiger weniger Personen, die zu der Strategieentscheidung geführt haben, bei der Umsetzung von allen Betroffenen in möglichst kurzer Zeit umgesetzt werden sollen. Leider haben die betroffenen Mitarbeiter weder die Zeit noch selten die Mittel (Informationen), die gedanklichen Prozesse der Strategen nachzuvollziehen.

Zu den meistgenannten Bedürfnissen von Menschen, die Teil eines Arbeitsprozesses sind, gehört es zu verstehen, warum die geforderte Tätigkeit ausgeführt werden soll. Dies umso mehr, als bei einer Strategieumsetzung eine Veränderung herbeigeführt werden soll, die damit das Bisherige abwertet und für ungültig erklärt (siehe auch Kapitel 6 zur Diskussion des Konfliktes zwischen „alten Kompetenzen" und „neuen Kompetenzen"). Niemand wird mit voller Energie und Motivation bei der Strategieumsetzung helfen, wenn die Strategie nicht verstanden wird. Mindestens wird sich der einzelne Mitarbeiter mit denkbaren Ursachen und Zusammenhängen beschäftigen, was dem Unternehmen aber keinen Wert stiftet, stattdessen nur Effizienz kostet. Denn das Management wünscht sich die Ergebnisse der Umsetzung der Strategie, nicht die inhaltliche Auseinandersetzung damit. Deshalb sollte der Weg verkürzt und die Strategie verständlich erklärt werden.

7.2.1 Strategieumsetzung wird grundsätzlich abgelehnt

Wir haben den Konflikt um die Legitimation bereits ausführlich in Kapitel 6 beschrieben: Eine bestehende Organisation schöpft aus dem Erfolg in der Vergangenheit eine Legitimation, die eine Strategieumsetzung per se erst einmal nicht hat. Aus diesem Grund ist es für jeden für die Strategieumsetzung Verantwortlichen wichtig zu verstehen, dass die Veränderung von der Mehrheit der Mitarbeiter zunächst abgelehnt werden wird. Jede neue Strategie provoziert also Widerstand.

In den 60er Jahren sind Interviews mit Sterbenden geführt worden[148], die angepasst auf die Veränderungen in der Unternehmenswelt zu dem in der Abbildung 7-2 dargestellten Reaktionsverlauf geführt haben, der sich in der Zwischenzeit als allgemeingültig für Reaktionen auf drastische Veränderungen herausgestellt hat.

Auch, wenn man das eigentlich nicht wahrhaben möchte, sind anstehende Veränderungen ein Schock (sicher unterschiedlichen Ausmaßes) für jeden Betroffenen. Mit der anstehenden Veränderung wird dem Mitarbeiter durch Entwertung seiner Kompetenzen, seiner Arbeit und seiner Arbeitsergebnisse die Basis für eine positive Grundeinstellung entzogen (Legitimationsproblem nicht nur der „alten Kompetenzen", sondern auch der bisher ausgeführten Tätigkeiten).

Hinzu kommt, dass, sofern nicht eindeutig und klar erkennbar ist, dass alle Mitarbeiter des Unternehmens profitieren werden, eher davon ausgegangen werden wird, dass es Gewinner *und Verlierer* geben wird. Deshalb ist der Widerstand nicht zu verhindern, sofern nicht sofort und glaubwürdig dazu Stellung genommen wird. Also gibt es neben dem (sicherlich sehr unterschiedlich ausgeprägten) Schock einen Widerstand all derjenigen, die befürchten (begründet oder unbegründet), etwas während oder nach der Veränderung zu verlieren. Ein weit verbreiteter Irrglaube ist in diesem Zusammenhang, dass sich Zustimmung und Ablehnung gegenseitig kompensieren könnten.

Werden in der Folge Erklärungsversuche (eigene oder fremde) für die Notwendigkeit zur Veränderung unternommen, so führt das nach geraumer Zeit zu einer rationalen Einsicht (mindestens der Einsicht, dass die Veränderung unabwendbar ist), sofern die Kausalität gegeben ist. Erst nach einer folgenden emotionalen Akzeptanz kann durch Lernen und Erkenntnis zu einem neuen vollständig akzeptierten Zustand aufgeschlossen werden, einem Zustand, der für sich

[148] Elisabeth Kübler-Ross: Interviews mit Sterbenden, Stuttgart, 1969

nicht mehr in Frage gestellt wird. In Abbildung 7-2 ist der Reaktionsverlauf veranschaulicht.

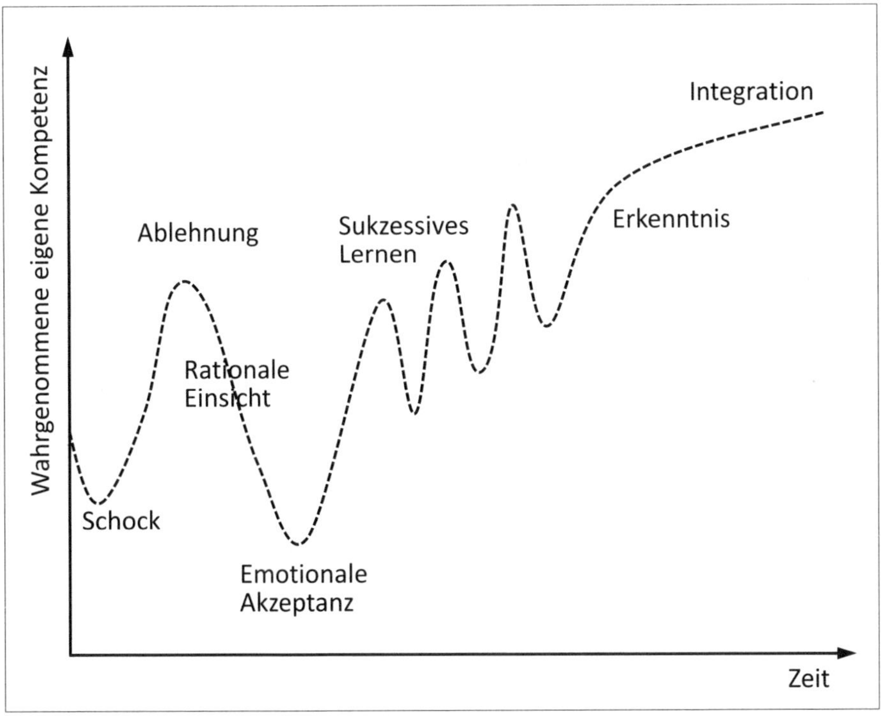

Abbildung 7-2: Typische Reaktionsphasen auf drastische Veränderungen des unmittelbaren Umfeldes

Diese Zusammenhänge sind natürlich nur dann gültig, wenn die Kausalitäten auch den Gesetzen der Logik folgen. Es ist sicher dem geneigten Leser klar, dass es haarsträubende Beispiele in der Praxis gibt, aus denen man lernen kann, dass man sich den Versuch, die Mitarbeiter „über den Tisch zu ziehen" und „für dumm zu verkaufen" getrost sparen kann. Diese Versuche haben nicht nur für lange Zeit schädliche Wirkungen auf die Unternehmenskultur (Glaubwürdigkeit ist schnell verloren, aber nur mühsam wieder zu gewinnen im Unternehmen), sie lassen auch die Qualität des Managements in einem sehr faden Licht erscheinen.

7.2.2 Das Märchen von der Notwendigkeit ständiger Veränderung

Ein beliebtes Spiel einiger Manager besteht darin, ungeliebte Themen für nicht existent zu erklären. Nur so ist nachvollziehbar, dass sich in einer regelrechten Welle Unternehmen gegenseitig darin übertrumpfen, die Veränderung an sich zur Normalität zu erklären. Im Sinne einer Einstimmung der Mitarbeiter auf häufigere Veränderungen mag das eine Bedeutung haben (wir haben dies ausführlich in Kapitel 6 erläutert, u.a. im Zusammenhang mit der Methode der Diskreditierung). Ein Geschäftsmodell aber, das so schlecht ist, dass es ständig geändert werden muss und dazu noch ständig Veränderungen des unmittelbaren Arbeitsumfeldes der Mitarbeiter bedeutet, das sollte möglichst schnell abgeschafft werden und einem nachhaltigeren und robusteren Geschäftsmodell weichen. Für Investoren ist neben der Profitabilität auch das damit eingegangene Risiko ein wichtiges Kriterium. Muss ein Geschäftsmodell ständig geändert werden, so stellt jede dieser Änderungen ein Risiko dar. Deshalb werden gerade Unternehmen wie Coca Cola seit Jahrzehnten von Geldgebern geschätzt, während Börsenkurse von Unternehmen mit ständig wechselnden Geschäftsmodellen gerade in Zeiten, in denen größere Transformationen geplant sind, wilde Kapriolen schlagen.

Ein Unternehmen, das die Veränderung zur Normalität erklärt, verzichtet bewusst auf die höchstmögliche Leistungsfähigkeit seiner Mitarbeiter und sollte sehr gute Gründe dafür haben. Meist ist es lediglich ein Indiz dafür, dass das Geschäftsmodell nur eine kurze Lebensdauer aufweist und hohe außerordentliche Aufwendungen anstehen.

Die angeführten Gründe bezüglich einer sich „immer schneller verändernden Umwelt" ziehen nicht, denn auch die Märkte sucht sich ein Unternehmen ja bewusst aus. Niemand würde doch wissend freiwillig in ein Unternehmen mit mehreren 10.000 Mitarbeitern investieren, dessen Arbeitsinhalte und -umgebung ständig dem Wandel unterworfen wird, also ständige Restrukturierungswellen notwendig macht. Und dabei hat sich an der Tatsache, dass jeder Mensch für sich einen guten Grund braucht, um Veränderungen konstruktiv mitzumachen, nichts geändert - im Gegenteil: Ständige Veränderungen führen dazu, dass (offen oder unter der Hand) die

Glaubwürdigkeit und Fähigkeit des verantwortlichen Managements angezweifelt werden wird. Inzwischen gibt es auch Untersuchungen, die einen Zusammenhang zwischen psychischen Erkrankungen und der Veränderungsrate in Unternehmen herstellen[149]. Der Ruf nach ständiger Veränderung ist hier nicht zu verwechseln mit der in Kapitel 6 als sinnvoll beschriebenen Endlichkeit des Nutzens von Kompetenzen. Wenn einem einzelnen Mitarbeiter die Endlichkeit der eigenen Kompetenzen bewusst ist, so kann er daraufhin aktiv handeln, indem er an seinen Kompetenzen arbeitet. Erklärt das Unternehmen den Wandel zur Normalität, so kann der einzelne Mitarbeiter nur auf die „nächste Welle“ warten, sich jedoch nicht darauf vorbereiten, da es keinen Fokus auf ein individuell beeinflussbares Gebiet (wie z.B. die eigenen Kompetenzen) gibt.

Veränderungen als Selbstzweck sind abzulehnen.

Die Empfehlung lautet daher, von solchen eher hilflos wirkenden Aufrufen abzusehen, es sei denn, es gibt wirklich gute und zwingende Gründe. Diese hier angeführte Argumentation soll bitte nicht missverstanden werden: Unternehmen müssen sich auch verändern, in Kapitel 1 haben wir die Konfigurationsschule (als eine der glaubwürdigsten und ausgewogensten Strategieschulen) kurz vorgestellt. Dieser Strategieansatz geht davon aus, dass Unternehmen in größeren Abständen umwälzende Strategien benötigen, jährlich jedoch eher eine Evolution des aktuellen Geschäftsmodells stattfinden wird. Im Sinne des Kapitels 6 ist es von großem Vorteil, wenn alle Mitarbeiter stets wissen, dass die Legitimation für einen Zustand (und damit ihre Kompetenz) immer nur für einen endlichen Zeitraum gilt. Ist dieser Fakt tatsächlich verinnerlicht und wird das Wissen darum ständig aufgefrischt, so ist das Maximum an Vorbereitung der Mitarbeiter auf zukünftige Veränderungen aus dieser Perspektive getan. Das ist allerdings nicht gleichbedeutend mit dem unsinnigen Schönreden von

---

[149] Steffi Riedel-Heller, Katarina Stengler, Andreas Seidler: Psychische Gesundheit und Arbeit, in: Psychiatrische Praxis, 39(03), 2012, Seiten 103-105

Veränderungen: Diese kosten Zeit, Geld und machen – wie die Praxis leider zeigt – unter den gegebenen Bedingungen selten wirklich Spaß.

7.3 Orientierung in der Transformation

Soll eine geplante Veränderung so vorbereitet werden, dass sie akzeptiert und von der Belegschaft, aber auch Kunden, Lieferanten und anderen Stakeholdern unterstützt wird, so ist die Frage zu beantworten, wie die Motivation zur Veränderung idealtypisch unterstützt werden kann. Aus den vorherigen Ausführungen haben wir gelernt, dass die Konfrontation mit notwendigen Veränderungen immer einem bestimmten Schema entspricht. Der Ablauf kann aktiv lediglich in seiner Durchlaufgeschwindigkeit beeinflusst werden, nicht jedoch die Reihung der Reaktionen der Mitarbeiter.

7.3.1 Orientierung im Gesamtunternehmenskontext

Um auf eine anstehende Veränderung gut vorbereitet zu sein, muss es eine klare Orientierung im Unternehmen geben. Gibt es diese, so können die Mitarbeiter verstehen, auf welche Ereignisse oder auch externe Situationen (z.B. Marktsituationen) welche Veränderungen im Unternehmen folgen könnten. Im Idealfall verstehen sie das Unternehmen, für das sie arbeiten, so gut, dass sie sich sogar Ansätze der umzusetzenden Strategien vorstellen können, noch bevor die Unternehmensleitung dazu Entscheidungen getroffen und diese kommuniziert hat.

So wird die Belegschaft nicht überrascht, so entstehen auch keine überflüssigen Ängste.

Orientierung zu geben, heißt konsistent und verlässlich intern zu kommunizieren. Leitbild, Visionen, Strategien, Aktionen, Führungsstil, Strukturen müssen ein Gesamtbild ergeben, dass sich nicht alle zwölf Monate (z.B. durch Wechsel in der Unternehmensspitze) ändert. Es geht nicht um eine strukturierte und vollständige Darstellung aller denkbaren Aspekte, es geht um Verlässlichkeit und Berechenbarkeit. Wird das Handeln des Unternehmens für Mitarbeiter durchschaubar, so werden dadurch Ängste vor der Ungewissheit abgebaut.

Dass wir trotzdem nicht empfehlen können, das Handeln des Unternehmens „gläsern" und vorhersagbar zu gestalten, liegt daran, dass ein Unternehmen dann auch von der Konkurrenz einfach einschätzbar und damit angreifbar wird. Also gilt es, einen gesunden Mittelweg zu finden. Fairness gegenüber Mitarbeitern ist übrigens ein gutes Mittel, um auch dann Ängste nicht entstehen zu lassen, wenn Mitarbeiter nicht alle Informationen für eine Eigeneinschätzung haben; diese Angst wird durch Vertrauen ersetzt.

7.3.2 Startmotivation

Die Orientierung erklärt der Belegschaft den Rahmen für das grundsätzliche Handeln eines Unternehmens. Eine Orientierung reicht aber nicht aus, um bereits eine Bereitschaft für eine Veränderung auszulösen. Dazu bedarf es des Verständnisses einer Notwendigkeit zum Handeln, wir sprechen hier von der „Burning Platform"[150] oder der Startmotivation. Wird diese verstanden, so steigert das auch die Bereitschaft, an einer Veränderung aktiv mitzuwirken und die meist vorhandene Ablehnung schnell zu überwinden. Je nach Ausgangslage reichen rationale Beschreibungen der Situation aus dem Blickwinkel der Unternehmensleitung oder es sind drastische „Bilder" über anstehende unerfreuliche Entwicklungen, sofern nicht vom Unternehmen gehandelt wird, notwendig. Ist die Unternehmensleitung aus Sicht der Belegschaft verlässlich und die grobe Orientierung ist gegeben, so sind drastische Bilder häufig überflüssig; die Unternehmensleitung ist berechenbar und daher können sich die Mitarbeiter auch vorstellen, unter welchem Handlungszwang das Unternehmen steht, wenn „nur" rational (ohne Übertreibungen) die Situation geschildert wird. Sind aber sehr negative Konsequenzen für Mitarbeiter zu erwarten, so muss erklärt werden, warum es keine bessere Variante zum Wohle der Mitarbeiter *und* dem des Unternehmens gibt.

Das hört sich im ersten Moment stark nach „Demokratie im Unternehmen" an und ist dennoch sicher nicht so gemeint; es geht an dieser Stelle nicht um eine kollektive Entscheidung, es geht auch nicht

---

[150] Daryl R Conner hat den Begriff zuerst geprägt durch sein Buch: Managing at the Speed of Change, Villard Books, New York, 1992

um Partizipation, es geht ausschließlich darum, dass die Phase der generellen Ablehnung von Veränderungen möglichst schnell durchlaufen wird[151]; und das ist der Fall, wenn die Alternativen zur Veränderung entweder undenkbar oder zumindest ungünstiger erscheinen.

In dieser Phase entscheidet sich die „Startaufstellung" der Mitarbeiter, es entscheidet sich, zu welchem Lager sie im Sinne der Abbildung 7-3 gehören werden.

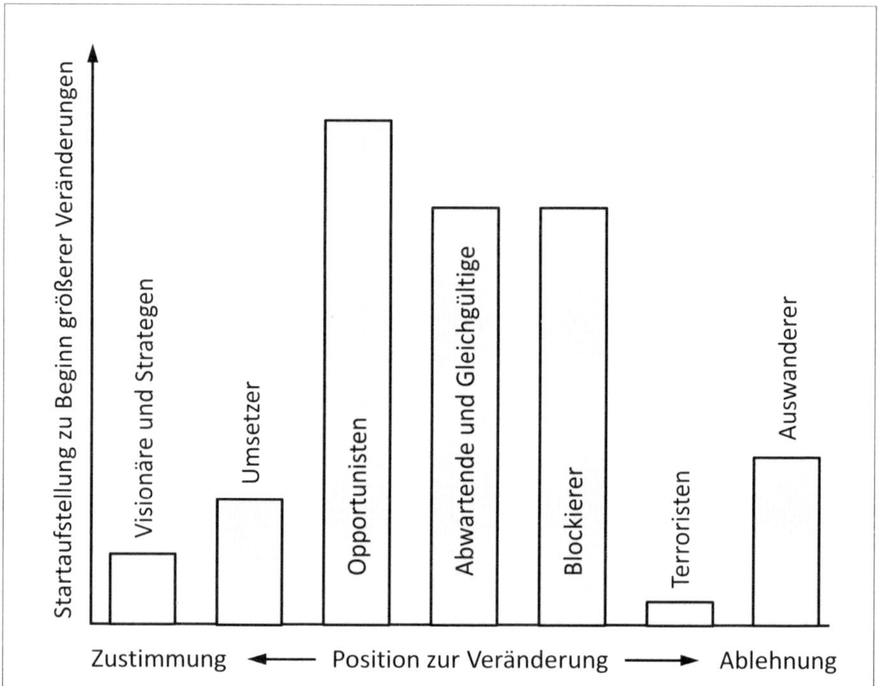

Abbildung 7-3: Startaufstellung der Mitarbeiter vor anstehenden größeren Veränderungen im Unternehmen: Kooperation oder Widerstand?

Die Abbildung suggeriert eine Gleichwertigkeit der Gruppen; das ist leider nicht so: Ein „Terrorist" kann nicht durch zehn konstruktive

---

[151] Klaus Doppler, Christoph Lauterburg: Change Management – Den Unternehmenswandel gestalten, Frankfurt, New York, 9. Auflage, 2000

und der Änderung gegenüber positiv eingestellte Mitarbeiter kompensiert werden, er kann einfach sehr viel Schaden anrichten - und leider ist das für ihn auch in der Regel einfacher zu erreichen, als mit Rat und Tat Wert für das Unternehmen zu stiften. Daher ist es umso wichtiger, gleich von vornherein die hier dargestellten Erfolgsfaktoren zu beherzigen. Das Management sollte sich intensiv mit den auf der rechten Seite der Abbildung gezeigten Gruppen beschäftigen. Einerseits können Mitarbeiter überzeugt (motiviert) werden, die Veränderungen positiv mitzugestalten, andererseits können Maßnahmen ergriffen werden, um die „Unbelehrbaren" so abzukapseln, dass der Schaden, den diese Gruppen anrichten können, deutlich begrenzt wird.

Ein weiterer wichtiger Aspekt der Startmotivation ist der gewählte Zeitpunkt; weder dürfen die „ewigen Opponenten" die Chance bekommen, über Maßnahmen zu spekulieren, noch dürfen die konstruktiven Mitarbeiter „überfahren" werden. Sie müssen die Chance erhalten, den Handlungsdruck genau zu verstehen, bevor ihnen eine längst ausgearbeitete Lösung (für ein unbekanntes Problem) präsentiert wird. Idealerweise kann die Belegschaft die Lage des Unternehmens immer einschätzen und wird dadurch nicht von einer neuen Strategie überrascht.

Das ist wichtig, weil falsch verstandener Handlungsdruck ggf. zu anderen Maßnahmen führen würde und daher nur weitere Unsicherheit produziert.

7.3.3 Prozessmotivation

Bis hierher haben die Mitarbeiter im positiven Fall verstanden, warum Veränderungen notwendig sind. Erst der nächste Schritt setzt jedoch eine Bewegung in Gang. Die Prozessmotivation hat die Beschreibung und Erklärung der notwendigen Schritte der Veränderung zum Inhalt. Die Unternehmensleitung hat sich überlegt, wie die Veränderungen durchgeführt werden können und sollte dies sinnvollerweise erklären. Nur mit einem tiefen Verständnis werden Mitarbeiter nicht nur mechanisch folgen, sondern Maßnahmen auch sinngemäß umsetzen, sofern es Alternativen gibt bzw. der Handlungsrahmen nicht eindeutig ist.

Das bedeutet auch, ein Verständnis dafür zu entwickeln, was im Unternehmen passieren soll. Die Abbildung 7-4 zeigt schematisch die

Schritte jeder Veränderung, wie wir sie bereits in Kapitel 6 eingeführt haben.

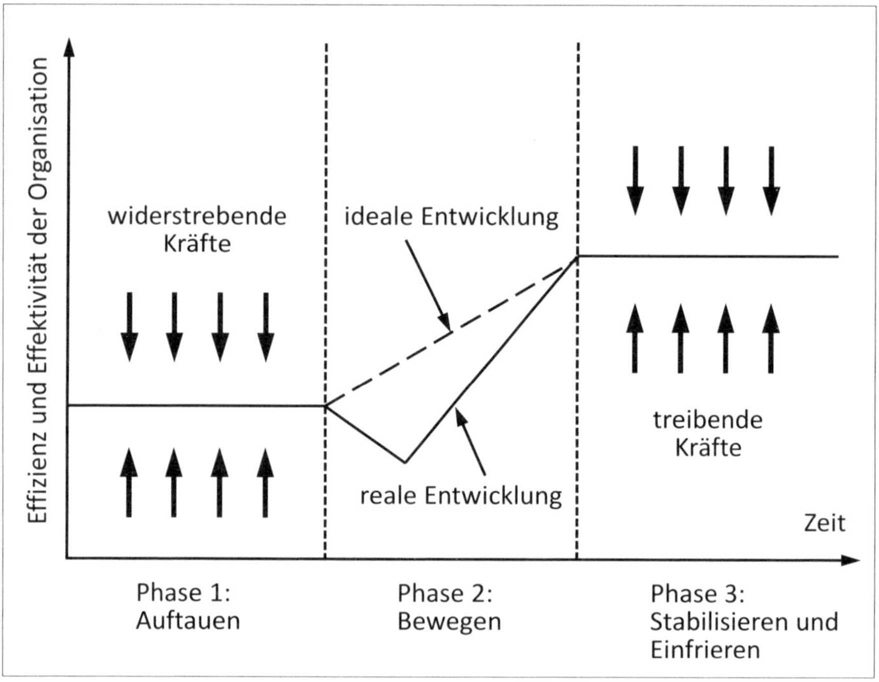

Abbildung 7-4: Drei-Phasen-Modell nach Lewin[152]

Es ist gerade nicht damit getan, eine Veränderung an einem bestehenden System vorzunehmen. Der erste Schritt ist immer das „Auftauen", das ein Übergangsstadium überhaupt erst ermöglicht. Die „Bewegung" stellt die eigentliche Veränderung dar. Die letzten Schritte einer jeden Veränderung sind das „Einfrieren" und die „Stabilisierung". Die beiden letzten Schritte werden nur zu gern vergessen, weil die Hoffnung besteht, dass jeder ab dem ersten Tag nach der Einführung der Veränderung bereits nach den neuen Regeln „funktioniert". Das ist natürlich unrealistisch und bedarf einiger

[152] Kurt Lewin, in D. Cartwright (Hrsg.): Field Theory in Social Science, Harper&Row, New York, 1951

Überlegungen, wie die neue Organisation mit ihren neuen Abläufen, Systemen etc. stabilisiert werden kann. Der eigentliche Nutzen der Veränderung hängt häufig genau an der Stabilität und Zuverlässigkeit der neuen Abläufe etc. Es gibt viele Praxisbeispiele, die zeigen, dass zwar formal Änderungen am Geschäftsmodell vorgenommen wurden, die aber von Mitarbeitern nicht angenommen und „gelebt" wurden, weshalb der Nutzen der Veränderungen nicht realisiert werden konnte.

7.3.4 Zielmotivation

Eine gewisse Eigenständigkeit der Mitarbeiter in der Bewältigung der Veränderungen wird bereits mit der Prozessmotivation erreicht. Das ist wichtig, weil die Planung der Maßnahmen nicht so granular und genau erfolgen kann, dass es keiner Planänderungen mehr bedarf. Diese werden sinnvollerweise nicht in jedem Fall zentral geplant, sondern können unter Nutzung der Intelligenz der Mitarbeiter autonom erfolgen. Voraussetzung dafür ist aber eine zielgerichtete Motivation der Mitarbeiter.

Zur Zielmotivation gehört es zu erklären, was die Unternehmensleitung mit den Veränderungen genau erreichen möchte. Diese Erklärungen ermöglichen es willigen und fähigen Mitarbeitern mitzudenken; und das führt z.B. zu besseren Veränderungsprozessen oder guten Lösungen in Problemsituationen. Es setzt Vertrauen der Unternehmensleitung in die Fähigkeiten und den Willen der Mitarbeiter voraus, diesen eine gewisse Eigenständigkeit einzuräumen. Aber eine Strategieumsetzung im Sinne der Planwirtschaft hat noch nirgendwo funktioniert, deshalb vergibt sich kein Unternehmen etwas mit diesem Ansatz der Offenheit und Partizipation.

7.4 „Das Ziel ist Level 4"

Jeder der genannten und in Abbildung 7-5 dargestellten vier Erfolgsfaktoren ist für eine erfolgreiche Strategieumsetzung zwingend. Es ist erstaunlich zu erleben, wenn Manager die Nutzung von Change-Management-Instrumenten grundsätzlich von den Kosten abhängig machen; sie könnten lieber gleich darauf verzichten, die Strategie umzusetzen.

Auf der anderen Seite ist eine gewisse kritische Distanz zum Change Management (als Disziplin) verständlich, da Scharlatanerie unter externen Beratern recht weit verbreitet ist. Doch das hier vorgestellte „kleine 1x1“ sollte bereits klargemacht haben, dass Change Management keine Option, sondern eine Notwendigkeit ist, um den erwarteten Nutzen für das Unternehmen zu schaffen. Mit einer konsequenten Umsetzung eines Change Managements ist sogar eine gewisse Nachhaltigkeit und Robustheit zu erreichen.

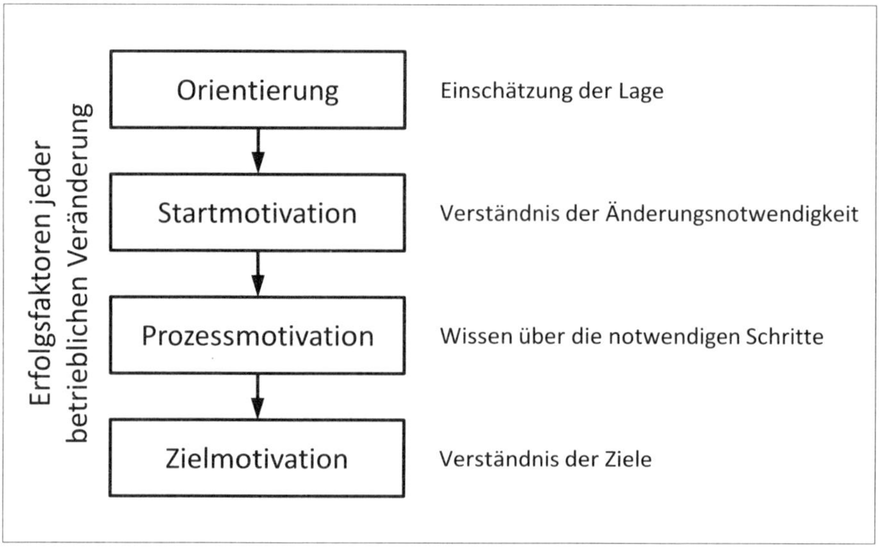

Abbildung 7-5: Erfolgsfaktoren des Change Management

Trotzdem gibt es natürlich immer einen Trade-off der Wirtschaftlichkeit von Maßnahmen, so auch für die Maßnahmen des Change Managements. Wenn ein Change Management einen bestimmten Preis kosten soll, so ist immer zu hinterfragen, was das Unternehmen genau damit gewinnt. Es gibt Abstufungen in den möglichen Ergebnissen eines Change Managements; die folgende Abbildung zeigt das schematisch.

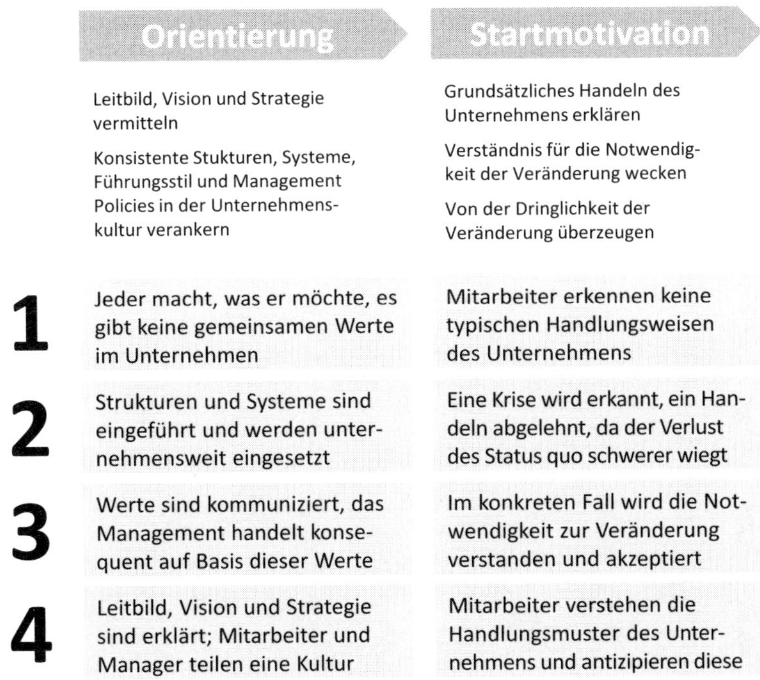

Orientierung und Startmotivation dienen der Vorbereitung. Beide Phasen dienen noch nicht der Erklärung der eigentlichen Veränderung, vielmehr der Erhöhung der Bereitschaft, eine Veränderung zu akzeptieren, sie ggf. sogar zu wollen.

Am Ende dieser beiden Phasen entscheiden sich die „Start-Aufstellung“ (siehe dazu auch Abbildung 7-3) und damit auch der Aufwand, der zum „Bekämpfen“ des Widerstands im Unternehmen aufgewendet werden muss.

Idealtypischerweise laufen diese beiden Phasen regelmäßig im Rahmen der „Diskreditierung“ und der regelmäßigen versuchsweisen Delegitimierung (siehe dazu Kapitel 6) ab.

Abbildung 7-6: Die vier Level der Mitarbeitermotivation in Veränderungssituationen (1)

	Prozessmotivation	Zielmotivation
	Den Prozess der Veränderung erklären Die typischen Muster einer Veränderung und entsprechende Maßnahmen zum gemeinsamen Bewältigen erklären	Zielsetzung der Strategieumsetzung und damit einhergehenden Veränderungen erklären Von der gemeinsamen Zielverfolgung überzeugen
1	Das Veränderung kommen wird, weiß jeder, doch niemand kann erklären, was getan werden soll	Mitarbeiter sind die Ziele des Unternehmens gleichgültig, nur die Incentivierung interessiert
2	Die Veränderungsprozesse sind grob bekannt, nicht jeder Mitarbeiter möchte aktiv mitarbeiten	Die Ziele des Unternehmens wurden vermittelt und von einigen Mitarbeitern verstanden
3	Die Veränderungsprozesse sind bekannt, jeder hat Zugriff auf die notwendigen Informationen	Mitarbeiter verstehen die Zielsetzungen, suchen aber nicht nach eigenen Lösungswegen
4	Jeder kennt seine Rolle und weiß, was im Rahmen der Veränderungsprozesse zu tun ist	Alle Mitarbeiter verstehen die Ziele des Unternehmens und helfen aktiv bei der Erreichung

Mit der Prozessmotivation wird eine „Bewegung" erzeugt, nachdem mit der Startmotivation die Bereitschaft zur Bewegung geweckt wurde.

Die Level der Prozessmotivation beschreiben die unterschiedlichen Grade einer gerichteten Bewegung (Level 1: ungerichtet; Level 4: alle gleich gerichtet).

Die Zielmotivation sorgt in ihrer stärksten Ausprägung (Level 4) dafür, dass jeder Beteiligte selbst nach geeigneten Lösungswegen zur Zielerreichung sucht. Das ist wichtig, weil keine Planung jeden Schritt beliebig detailliert berücksichtigen könnte, ohne den Planungsaufwand ins Unermessliche zu treiben.

Abbildung 7-6: Die vier Level der Mitarbeitermotivation in Veränderungssituationen (2)

Welche Stufe der Motivation von Mitarbeitern angestrebt wird, hängt auch davon ab, was die Unternehmensleitung ihren Mitarbeitern zutraut und welche Kompetenzen und Fähigkeiten diese dazu mitbringen, eigene Ideen in den Veränderungsprozess einzubringen. Insofern kann durchaus auch ein Kostenoptimum für die Change-Management-Aktivitäten dadurch erreicht werden, dass nicht alle denkbaren Instrumente zum Einsatz kommen. Es kann sogar sinnvoll sein, eine Entscheidung über den für das Change Management zu treibenden Aufwand bereichsspezifisch zu treffen.

Der Wert einer an den Zielsetzungen ausgerichteten Organisation mit ihren Mitarbeitern kann hier nicht genug unterstrichen werden; der Wert kann weit über den geplanten Wert der Strategieumsetzung z.B. durch nachhaltige Veränderung von Unternehmens- bzw. Organisationskultur hinausgehen, da dieser Wert nachhaltig und dauerhaft sogar der nächsten Strategieumsetzung zur Verfügung steht. Und diese werden darüber hinaus auch einen Einfluss auf die Leistungsfähigkeit der Mitarbeiter im Tagesgeschäft haben.

Für die Diskussion des geeigneten Levels empfehlen wir als Grundlage das Burke-Litwin-Kausalmodell, auf dessen Basis die Zusammenhänge sehr deutlich werden.

7.5 Praxiserprobte Hilfsmittel

Das einfachste und wichtigste Mittel zur erfolgreichen Veränderung ist die positive Einstellung diesen Veränderungen gegenüber. Es ist überhaupt sinnlos, Change Management zu betreiben, wenn diese Grundbedingung bei den handelnden Personen nicht erfüllt ist. Zu dieser positiven Einstellung gehört es nicht nur, die geplanten Veränderungen selbst positiv zu bewerten, es gehört auch dazu, die Chancen in den Veränderungen wirklich zu erkennen. Die Unternehmensleitung muss auch die Chancen für die Mitarbeiter sehen und auf deren Realisierung ebenso viel Energie verwenden wie auf die positiven Wirkungen für das Unternehmen und die Anteilseigner. Der Grund dafür ist so simpel, wie die tatsächliche Umsetzung schwierig ist: Wenn die Unternehmensleitung durch ihr Handeln (und nicht nur durch Reden) glaubhaft macht, dass das Wohl der Belegschaft ein ebenfalls wichtiges Ziel ist (es muss nicht das Wichtigste sein!), dann werden die Mitarbeiter auch ihren Teil zur

Veränderung beitragen, ohne hinter jeder Veränderung nur einen Wandel zum Negativen zu sehen.

7.5.1 Dein Chef, dein Berater, Coach und Mentor

Ein häufig anwendbares Beispiel ist das der Qualifikation. Bedeutet diese doch für Mitarbeiter immer eine Chance, die nur ernsthaft genug für jeden einzelnen Mitarbeiter verfolgt werden muss. Bereichs- und Abteilungsleiter müssen gecoacht werden, um diesen Prozess der Motivation durch die Betrachtung individueller Qualifikations- und damit verbundener Entwicklungschancen auch sinnvoll durchführen zu können. Auch über das Qualifizierungsbudget sollte im Zusammenhang mit der Planung einer Transformation nachgedacht und entschieden werden.

Doch weitere Beispiele zeigen, dass es damit nicht getan ist. Der Erfolg von Veränderungsprozessen liegt in den Händen des mittleren Managements. Bereichsleiter, Abteilungsleiter und Gruppenleiter entscheiden darüber, wie ernst die Nöte von Mitarbeitern genommen werden und ob diese motiviert oder frustriert werden. Die vollständige Beschreibung der Aufgaben des Middlemanagement im Rahmen von Veränderungsprozessen sprengt den Rahmen dieses Buches, Abbildung 7-7 gibt einen Überblick über die wesentlichen Anforderungen an das Management.

Aus den jeweiligen psychosozialen Situationen (im Rahmen der Reaktionen der Mitarbeiter auf eine Veränderung) können die Anforderungen an das Management direkt abgeleitet werden, um eine „Heilung" der emotionalen Reaktionen zu fördern.

So wird der Chef zum Coach, Berater und Mentor seiner Mitarbeiter insbesondere während des Veränderungsprozesses, vielleicht aber auch darüber hinaus.

Wichtig erscheint an dieser Stelle noch der Hinweis, dass das mittlere Management nicht nur diese wichtigen Aufgaben hat, sondern auf der anderen Seite auch als Mitarbeiter des Top-Managements gesehen werden muss und somit vergleichbare Bedürfnisse hat und Emotionen gegenüber der Veränderung empfindet.

Gerade das Top-Management neigt zu einer Unterschätzung der Motivationsfaktoren, die für das mittlere Management wichtig sind.

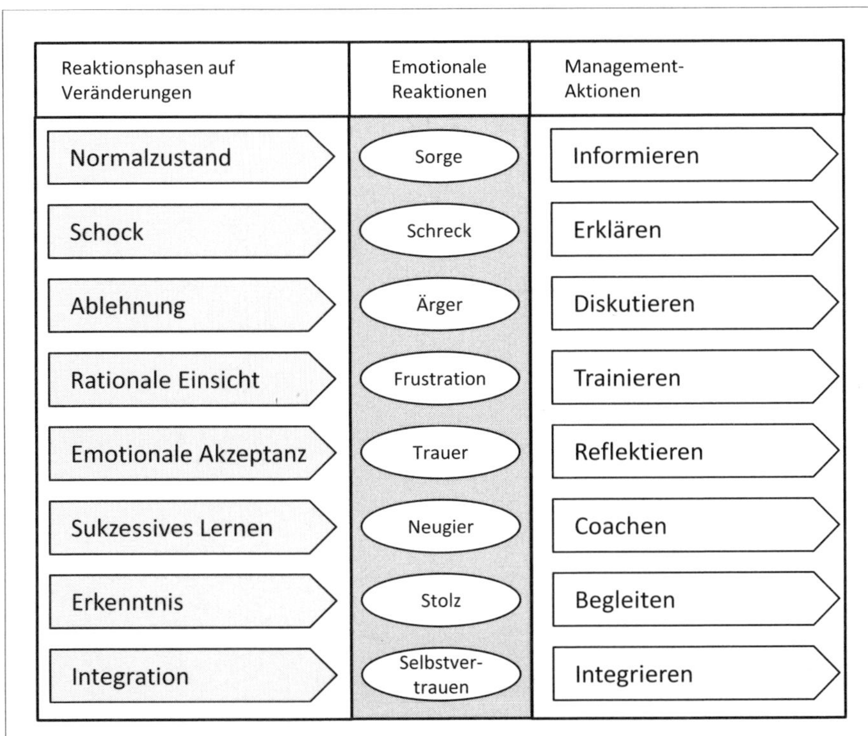

Abbildung 7-7: Notwendige Management-Aktionen in den verschiedenen Veränderungsphasen

7.5.2 Die Last der Veränderung ist nicht zu unterschätzen

Der Abstand zwischen Unternehmensleitung und „einfachen Mitarbeitern" ist häufig so groß, dass ein gegenseitiges Verständnis unmöglich scheint. Dieser Abstand lässt sich auch nicht beliebig verkleinern. In einer arbeitsteiligen Organisation zieht diese im Gegenteil gerade daraus ja auch einen Teil ihres Wertes. Das Unverständnis sollte aber nicht so weit gehen, dass der durch die Veränderungsprozesse entstehende zusätzliche Aufwand von der Unternehmensleitung ignoriert wird. Abbildung 7-8 zeigt anschaulich, mit welchen Konsequenzen eine Organisation rechnen muss, die den Belastungsgrad nicht im Blick hat.

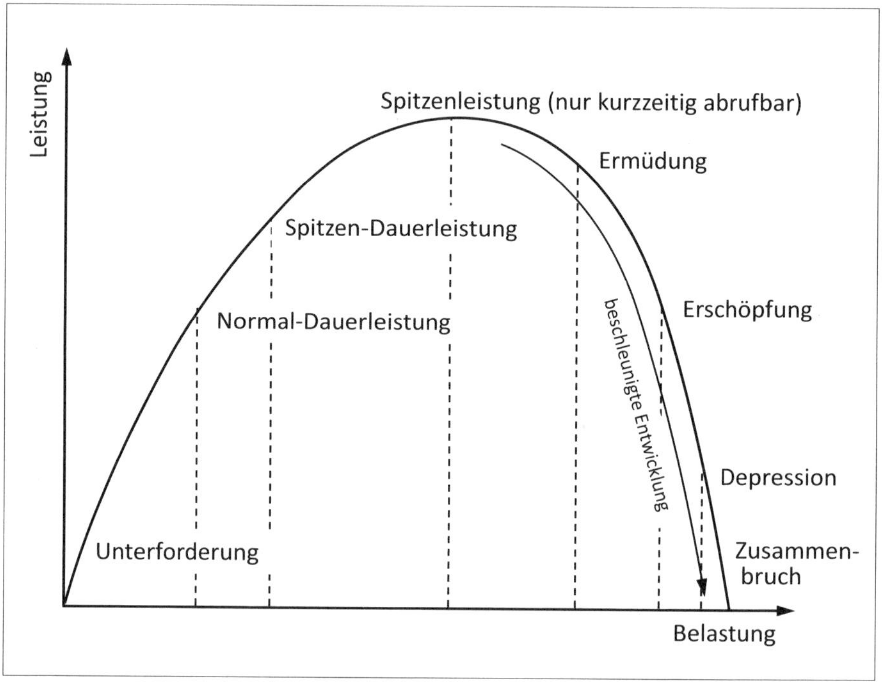

Abbildung 7-8: Belastungsabhängige Leistungsfähigkeit

Es ist wichtig zu verstehen, dass eine deutlich über der Normalleistung stehende Spitzenleistung nur dann dauerhaft abrufbar ist, wenn die Belastung (individuell) einen bestimmten Punkt nicht überschreitet. Viel zu oft wird von Managern erwartet, dass der kurzfristig erzielbare Effekt einer „maximalen Spitzenleistung" auch dauerhaft anhält. Das ist nicht der Fall. Abbildung 7-8 ist hier so zu verstehen, dass die Belastungsempfindung in diesem Fall nach Ablauf einer kurzen Frist sprunghaft ansteigt und daher auch die Leistungsfähigkeit in das Stadium der Ermüdung übergeht. Erschöpfung und Depression als ernstzunehmendes Krankheitsbild folgen sehr kurz darauf. Deshalb ist allen Unternehmen, die auf die Leistungsfähigkeit ihrer Mitarbeiter angewiesen sind schon aus Eigennutz anzuraten, die Belastung ihrer Mitarbeiter nicht auf die Spitze zu treiben.

Erstaunlich ist, dass es immer noch Manager gibt, die mit ihrem Handeln beweisen, dass sie diesen Zusammenhang nicht verstehen oder nicht verstehen wollen. Um es ganz klar zu sagen: Es ist bewiesen, dass dauerhafte Überstunden zu einer deutlich erhöhten Anzahl an Depressionen führt[153] und wir denken, dass der Zusammenhang zwischen Leistung und Depression wirklich hinreichend anerkannt ist.

Natürlich ist es schwierig, den richtigen Belastungslevel zu finden, und Unterforderung ist ebenfalls sehr schädlich (sowohl für den Mitarbeiter als auch für die Organisation), trotzdem gibt es aus unserer Sicht keinen vernünftigen Grund für eine wissentliche Überforderung der Mitarbeiter (und dazu zählen wir hier insbesondere auch das mittlere Management).

Auch Governance-Instanzen sollten viel öfter einen Blick auf die „optimale Belastung" von Managern und Belegschaft haben, sie schulden das den Eigentümern.

Eine Spitzenleistung wird u.a. dadurch erreicht, dass eine Atmosphäre der Motivation zur Einbringung eigener Ideen geschaffen wird. Nicht zu vernachlässigen ist, dass jeder Veränderungsprozess zusätzliche Kapazitäten benötigt, die ein Unternehmen aus Vernunftsgründen nicht vorhält und daher zusätzlich benötigt.

Eine nahe an der Wirklichkeit liegende Anekdote mag das verdeutlichen: In einem realen Veränderungsprozess im Zusammenhang mit der Umsetzung eines strategischen Projektes wurde ein Vorstandsmitglied aufgefordert, zusätzliche Mitarbeiter aus dem eigenen

153 Z.B. in der Studie von Marianna Virtanen, Stephen A. Stansfeld, Rebecca Fuhrer, Jane E. Ferrie, Mika Kivimäki: Overtime Work as a Predictor of Major Depressive Episode: A 5-Year Follow-Up of the Whitehall II Study, http://www.plosone.org/article/info:doi/10.1371/journal.pone.0030719, 2.8.2012

Verantwortungsbereich für das strategische Projekt abzustellen. In dem internationalen Meeting war die Antwort „I can send you the bottles". Die Antwort ist schon durch den Tonfall so verstanden worden, dass die für den Veränderungsprozess notwendigen hochkarätigen zusätzlichen Mitarbeiter natürlich nicht zur Verfügung standen.

Wer hier keine externe Unterstützung einplant, nimmt die Strategieumsetzung nicht ernst. „Es wird schon gehen" ist keine geeignete Einstellung einer mit viel Kreativität und Energie ausgearbeiteten Strategie gegenüber. Externe Dienstleister wie Beratungsunternehmen sind genau für derartige Aufgaben da; sie können die Information übernehmen, sie können auf Anforderung coachen, sie können die Veränderungen herbeiführen und die Mitarbeiter teilweise vom Tagesgeschäft entlasten. Die Ehrlichkeit sich selbst und dem Unternehmen gegenüber spiegelt sich in einer realistischen Planung wider, die genau diesen Aspekt auch berücksichtigt.

Natürlich gibt es auch die Kehrseite: Externe als Teil des Widerstandes, die weitere Dimensionen persönlicher Interessen einbringen. Deshalb richten sich die Maßnahmen des Change Management an die „erweiterte Belegschaft", zu der auch externe Berater gehören, die bereits über einen längeren Zeitraum für das Unternehmen arbeiten.

7.4.3 Partizipation und zielgerichtete Motivation

Mit den bereits weiter oben beschriebenen Erfolgsfaktoren haben wir gezeigt, wie hilfreich eine zielgerichtete Motivation durch Erklärung sowohl des Veränderungsprozesses als auch der Veränderungsziele sein kann. Diese zielgerichtete Motivation ist dann sinnlos, wenn sie keine praktisch erlebbaren Konsequenzen zeigt. Praktisch erlebbar ist z.B. die Freiheit, in einem gegebenen Rahmen eigene Entscheidungen über die Umsetzung im Detail treffen zu dürfen, ggf. sogar dafür trainiert zu werden, solche Entscheidungen zu treffen.

Das entsprechende Schlagwort lautet „Partizipation". Um ein Gefühl für den Handlungsrahmen zu bekommen, sind in Abbildung 7-9 die verschiedenen Möglichkeiten der Partizipation dargestellt.

Für die von der Unternehmensleitung vorgegebenen Veränderungsprozesse ist individuell festzulegen, wem in welchem Bereich welche Freiheiten und damit Partizipationsmöglichkeiten zugesprochen werden. Die Empfehlung lautet dazu, lieber einen größeren Freiheitsrahmen zu wählen als einen zu kleinen, denn man möchte die Mitarbeiter (und dazu gehört auch das mittlere Management) in den oben gezeigten Bereich der Höchstleistung bringen. Trotzdem müssen die Bedingungen für „erlaubte eigene Entscheidungen" klar abgesteckt werden.

Abbildung 7-9: Partizipationsstufen und -instrumente[154]

Um nun nicht nur auf eine intrinsische Motivation zu hoffen, die zwar die wertvollste Quelle für Höchstleistungen darstellt, sollten die externen Motivationsfaktoren ebenfalls klar an den gewünschten Zielen der Veränderung wie auch dem geplanten Veränderungsprozess ausgerichtet werden. Aus diesem Grund empfehlen wir auch an dieser Stelle die Nutzung der Balanced Scorecard, wie bereits im

[154] Nach H. Peter Dachler, Bernhard Wilpert: Conceptual Dimensions and Boundaries of Participation in Organizations: A Critical Evalution, Administrative Science Quarterly, Vol. 23, No. 1, 1978, S. 1-39

Kapitel 3 beschrieben. Im Rahmen des Change Managements sind die hinzugekommenen Ziele zusätzlich aufzunehmen. Auch für die obersten Management-Ebenen sollte gelten, dass ein wirkungsvolles Change Management bereits in der Balanced Scorecard als Ziel aufgenommen wird, obwohl dieses allein keinen direkten Wert stiftet, sondern nur im Zusammenhang mit geplanten Veränderungen. Dafür können Change Management Maßnahmen insgesamt einen positiven Einfluss (weit über die geplanten Veränderungen hinaus) auf die Leistungsfähigkeit der Organisation haben.

Für die Mitarbeiter ist es wichtig, eigene Beiträge auch belohnt zu bekommen; nur so wird der Stellenwert der Selbständigkeit der Mitarbeiter auch im Veränderungsprozess glaubwürdig untermauert.

Es gibt eine Vielzahl an weiteren Hilfsmitteln für ein erfolgreiches Change Management; wir empfehlen jedoch hier, dem gesunden Menschenverstand in der individuellen Situation zu folgen und kein „mechanistisches Modell des Change Managements" zu verfolgen. Das hiermit vorliegende Kapitel soll sensibilisieren und das Augenmerk auf die wichtigen Aspekte leiten, eine Anleitung für ein Change Management und ein Standard-Programm kann es sinnvoll dafür nicht geben.

Kernbotschaften des Kapitels 7

Motivation ist unabdingbar für eine erfolgreiche Strategieumsetzung.

Die Belegschaft wartet nicht auf die Strategieumsetzung; diese wird meist als störend empfunden und abgelehnt.

Mitarbeiter folgen einem Transformationsvorhaben nur, wenn sie die Hintergründe und den Sinn des Vorhabens verstehen.

Mittels angemessener Partizipation kann die Motivation gesteigert werden und zusätzlich ein kreatives Potenzial für das Unternehmen gehoben werden.

Die emotionale Ebene von Veränderungen darf nicht ignoriert werden und stellt hohe Anforderungen an die Organisation und das Management der Strategieumsetzung.

Das Problem der Operationalisierbarkeit der positiven Effekte von Change Management darf nicht zu einer voreiligen Distanzierung durch das Management führen. Transformationsunterstützung stellt kein Einsparpotenzial dar.

Zur Vertiefung empfehlen die Autoren folgende Fachliteratur:

Wyatt Warner Burke, George H. Litwin:
A Causal Model of Organizational Performance and Change
Journal of Management, 18(3), Seiten 523-545, Greenwich, Conn., 1992

Das als Burke-Litwin-Modell bekannt gewordene Erklärungsmodell dient der Beschreibung der Einflussfaktoren auf die individuelle Leistung. Zum ersten Mal werden in diesem Modell die verschiedenen Dimensionen der Kompetenz des Einzelnen und der Organisation mit ihren direkten und indirekten Einflüssen auf die Individualleistung aufgezeigt. Es lohnt sich den Orginalartikel zu lesen, um einen vertiefenden Einblick in die Zusammenhänge zu bekommen. Das Modell ist deshalb besonders nützlich, weil es theoretisch fundiert und praktisch anwendbar gleichermaßen ist.

Daryl R. Conner:
Managing at the Speed of Change
Random House, New York, 1994

Das Standard-Werk zum Thema Change Management gibt einen guten und gleichzeitig pragmatischen Überblick über die Aufgabenstellung und Lösungsansätze. Daryl Conner wird der Ausdruck „Burning Platform" im Zusammenhang mit der Verdeutlichung einer erforderlichen Veränderungssituation zugeschrieben. Besonders hervorzuheben ist ein Ansatz zur nachhaltigen Anpassungsfähigkeit von Individuen und einer ganzen Organisation. Dieser Ansatz zieht sich durch das ganze Buch. So dient z.B. ein Modell (Assimilation Points) zur Beschreibung von Faktoren der Veränderung der Anpassungsfähigkeit von Mitarbeitern. Mit diesem Modell wird erklärt, warum einige Organisationen nicht mehr bereit sind, Veränderungen erfolgreich zu gestalten, während andere Organisationen unter vermeintlich ähnlichen Ausgangsbedingungen dazu in der Lage sind. Das Werk ist sehr lesenswert, es ist recht einfach verständlich geschrieben.

Klaus Doppler, Christoph Lauterburg:
Change Management
Campus, Frankfurt, New York, 12. Auflage, 2008

Dies ist eines der wenigen deutschsprachigen Standardwerke, das allerdings deutlich über die Thematik des Change Management hinausgeht und daher eher als Nachschlagewerk geeignet ist.

Schlusswort

Unser Ehrgeiz beim Verfassen des Buches war es, bei jedem Leser sowohl ein Wiedererkennen selbst erlebter Situationen und Probleme hervorzurufen als auch je Kapitel mindestens eine Idee zur Lösung (das kann auch das Verschieben von Prioritäten bedeuten) zu geben. Ob wir dieses Ziel erreicht haben bzw. wie wir es erreichen können, das können nur Sie als Leser entscheiden. Hinweise zur Verbesserung nehmen wir sehr gern entgegen:

autoren@strategieumsetzung.com

Auf der Suche nach den Ursachen der geringen Erfolgsquote von Unternehmen bei der Umsetzung ihrer Strategien sind wir in den vorangegangen sieben Kapiteln auf eine große Anzahl an strukturellen Missständen gestoßen. Es wurde deutlich, dass die Problemursachen auf unterschiedlichen Ebenen liegen und durch zahlreiche Interdependenzen schwierig aufzudecken sind. Es war deshalb sehr herausfordernd, unsere umfassenden Erfahrungen aus Wissenschaft und Praxis in Worte zu fassen. Eines lässt sich mit Klarheit sagen: Wer sich der Aufgabe der Strategieumsetzung stellen möchte, hat es mit sehr komplexen vernetzten Zusammenhängen zu tun. Vor diesem Hintergrund war die Entscheidung, Autoren aus Theorie und Praxis zusammenzubringen, sicherlich angemessen und nutzenstiftend.

Fasst man unsere gedankliche und analytische Reise zusammen, bleiben am Schluss zentrale Erkenntnisse haften, die wir aus den jeweiligen Kernbotschaften der Kapitel herausstellen möchten.

Die Überlegungen haben gezeigt, dass die Herausforderungen in Bezug auf die Strategieumsetzung bereits mit der Strategieentwicklungsphase beginnen. Die Verantwortlichen stehen hier vor dem Problem, dass Strategieentwicklung einerseits Kreativität erfordert, andererseits für die Umsetzbarkeit von strategischen Projekten die aktuellen und zukünftigen Beschränkungen und Barrieren schon bedacht werden sollten (*Botschaft 1: "Die Kunst in der Handhabung dieses Dilemmas liegt darin, die Kreativität nicht durch Begrenzungen zu ersticken und trotzdem die Umsetzung und damit die begrenzenden Rahmenbedingungen im Auge zu behalten"*).

Gelingt zumindest dieser erste Schritt, so bedeutet das nicht, dass die Arbeit des Managements getan ist und die Umsetzung der Strategie von selbst gelingt. Ganz im Gegenteil. Schon in den Frühphasen der strategischen Projektierung offenbaren sich weitere Stolpersteine, die der Umsetzung strategischer Projekte und Initiativen im Weg liegen können. Wir haben in diesem Zusammenhang die erfolgskritische Auftraggeber-Auftragnehmer-Beziehung zwischen Projektmanagement und Geschäftsführung diskutiert und versucht, den Leser für das Risiko monokausaler Betrachtungsweisen (z.B. einseitige Preisorientierung) zu sensibilisieren (*Botschaft 2: "Nicht der Preis für die, sondern die Qualität der Auftragserfüllung durch Projektmanager und -team sollte das primäre Kriterium bei der Auftragserteilung sein"*).

Darüber hinaus hat sich gezeigt, dass der Prozess der Strategieentwicklung und -umsetzung mit einem zentralen Risiko behaftet ist. In der Praxis werden häufig die Konsequenzen aus den Unsicherheiten und dem einzigartigen Charakter strategischer Projekte bei den Entscheidungen über die Einbettung in den organisationalen Gesamtkontext zu wenig oder gar nicht berücksichtigt. Änderungen während der Umsetzung werden ausgeblendet (*Botschaft 3: "Interne und externe Abhängigkeiten sollten gerade in der Umsetzungsphase kontinuierlich auf einen Handlungsbedarf hin beobachtet werden"*).

Und auch die von uns als „ausführungsorientierte" Aspekte bezeichneten Steuerungsbereiche z.B. der Konfliktbearbeitung und Projektgovernance haben deutlich gezeigt, an welchen Stellen im Umsetzungsprozess Potenzial für das Scheitern oder eben den Erfolg der Strategieumsetzung liegt (*Botschaft 4: „Ausgesessene" Zielkonflikte sollten im Sinne eines Unternehmensoptimums und nicht als tragfähige Kompromisslösungen der Beteiligten aufgelöst werden; die Einrichtung einer unabhängigen Projekt-Assurance Group ist empfehlenswert"*).

Aber nicht nur die Identifikation der Fallen und Hürden im Prozess der Strategieentwicklung und -umsetzung sind Gegenstand der Ausführungen, sondern auch die Suche nach einer geeigneten Lösung. Das Ergebnis dieser Suche ist, dass es die einfache Methode weder gibt noch geben kann, dafür aber eine große Menge an relevanten Denkanstößen. Diese leiten sich sowohl aus praktischen Erfahrungen wie auch theoretischen Überlegungen ab und zeigen einmal mehr, wie sich Wissenschaft und Praxis gemeinsam bei der Suche nach Problemlösungen bereichern können. Der von uns identifizierte Lösungsweg zielt darauf ab, dass das Management aktiver und bewusster mit den Fallstricken der Strategieumsetzung umgehen lernen muss. Dazu gehört insbesondere, mit vermeintlich sinnvollen und etablierten Praktiken aufzuräumen und Überzeugungen der Projektumsetzung auf den Prüfstand zu stellen („Projektumsetzung muss billig sein", „Ein Abweichen vom Ursprungsplan ist nicht gewollt", „Mit der Delegation der Projektmanagementaufgabe liegt die Verantwortung der Umsetzung allein bei der Projektleitung", „strategische Projekte unterliegen denselben Steuerungsprinzipien wie jedes andere Projekt auch" etc.).

Eine von uns vertretene Kernthese ist, dass es bei der Umsetzung von Strategien letztlich immer um Kompetenzen geht; um verfügbare, benötigte, aufzubauende und einzusetzende Kompetenzen organisationaler und individueller Art. Dieser Leitgedanke durchzog deshalb unsere gesamten Ausführungen mit dem Ziel, den Begriff der Kompetenz nicht als Worthülse oder Allgemeinkategorie für „irgendein Können" zu begreifen. Vielmehr wird der zentrale Stellenwert des stimmigen Zusammenspiels individueller und organisationaler Kompetenzen für die Strategieumsetzung verdeutlicht. Für das Management bedeutet dies, dass sich dessen Bild des Kompetenzbegriffs ändern muss. Es geht um nicht weniger als den Aufbau eines nachhaltigen Wettbewerbsvorteils durch den Aufbau von Strategieumsetzungskompetenzen.

Auf der Ebene der Organisation spielen dabei z.B. Gestaltung und Ausprägungen der Unternehmenskultur, strukturelle wie auch emotionale Faktoren eine Rolle. Sie prägen gemeinsam die für die Strategieumsetzung relevanten Problemlösungskompetenzen (*Botschaft 5: „Eine organisationale Schlüsselkompetenz ist die Verankerung des Wertes von Projektmanagement und Umsetzungsorientierung im Unternehmen"*).

Auf der individuellen Ebene lässt sich die Kompetenz zur Umsetzung strategischer Projekte weder über Zertifizierungen noch durch persönliche Eigenschaften oder sonstige eindimensionale Variablen abbilden. Ein Managementansatz, der auf diesen Prämissen beruht, greift zu kurz (*Botschaft 6: "Projektmanagement-Kompetenz entsteht nicht in Schulungen, sondern basiert auf Erfahrungen"*).

Unsere Überlegungen münden in einer Denkrichtung: Dem Aufbau eines unternehmensweiten Kompetenzmonitorings. Gegenstand dieses Modells ist die bewusste Beobachtung und Steuerung der umsetzungskritischen individuellen und organisationalen Kompetenzen sowie deren Zusammenspiel. Durch ein systemweites Kompetenzmonitoring wird der Stellenwert von Kompetenzen entsprechend abgebildet. Den umsetzungskritischen Rahmenbedingungen wird Aufmerksamkeit geschenkt. Ein Ausblick stellt die provokante Frage, inwieweit ein Kompetenzmonitoring nicht zumindest die üblichen Controllingstrukturen ergänzen kann.

Rücken Kompetenzen, wie wir sie in diesem Buch in den verschiedenen Kapiteln beschreiben, in den Vordergrund des Managementinteresses, so können aufwändige Strukturen der Beauftragung von Arbeiten und deren detaillierte Kontrolle durch geschickte Anreizsysteme ersetzt werden. Diese Verschiebung von Perspektive und Schwerpunkt ist jedoch ein Entwicklungsprozess, der weder verordnet noch innerhalb einer quartalsorientierten Steuerungsdenke lebendig werden wird. Das heißt aber nicht, dass nicht heute etwas geändert werden kann.

Die wichtigsten "Aufmerksamkeitsfelder" für das Management haben wir in diesem Buch im Detail beschrieben: Strategieentwicklung, Umsetzungsauftrag, Zielsetzung und Incentivierungsmechanismen, Entscheidungsbereiche zu Beginn der Umsetzung, Risikomanagement, Governance, Teambildung und Change Management. Hierzu haben wir sowohl eine aufeinanderfolgende und ineinandergreifende Denkstruktur beginnend von der Strategieentwicklung über die Vorbereitung von Implementierungsmaßnahmen bis hin zu der strategiekonformen Umsetzungsbegleitung entwickelt und dem Praktiker hierzu jeweils auch neue Darstellungs- und Kommunikationsinstrumente an die Hand gegeben. Bereits diese praktikablen Einsichten stellen selbst einen wichtigen Beitrag zur Verstärkung der organisationalen Kompetenzen dar und schließen den Kreis.

Strategieumsetzung ist damit nicht mehr bloß die Exekution eines Planes. Wie Praxis und Wissenschaft zeigen, sind die Unsicherheiten dafür viel zu groß. Stattdessen wird die Fähigkeit zur kompetenten Umsetzung strategischer Projekte zum Wettbewerbsfaktor und damit zu einem permanenten Thema für die Unternehmensführung (*Botschaft 7: "Kompetenzsteuerung durch Monitoring sollte das klassische Controlling ergänzen und die häufig anzutreffende „Command & Control-Philosophie" ersetzen"*).

Mit der Aufmerksamkeit allein ist es allerdings nicht getan. Eine Schlüsselaufgabe der Unternehmensführung besteht darin, Konflikte zu bearbeiten. Konflikte entstehen nicht nur abgehoben zwischen einem alten Unternehmenszustand und einem neuen, sie entstehen zwischen Menschen. Wenn die Belegschaft die Ideen ihres Managements ablehnt, so wird dies der Strategieumsetzung nicht zuträglich sein. Deshalb ist die zielgerichtete Motivation der Mitarbeiter eine der wesentlichen Voraussetzungen zum Strategieerfolg und Change Management eine essenziell wichtige Aufgabe (*Botschaft 8: "Konflikterkennung und -bearbeitung gehören zu den wichtigsten Aufgaben der Unternehmensführung, da gerade im Zusammenhang mit der Umsetzung strategischer Projekte Konflikte entstehen"*).

Die Potenziale der in diesem Buch beschriebenen Ansätze sind gewaltig. Ein systematisches Bearbeiten der für jedes Unternehmen spezifischen Optimierungsmöglichkeiten sollte die Erfolgsquote der Strategieumsetzung erhöhen können und damit einen wesentlichen Beitrag zum Wettbewerbsvorteil leisten.

Wir sind mit dem Anspruch in der Einleitung zu diesem Buch angetreten, den Leser für die vielfältigen Themenbereiche möglicher Misserfolgsfallen zu sensibilisieren. Wir sind uns sicher, dass wir die wichtigsten Bereiche hier im Detail beschrieben haben. Die gute Nachricht ist, dass sich aus den in diesem Buch beschriebenen Lösungsansätzen ein einfach verständliches Programm zur Verbesserung der Erfolgschancen für jedes Unternehmen individuell bauen lässt. Die schlechte Nachricht ist, man muss es auch tun, sonst bleibt es bei den 90% Misserfolgsquote.

Gerne möchten wir, die Autoren, unseren Lesern die Möglichkeit der Kontaktaufnahme und Diskussion bieten. Bereits das während der Erstellung des Buches erhaltene Feedback aus unzähligen Gesprächen motiviert uns, die Option einer zweiten, erweiterten

Auflage intensiv zu prüfen. Zentraler Gegenstand könnten dann neben neuesten Forschungsergebnissen und Praxisbeispielen gerade die Anregungen und Diskussionen mit unseren Lesern aus Theorie und Praxis sein.

Mit Erscheinen des Buches finden Sie unter

www.strategieumsetzung.com

ein weiterführendes Angebot, Sie können uns jederzeit über

autoren@strategiumsetzung.com

erreichen. Über einen aktiven Dialog mit Ihnen freuen wir uns jetzt schon.

Zu guter Letzt möchten wir uns noch bei Prof. Dr. Geiger und Dr. Burmester für die motivierenden Worte in Vor- und Geleitwort sehr herzlich bedanken.

Berlin im September 2012

Martina Eberl Michael Görlich Götz Volkenandt

Index

R

S

T

U

V

W

Z

Über die Autoren

Prof. Dr. Martina Eberl

Martina Eberl ist seit 2010 Professorin für Allgemeine Betriebswirtschaftslehre, insbesondere Management und Organisation an der Hochschule für Wirtschaft und Recht Berlin. Darüber hinaus trägt sie die akademische Leitung für den MBA Studiengang „Change Management" am Institut für Management Berlin (IMB). Bis 2010 war sie als Juniorprofessorin an der Freien Universität Berlin tätig, wo sie 2008 promovierte. Ihre derzeitigen Forschungsschwerpunkte sind "Organisationale Kreativität und Kompetenz", "Führungsformen der Zukunft" und "Die Steuerung organisationaler Transformation über Monitoringprozesse".

2011 wurde sie zusammen mit Georg Schreyögg mit dem internationalen „Citation of Excellence Award" ausgezeichnet. Dieser Award ist eine der höchsten Auszeichnungen für Autoren im Bereich Business und Management.

Michael Görlich

Michael Görlich ist seit 1995 in der Unternehmensberatung, seit 2005 als Inhaber einer eigenen Beratungsgesellschaft und Geschäftsführer tätig. Begonnen hat er seine Karriere bei Coopers&Lybrand und PriceWaterhouseCoopers und war als Prokurist mit der Beratung von Finanzdienstleistern betraut. Bei IBM Business Consulting Services hat er als Associate Partner u.a. eine große Universalbank betreut. Heute liegen seine Schwerpunkte in der strategischen Entwicklung von Unternehmen verschiedener Branchen und Strukturen. Seine Erfahrungen schließen das Interimsmanagement sowie die Steuerung großer Umsetzungsprojekte ein.

Michael Görlich hat an der Freien Universität Berlin Betriebswirtschaftslehre mit Schwerpunkten in der strategischen Unternehmensplanung und Bankwirtschaft studiert.

Dr. Götz Volkenandt

Götz Volkenandt ist seit 1990 in der Beratungsbranche tätig. Begonnen hat er seine Karriere als Projektleiter im Anlagenbau, gefolgt von Stationen als Berater, Senior Berater und Geschäftsstellenleiter bei Coopers&Lybrand, Partner bei PriceWaterhouse-Coopers sowie Executive bei IBM Business Consulting Services. Er hat für verschiedene Kundengruppen, thematische Schwerpunkte und Industrien national wie international sowie für die Querschnittsfunktion Personal Verantwortung getragen. Heute liegen seine Schwerpunkte in der strategischen Entwicklung von Unternehmen sowie der ganzheitlichen Strategieumsetzung.

Götz Volkenandt hat an der Technischen Universität Berlin Luft- und Raumfahrttechnik studiert, im Fachgebiet Systemtechnik promoviert und hatte nach der Promotion einen eigenständigen Lehrauftrag in diesem Fachgebiet.

Notizen